“

여행이라는 말을 떠올리는 것만으로도
우리는 마음이 설렙니다.

여행자의 행복한 여행을 위해
많은 곳을 소개하기보다는 즐거운 곳을,
많은 정보를 담기보다는
꼭 필요한 정보만을 담았습니다.

여행자의 좋은 벗이 되기 위해
언제나 발걸음을 쉬지 않겠습니다.

우리는 언제나 낯선 길을 걷고 있다.
〈온 더 로드〉

”

가이드북 일러두기

첫번째 '한눈에 보기'

여행지 소개 중 가장 먼저 나오는 '한 눈에 보기'는 여행하게 될 여러 장소의 위치와 장소에 대한 간략한 설명, 가는 방법 등을 보기 쉽게 요약해 놓은 페이지입니다. 여행하기 전 눈으로 익혀 두면 여행지를 이해하는데 많은 도움이 됩니다.

두번째 '추천일정'

해당 지역을 여행하고자 하는 여행자들이 손쉽게 일정을 계획할 수 있도록 3박 4일/5박 6일간의 베스트 추천일정과 대략의 예산을 소개하였습니다.

세번째 '여행의 기술'

여행을 하기 전 알아두면 좋은 정보 사이트나 여행지에서 사용하게 될 패스, 시내교통 정보 등을 상세히 알려주는 챕터입니다. '여행의 기술'에 나온 여러 정보들을 미리 알아두고 간다면 편안하고 알찬 여행이 될 것입니다.

네번째 '볼거리 소개'

여행지의 볼거리와 맛집 등을 소개하는 챕터입니다. 명소의 특징을 이해하기 쉽도록 특징적인 아이콘을 이용해 구분하고 페이지마다 규칙적인 디자인을 적용해 여행자가 쉽고 빠르게 정보를 찾을 수 있도록 하였습니다.

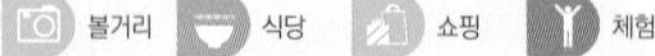

볼거리

식당

쇼핑

체험

지도 및 지도에 사용된 아이콘

여행자들의 편의를 고려해 가이드북의 특성에 맞는 맞춤형 지도로 제작, 볼거리의 위치와 본문내용을 쉽게 연결하여 볼 수 있도록 지도와 본문 모두에 페이지와 위치를 동시 표기하였습니다. 또한 본문 하단에 17자리 구글맵 좌표와 함께 맵코드를 수록해 해당 장소의 위치를 빠르고 정확하게 찾을 수 있도록 하였습니다.

주요볼거리

관광안내소

식당

카페/찻집

빵/디저트

쇼핑

숙소

마트

우체국

병원

경찰서

기차
노면전차

버스터미널
항구

자전거대여소

화장실

공원

박물관/미술관

환전소

버스정류장

* 내일은 파리에 실린 정보는 2019년 7월을 기준으로 작성되었습니다만 현지 사정에 따라 변동이 될 수 있습니다. 잘못된 정보나 변동된 정보는 개정판에 반영해 더욱 알찬 가이드북을 만들도록 노력하겠습니다.

* 본문에 사용된 인명, 지명 등 프랑스어 및 외래어는 국립국어원의 외래어 표기법에 맞춰 수록하였습니다. 단, 프랑스어 회화 발음은 현지에서의 의사소통에 어려움이 없도록 실제 발음에 가까운 표기를 사용하였습니다.

홀가분히 떠나고 싶은
여행자를 위한 가이드북

내일은 파리

베르사유 · 몽생미셸 · 퐁텐블로 · 지베르니...

파리 시내 지도
Paris City Map

오페라 가르니에
Palais Garnier
방돔 광장
Place Vendôme
왕궁 정원(팔레 루아얄)
Palais Royal
튈르리 정원
Jardin des Tuileries
카루젤 개선문
Carrousel Arc de Triomphe
루브르 박물관
Musée du Louvre
포럼데알
Forum des Halles
퐁피두 센터
Centre Georges Pompidou
퐁뇌프(퐁네프)
Pont Neuf
파리 시청
Hôtel de Ville
콩시에르주리
Conciergerie
생트샤펠
Sainte-Chapelle
시테섬
ÎLE de la Cité
생제르맹데프레 성당
Église de Saint-Germain-des-Prés
노트르담 대성당
Cathédrale Notre-Dame de Paris
셰익스피어&컴퍼니
Shakespeare&Company
생 루이섬
île Saint-Louis
생 쉴피스 성당
Église Saint Sulpice
아랍 세계연구소
l'Institut du Monde arabe
소르본 대학
Université Paris-Sorbonne
오데옹 극장
Odéon Theatre
뤽상부르 궁전
Palais du Luxembourg
뤽상부르 정원
Jardin du Luxembourg
팡테옹
Panthéon
몽마르트르 묘지
테르트르 광장
사크레쾨르 대성당
달리 박물관
사랑해 벽
물랭 루즈
Moulin Rouge
Abbesses
Blanche
Pigalle
Anvers
Boulevard de Rochechouart
Le Peletier
Havre-Caumartin
Chaussée d'Antin-La Fayette
Auber
Richelieu - Drouot
Madeleine
Opéra
Quatre Septembre
Bourse
Sentier
Pyramides
Réaumur Sébastopol
Arts et Métiers
Tuileries
Étienne Marcel
Palais Royal Musée du Louvre
Les Halles
Châtelet-Les Halles
Rambuteau
Louvre - Rivoli
Pont Neuf
Châtelet
Hôtel de Ville
Cité
Saint-Michel
Pont Marie
Saint-Michel Notre Dame
Saint-Germain-des-Prés
Mabillon
Odéon
Saint-Sulpice
Sèvres-Babylone
Cluny-La Sorbonne
Maubert Mutualité
Rennes
Luxembourg
Cardinal Lemoine
Jussieu
Notre-Dame-des-Champs
Place Monge
Vavin

노트르담 대성당 주변 지도
Cathédrale Notre-Dame
Pont Neuf
퐁뇌프(퐁네프)
Pont Neuf
P.107
Port du Louvre
Quai du Louvre
Quai de la Mégisserie
Quai de Conti
Pont Neuf
스콰나
Sequana
P.127
레스토랑 폴
Restaurant Paul
P.126
Quai de l'Horloge
Dauphine
Quai des Orfèvres
Quai des Grands-Augustins
생트샤펠
Sainte-Chapelle
P.110
A
B
E
F
Rue de Seine
Rue Mazarine
Rue Jacob
Rue Jacob
생제르맹데프레 성당
Église de Saint-Germain-des-Prés
P.250
R. de l'Ancienne Comédie
Rue Dauphine
Saint-Michel
Pont St. Michel
Quai Sa
Place Saint-Michel
Saint-Germain-des-Prés
Mabillon
Rue du Four
Rue Bonaparte
R.Princesse
Rue Clément
Rue des Canettes
Rue Mabillon
Rue Guisarde
Boulevard Saint-Germain
Odéon
Rue Monsieur le Prince
생 쉴피스 성당
Église Saint Sulpice
P.248
Cluny-
La Sorbonne
Rue Racine
오데옹 극장
Odéon Theatre
Rue de Vaugirard
Boulevard Saint-Michel
Rue Champollion
Rue de la Sorbonne
Rue Saint-Jacques
소르본 대
Université P
P.119
뤽상부르 궁전
Palais du Luxembourg
Rue Monsieur le Prince
Rue de Médicis
Rue Victor Cousin
Rue Guynemer
뤽상부르 정원
Jardin du Luxembourg
P.251
Luxembourg
RER
Rue Cujas
Rue Soufflot
Rue Soufflot
Rue Saint-Jacques
100m

Hôtel de Vill
파리 시청
Hôtel de Ville
P.134
Rue de Rivoli
Rue Beaubourg
Rue des Archives
Avenue Victoria
Rue Saint-Martin
Quai de Gesvres
Pompidou
ciergerie
P.108
Pont Notre-Dame
Quai de la Corse
Cité
시테섬 P.106
îLE de la Cité
팔레
eux Palais
Rue de Lobau
Pont d'Arcole
Quai de l' Hôtel de Ville
R. des Barres
바토뷔스
Pont Marie
R.d. Fourcy
R.d. Fauconnier
Fauconnie
Rue d'Arcole
Quai aux Fleurs
Place Jean-Paul II
노트르담 종탑 전망대 입구 P.116
Les tours
Saint-Michel
Notre Dame
RER
노트르담 대성당
Cathédrale Notre-Dame de Paris
P.112
Pont Louis-Philippe
Port de l' Hôtel de Ville
Voie Georges Pompidou
Quai de Bourbon
Pont Marie
Saint-Louis
R. Boutarel
셰익스피어&컴퍼니 P.121
Shakespeare&Company
오데트
Odette
P.127
바토뷔스
Pont de l'Archevêché
생 루이섬
île Saint-Louis
P.118
Rue Saint-Louis-en-l'île
Quai d'Orléans
베르티용
Berthillon Glacier
P.125
Quai de Béthune
R. Poulletier
Quai de la Tournelle
Pont de la Tournelle
Maubert Mutualite
Boulevard Saint-Germain
Quai de Sint-Bernard
Pont de Sully
아랍 세계연구소
l'Institut du Monde arabe
P.122
Rue des Carmes
Rue des Écoles
Rue Monge
Rue du Cardinal Lemoine
Rue Valette
Rue Jussieu
팡테옹
Panthéon
P.120
Rue Clovis
Cardinal Lemoine
Jussieu

République
Temple
Réaumur-Sébastopol
Rue de Turbigo
Arts et Métiers
Avenue de la Répu
A
B
Oberkampf
Rue de Turbigo
Étienne Marcel
Rue du Temple
Filles du Calvaire
Rambuteau
포펠리니
Popelini
퐁피두 센터
Centre Georges Pompidou
P.171
P.143
브레즈 카페
Breizh Café
Saint-Sébastien-Froissart
피카소 미술관
Musée Picasso
P.132
Rue Debelleyme
Boulevard Beaumarchais
P.141
랑데부 데자미
Au Rendez Vous des Amis
P.142
프래그망
Fragments
Rue de Rivoli
Hôtel de Vill
마리아주 프레르
Mariage Frères
P.142
르 프티 마르셰
Le Petit Marche
Chemin V
파리 시청
Hôtel de Ville
P.134
쉐 자누
Chez Janou
P.143
보주 광장
Place des Vosges
P.135
Rue de Rivoli
Saint-Paul
Bréguet-Sabin
시테섬
îLE de la Cité
P.106
P.136
바스티유 광장
Place de la Bastille
Rue Saint-Antoine
Pont Marie
Pont Louis-Philippe
노트르담 대성당
Cathédrale Notre-Dame de Paris
P.112
Pont Saint-Louis
Port de l' Hôtel de Ville
Pont Marie
생 루이섬
île Saint-Louis
P.118
Rue Saint-Louis-en-l'île
오페라 바스티유
Opéra Bastille
P.137
Boulevard Henri IV
바토뷔스
Pont de l'Archevêché
Sully-Morland
Pont de Sully
Maubert Mutualite
아랍 세계연구소
l'Institut du Monde arabe
P.122
J
200m
Jussieu
Quai de la Rapée

마레 & 바스티유 주변 지도
Le Marais & Bastille
Parmentier
Rue Saint-Maur
Avenue de la République
Père Lachaise
페르 라셰즈 묘지
Cimetière Père-Lachaise
P.138
Saint-Ambroise
Boulevard Voltaire
Richard Lenoir
Boulevard de Ménilmontant
Philippe Auguste
Voltaire
Rue de la Roquette
Alexandre Dumas
Boulevard de Charonne
Charonne
Rue de Charonne
Rue des Boulets
Ledru-Rollin
Faidherbe-Chaligny
Avenue Daumesnil
Reuilly-Diderot
Boulevard Diderot
C
D
G
H
K
L

Saint-Augustin
Haussmann Saint-Lazare
프랭탕P.382
Printemps
갤러리 라파예트P.381
Galeries Lafayette
Havre-Caumartin
Chaussée d'Antin-La Fayette
Auber
오페라 가르니에
Palais Garnier
P.176
Madeleine
포숑 본점
Fauchon
P.184
스타벅스(파리 1호
Starbucks
P.183
Opéra
Quatre Septembre
마들렌 성당
L'église de la Madeleine
P.177
라뒤레 파리스 로열
Ladurée Paris Royale
P.185
방돔 광장
Place Vendôme
P.170
Place Vendôme
Concorde
콩코르드 광장
Place de la Concorde
P.204
Place de la Concorde
P.185
앙젤리나
ANGELINA
Pyramides
포 반 꾸온
Pho Bahn Cuo
P.182
Tuileries
튈르리 정원
Jardin des Tuileries
P.150
오랑주리 미술관
Musée de l'Orangerie
P.148
Palais Royal Musée du Louvre
P.183
카루젤 개선문
Carrousel Arc de Triomphe
P.151
르 카페 마를리
Le Cafe Marly
루브르 박물관
Musée du Louvre
P.152
Musée d'Orsay
바토뮈스
오르세 미술관
Musée d'Orsay
P.214
Assemblée Nationale
Boulevard Haussmann
Boulevard Malesherbes
Rue du Havre
Rue Tronchet
Rue de l'Arcade
Rue Paquier
Rue d'Anjou
Rue de la Ville-l'Evêque
Rue Scribe
Rue Auber
Rue Gluck
Rue La Fayette
Boulevard de la Madeleine
Rue du Quatre-Septembre
Avenue de l'Opéra
Rue des Capucines
Cité du Retiro
Rue Boissy-d'Anglas
Rue Royale
Rue du Faubourg Saint-Honoré
Rue Gombout
Rue du Mont-Thabor
Rue de Castiglione
Rue de Rivoli
Rue d'Alger
Rue Saint-Honoré
Rue de la Sourdière
Rue Saint-Roch
Rue des Pyramides
Rue Saint-Anne
Place de la Concorde
Port des Tuileries
Quai Anatole France
Port de Solférino
Voie Georges Pompidou
Quai des Tuileries
Boulevard Saint-Germain
Rue de Lille
Quai François Mitterrande
Port du Louvre
Pont Royal
Pont du Carrousel
Quai Voltaire
Rue du Bac
Rue de l'Université
Saint-Dominique

루브르 & 오페라 주변 지도
Louvre & Opéra
Le Peletier
Rue La Fayette
P.167
파사주 베두
Passage Verdeau
파사주 주프루아
Passage Jouffroy
P.167
Grands Boulevards
Boulevard Montmartes
Richelieu - Drouot
파사주 데 파노라마
Passage des Panoramas
P.166
Bonne Nouvelle
Strasbourg-Saint-Denis
Bourse
Rue de Richelieu
Rue Montmartre
Sentier
Rue Réaumur
P.168
갤러리 비비엔
Galerie Vivienne
왕궁 정원(팔레 루아얄)
Palais Royal
P.169
Rue du Louvre
Rue Etienne Marcel
Rue Montmartre
스토레
Stohrer
P.184
Réaumur Sébastopol
Rue Saint-Martin
파사주 뒤 그랑세르
Passage du Grand Cerf
P.168
Rue de Turbigo
잇푸도
Ippudo
Rue Etienne Marcel
Étienne Marcel
Rue de Turbigo
R.aux Ours
Rue du Grenier Saint-Lazare
Rambuteau
Les Halles
포럼데알
Forum des Halles
P.180
Rue Pierre Lescot
Rue des Bons-Enfants
Rue du Louvre
Rue Saint - Honoré
RER
Châtelet-Les Halls
퐁피두 센터
Centre Georges Pompidou
P.171
Rue Beaubourg
Louvre - Rivoli
Rue de Rivoli
Voirie Souterraine des Halles
Rue des Halles
Rue du Louvre
Port du Louvre
Quai du Louvre
Pont Neuf
Châtelet
Rue de Rivoli
Rue Beaubourg

에투알 개선문
Arc de Triomphe
P.192
Charles de Gaulle-Étoile
Kléber
George V
샹젤리제 거리
Av. des Champs-Élysées
P.196
P.208 라뒤레
Ladurée
미스고(일식당)
Miss Kô
P.209
레옹 드 브뤼셀
Léon de Bruxelles
P.207
파이브 가이즈
Five Guys
P.208
르 흘레 드 랑트흐코트
Le Relais de l'Entrecôte
P.206
Avenue des Champs-Élysées
Avenue Foch
Avenue Victor Hugo
Avenue Hoche
Avenue de Friedland
Avenue Marceau
Avenue de d'Iéna
Avenue George V
Rue Washington
Rue de Berri
Rue du Ponthieu
Rue La Boétie
Rue Vernet
Rue de Bassano
Rue Galilée
Rue Lincoln
Rue François 1ER
Rue Pierre Charron
Rue Marbeuf
Rue de Marignan
Rue Clément Marot
Rue de la Trémoille
R. Chambiges
Ave. Montaigne
Rue Jean Goujon
Pl. Amiral de Grasse
Avenue du Président Wilson
Pl. d'Iéna
Iéna
Alma - Marceau
Pl. de l'Alma
Cours Albert 1 ER
Port de la Conférence
바토 무슈
Bateaux Mouches
P.239
Avenue de New-York
Port Debilly
Pont de l'Alma
Passerelle Debilly
Port du Gros-Caillou
Pl. de la Résistance
Quai d'Orsay
Quai Branly
Pont de l'Alma
콰이 브랜리 박물관
Musée Quai Branly
Avenue Rapp
Avenue Bosquet
Rue de l'Université
Avenue de la Bourdonnais
P.239
바토 파리지엥
Bateaux Parisiens
바토뷔스 P.240
A
B
E
F
I
J

샹젤리제 거리 주변 지도
Champs-Élysées
Saint-Augustin
Place Saint-Augusin
Miromesnil
Saint-Philippe-du-Roule
순(한식당)
Soon
P.209
안 바비큐(한식당)
rean Barbecue
P.209
엘리제 궁전
Le Palais de L'Élysée
마들렌 성당
L'église de la Madeleine
Franklin D. Roosevelt
Champs Élysées Clemenceau
그랑팔레
Grand Palais
P.202
프티팔레
Petit Palais
P.202
Concorde
콩코르드 광장
Place de la Concorde
P.204
알렉상드르 3세교
Pont Alexandre III
P.203
바토뮈스
오랑주리 미술관
Musée de l'Orangerie
P.148
RER
Invalides
부르봉 궁전
Palais Bourbon
Invalides
Assemblée Nationale
100m
Boulevard Haussmann
Rue de Courcelles
Rue La Boétie
Rue du Colisée
Ave. Matignon
Rue des Saussaies
Rue de la Ville-l'Évêque
Rue de Surène
Rue Montalivet
Rue de Duras
Rue du Faubourg Saint-Honoré
Rue du Cirque
Avenue Gabriel
Avenue de Marigny
Rue de l'Élysée
Rue d'Anjou
Rue Paquier
Rue de l'Arcade
Boulevard Malesherbes
Cité du Retiro
Rue Boissy-d'Anglas
Rue Royale
Place. de la Madeleine
Allée Marcel Proust
Avenue des Champs-Élysées
Avenue Edward Tuck
Ave. des Champs-Élysées
Ave. Winston Churchill
Square de Berlin
Ave. de Selves
Avenue Franklin Delano Roosevelt
Ave. Franklin Delano Roosevelt
Rue Jean Mermoz
Rue du Ponthieu
Cours La Reine
Port des Champs-Élysées
Place de la Concorde
Quai des Tuileries
Port des Tuileries
Port de Solférino
Quai d'Orsay
Port du Gros-Caillou
Pont des Invalides
Avenue du Maréchal Gallieni
Rue Robert Esnault-Pelterie
Rue Fabert
Rue de l'Université
Boulevard de La-Tour-Maubourg
Rue Saint-Dominique
Quai Anatole France
Boulevard Saint-Germain
Rue de Lille

오르세 & 에펠탑 주변 지도
Musée d'Orsay & Tour Eiffel
Boissière
Iéna
Alma - Marceau
샤요 궁전
Palais de Chaillot
P.237
무슈블루
Monsieur Bleu
P.243
바토 무슈
Bateaux Mouches
P.239
Pont de l'Alma
콰이 브랜리 박물관
Musée Quai Branly
P.239
바토 파리지앵
Bateaux Parisiens
바토뷔스
P.240
에펠탑
Tour Eiffel
P.228
P.242
라 퐁텐 드 막스
La fontaine de Mars
비스트로 생 도미니크
Bistro Saint-Dominique
P.242
쉐 라미 장
Chez L'AmiJean
P.243
Champ de Mars-Tour Eiffel
Bir-Hakeim
École Militaire
평화의 벽
Le Mur Pour La Paix
군사학교
École Militaire
Dupleix
La Motte Picquet Grenelle
100m

Champs Élysées Clemenceau
Concorde
그랑팔레
Grand Palais
P.202
프티팔레
Petit Palais
P.202
콩코르드 광장
Place de la Concorde
P.204
오랑주리 미술관
Musée de l'Orangerie
P.148
튈르리 정원
Jardin des Tuileries
P.150
알렉상드르 3세교
Pont Alexandre III
P.203
바토뮈스
Invalides
부르봉 궁전
Palais Bourbon
Musée d'Orsay
Assemblée Nationale
오르세 미술관
Musée d'Orsay
P.214
La Tour-Maubourg
Solférino
Varenne
로댕 미술관
Musée Rodin
P.222
앵발리드(군사 박물관)
Les Invalides
P.224
Rue du Bac
Saint-François-Xavier
Vaneau
G
H
K
L

생제르맹데프레 주변 지도
Saint-Germain des Prés
P.250 생제르맹데프레 성당
Église de Saint-Germain-des-Prés
카페 드 플로르
Café de Flore
P.264
Boulevard Saint-Germain
브라스리 리프
Brasserie Lipp
P.265
Les Deux Ma
P.264
A
B
E
F
J
Rue de Grenelle
Rue Saint-Guillaume
Boulevard Raspail
Rue du Dragon
Rue Bonaparte
Rue du Four
Rue du Vieux-Colombier
Rue de Babylone
Sèvres-Babylone
푸알란
Poilâne
P.259
Rue du Cherche Midi
Saint-Sulpice
피에르 에르메
Pierre Hermé
P.259
Rue de Rennes
Rue de Sèvres
Rue d' Assas
Vaneau
Rennes
Rue de Regard
라 파리지엔
LA PARISIENNE
P.258
Rue de Vaugirard
Rue de Fleurus
Rue Guynemer
Saint-Placide
Boulevard du Montparnasse
Notre-Dame-des-Champs
Ave.du Maine
Montparnasse-Bienvenüe
R. A. Bourdelee
Rue de l'Arrivée
몽파르나스 타워
La Tour Montparnasse
P.252
P.262
라 로통드
La Rotonde
Pl. P. Picasso
Vavin
Rue du Montparnasse
Rue Delambre
Edgar Quinet
Rue Jolivet
Boulevard Edgar Quinet
Rue Huyghens
몽파르나스 역
Gare Montparnasse
Rue du Maine
Rue de la Gaîté
Gaîté
몽파르나스 묘지
Cimetière du Montparnasse

Cité
시테섬
îLE de la Cité
P.106
피시 라 부아손리
Fish La Boissonnerie
P.257
Saint-Michel
Place Saint-Michel
Saint-Michel Notre Dame
노트르담 대성당
Cathédrale Notre-Dame de Paris
P.112
리틀 브레즈
Little Breizh
P.258
르 프로코프
Le Procope
P.262
Mabillon
Odéon
생 쉴피스 성당
Église Saint Sulpice
P.248
Cluny-La Sorbonne
부일옹 라신
Bouillon Racine
P.262
폴리도르
Le Polidor
P.262
Maubert Mutualite
오데옹 극장
Odéon Theatre
소르본 대학
Université Paris-Sorbonne
P.119
뤽상부르 궁전
Palais du Luxembourg
Luxembourg
뤽상부르 정원
Jardin du Luxembourg
P.251
팡테옹
Panthéon
P.120
Port-Royal
100m
Rue de Lutece
Quai du Marche Neuf
Quai Saint-Michel
Place Jean-Paul II
Quai de Montebello
Rue Clément
Rue Mabillon
Boulevard Saint-Germain
Rue Monsieur le Prince
Rue Racine
Rue des Écoles
Rue Champollion
Rue de la Sorbonne
Rue Victor Cousin
Boulevard Saint-Michel
Rue de Médicis
Rue Soufflot
Rue Cujas
Rue Valette
Rue Clovis
Place du Panthéon
Rue Clothilde
Rue Saint-Jacques
Rue Gay-Lussac
Rue d'Ulm
Rue Lhomond
Rue Mouffetard
Rue Auguste Comte
Ave. de l'Observatoire
Rue Michelet
Rue du Val-de-Grâce
Rue Claude Bernard
R. de l'Ancienne Comédie
Rue Dauphine
Rue Jacob
Rue Vaugirard
Monge

오 라팡 아질
Au Lapin Agile
P.283
몽마르트르 묘지
Cimetière de Montmartre
P.279
르 콩슐라
Le Consulat
P.282
르 물랭 드 라 갈레트
Le Moulin de la Galette
P.281
P.282 라 본 프랑케트
La Bonne Franquette
A
B
반 고흐의 집
Maison Vincent Van Gogh
P.277
달리 박물관
Espace Montmartre Salvador Dalí
P.275
Rue Caulaincourt
Rue Lepic
P.277 세탁선
Le Bateau-Lavoir
Rue Garreau
Rue Gab
Rue Berthe
르 그르니에 아 빵
Le Grenier à Pain
P.284
Rue des Trois Frères
Rue des Abbesses
카페 데 되 물랭
Cafe des Deux Moulins
P.283
사랑해 벽
Le Mur Des Je t'aime
P.278
Abbesses
아베스 역
Abbesses
P.278
물랭 루즈
Moulin Rouge
P.276
추천 루트
Blanche
빵빵
Pain Pain
P.284
Rue Houdon
E
F
Boulevard de Clichy
Rue Blanche
Pigalle
Rue de Douai
Rue Pierre Fontaine
Rue Jean-Baptiste Pigalle
Rue Victor Massé
I
J
Rue la Bruyère
Rue de Clichy
Rue Notre Dame de Lorette
Rue Manuel
Saint-Georges
귀스타브 모로 박물관
Musée National Gustave Moreau
P.178

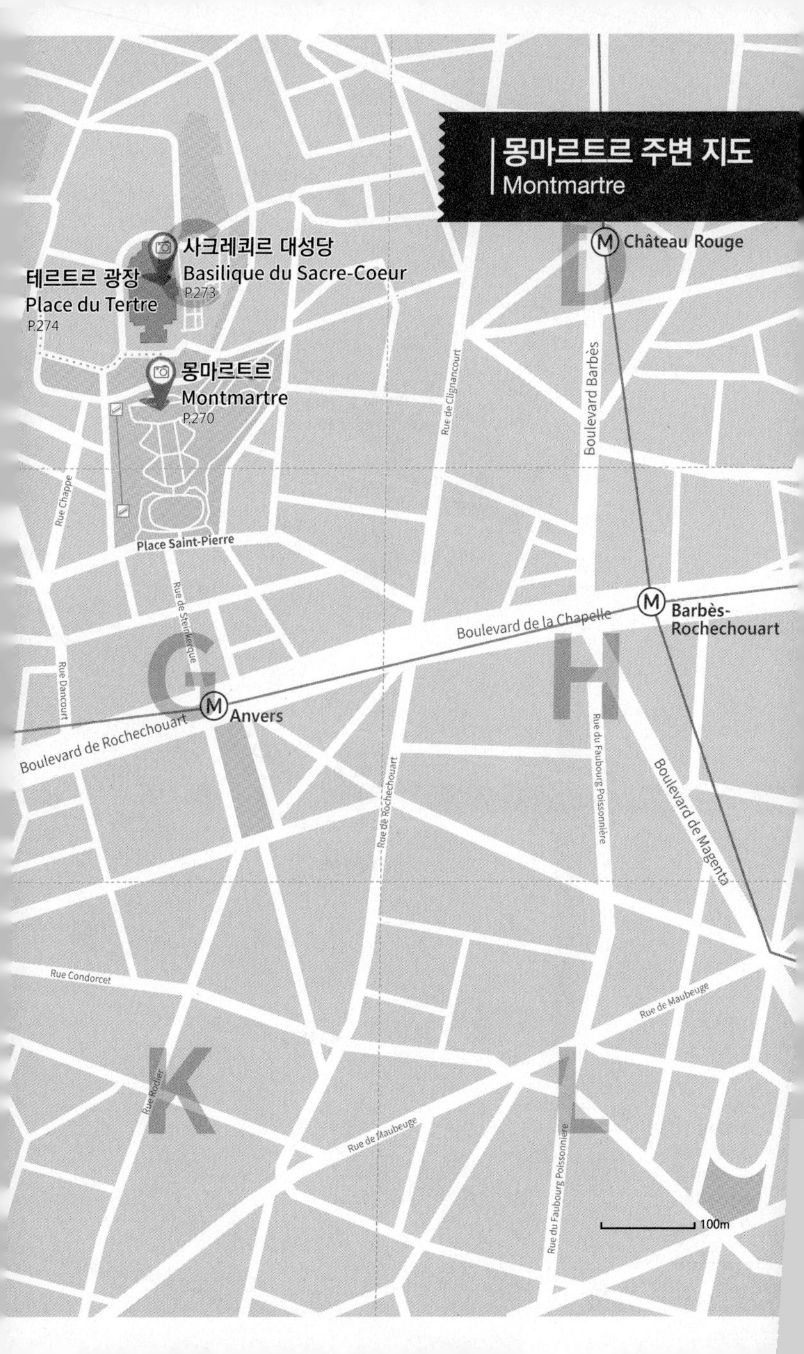

몽마르트르 주변 지도
Montmartre
사크레쾨르 대성당
Basilique du Sacre-Coeur
P.273
테르트르 광장
Place du Tertre
P.274
몽마르트르
Montmartre
P.270
Château Rouge
Boulevard Barbès
Rue de Clignancourt
Rue Chappe
Place Saint-Pierre
Rue de Steinkerque
Barbès-Rochechouart
Boulevard de la Chapelle
Rue Dancourt
Anvers
Boulevard de Rochechouart
Rue de Rochechouart
Rue du Faubourg Poissonnière
Boulevard de Magenta
Rue Condorcet
Rue de Maubeuge
Rue Rodier
Rue de Maubeuge
Rue du Faubourg Poissonnière
100m

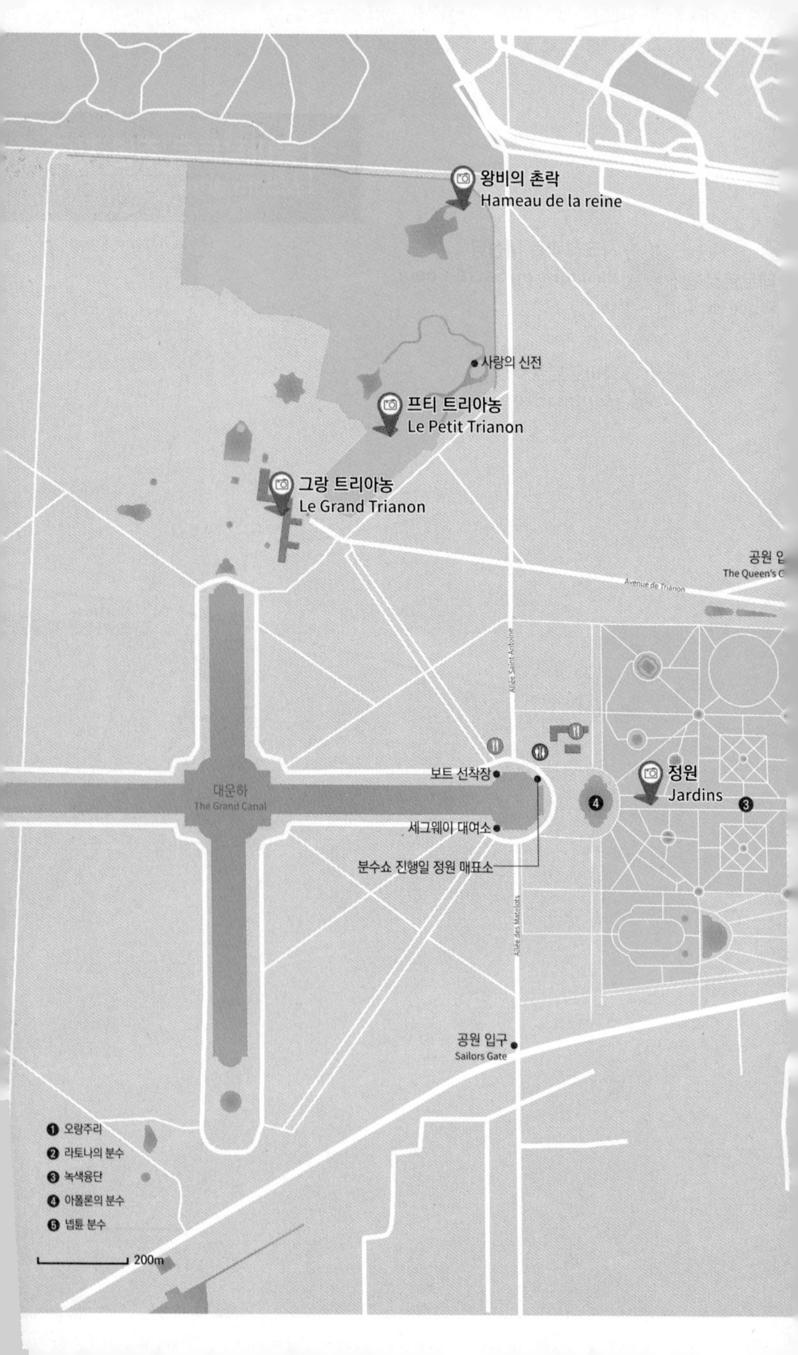
왕비의 촌락
Hameau de la reine
사랑의 신전
프티 트리아농
Le Petit Trianon
그랑 트리아농
Le Grand Trianon
The Queen's
Avenue de Trianon
Allée Saint-Antoine
보트 선착장
대운하
The Grand Canal
세그웨이 대여소
분수쇼 진행일 정원 매표소
정원
Jardins
Allée des Matelots
공원 입구
Sailors Gate
❶ 오랑주리
❷ 라토나의 분수
❸ 녹색융단
❹ 아폴론의 분수
❺ 넵튠 분수
200m

베르사유 리브 드루아트 역
Versailles - Rive Droite
Boulevard de la Reine
Rue de la Paroisse
Avenue de Saint-Cloud
Rue des Réservoirs
자전거 대여소
꼬마 기차 정류장 · 매표소
분수쇼 진행일 정원 매표소
베르사유 궁전
Château de Versailles
Rue Montbauron
루이 14세 동상
Avenue de Paris
전기 자동차 대여소
매표소
Avenue de l'Europe
베르사유 리버고슈 역
Versailles Château Rive Gauche
오랑주리(공원) 입구
Avenue de Sceaux
Rue des États Généraux
Association Valentin Haüy
Rue de Noaille
Rue de l'Orangerie
베르사유 대성당
베르사유 샹티에 역
Gare de Versailles-Chantiers
Rue d'Anjou
Pièce d'Eau des Suisses

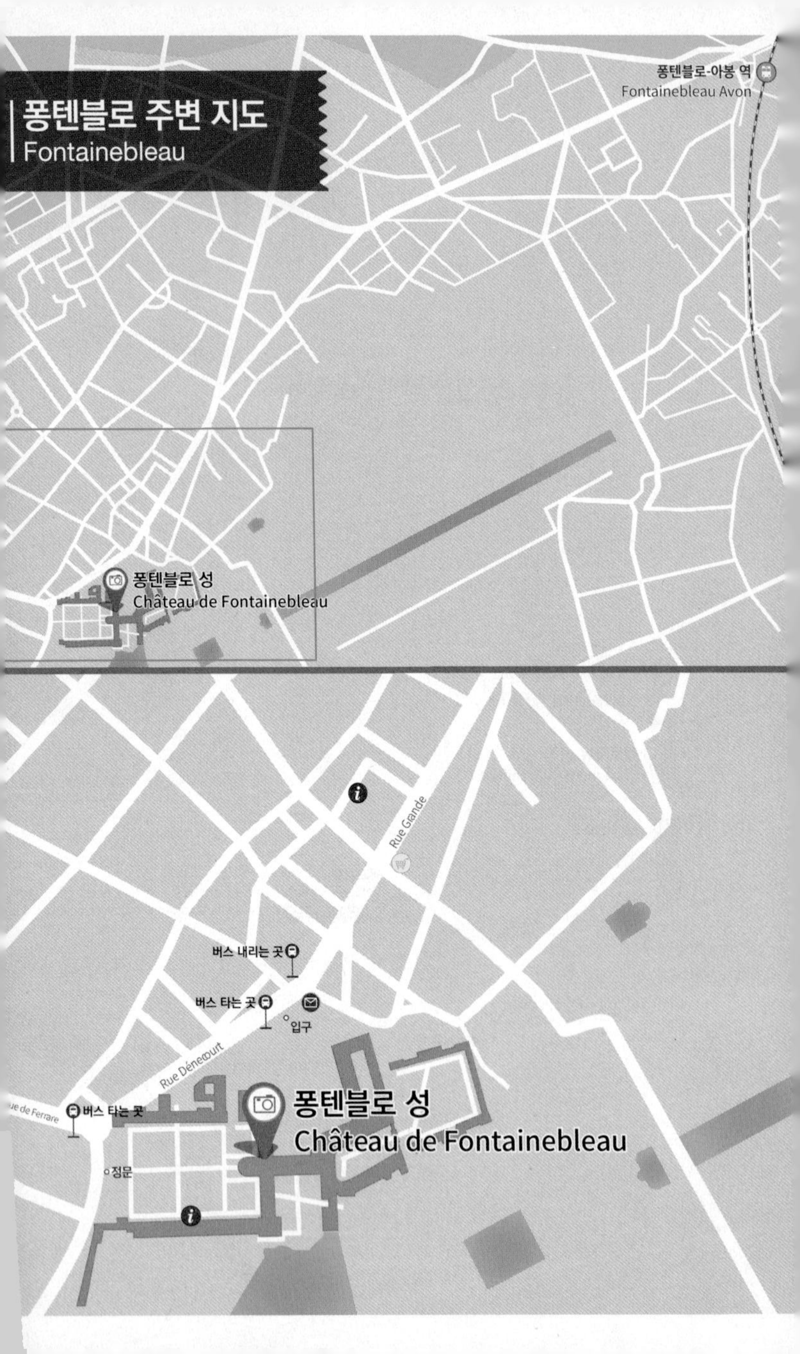
퐁텐블로 주변 지도
Fontainebleau
퐁텐블로-아봉 역
Fontainebleau Avon
퐁텐블로 성
Château de Fontainebleau
Rue Grande
버스 내리는 곳
버스 타는 곳
입구
Rue Dénecourt
Rue de Ferrare
버스 타는 곳
퐁텐블로 성
Château de Fontainebleau
정문

지베르니 주변 지도
Giverny

오베르 쉬르 우아즈 지도
Auvers-sur-Oise

반 고흐&테오의 무덤
Tomb of Vincent van Gogh
오베르의 묘지
Cimetière d'Auvers-sur-Oise
〈까마귀가 있는 밀밭〉의 배경지
Vangogh - Le Champ De Blé Aux Corbeaux
오베르 성당
L'église d'Auvers
오베르 계단
L'Escalier d'Auvers
Rue Daubigny
반 고흐 공원
Parc Van gogh
도비니의 정원
Le Jardin de Daubigny
라부 여관
Auberge Ravoux
Rue du Général de Gaulle
오베르 쉬르 우아즈 역
Auvers sur Oise
오베르 시청사
Mairie d'Auvers-sur-Oise
100m

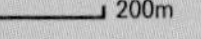
몽생미셸 수도원
ABBAYE DU MONT-SAINT-MICHEL
셔틀버스 정류장 &
퐁토르송 왕복 버스 종점
르 를레 생미셸
Le Relais Saint-Michel
셔틀버스 정류장
오텔 드 레 지기
Hôtel de La Digue
오텔 가브리엘
Hôtel Gabriel
머큐어 몽생미셸
Mercure Mont Saint Michel
셔틀버스 정류장 &
퐁토르송 왕복 버스 정류장
셔틀버스 종점
200m

몽생미셸 주변 지도
Mont-Saint-Michel

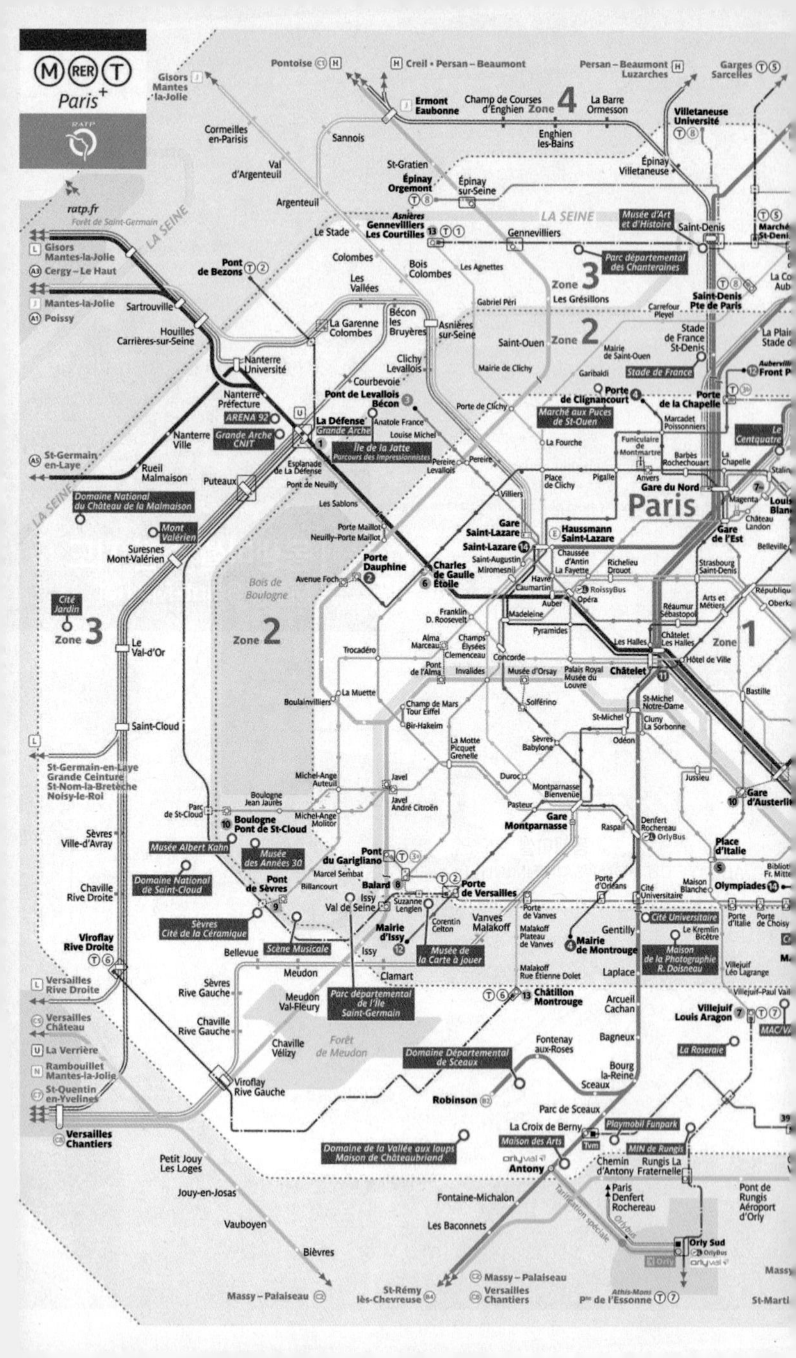

M RER T
Paris+
RATP
ratp.fr
Forêt de Saint-Germain
LA SEINE
Gisors Mantes-la-Jolie
Pontoise
Creil • Persan – Beaumont
Persan – Beaumont Luzarches
Garges Sarcelles
Ermont Eaubonne
Champ de Courses d'Enghien
Zone 4
La Barre Ormesson
Enghien les-Bains
Villetaneuse Université
Cormeilles en-Parisis
Sannois
Val d'Argenteuil
St-Gratien
Épinay Orgemont
Épinay sur-Seine
Épinay Villetaneuse
Argenteuil
Asnières Gennevilliers Les Courtilles
Gennevilliers
Musée d'Art et d'Histoire
Saint-Denis
Le Stade
Colombes
Bois Colombes
Les Agnettes
Parc départemental des Chanteraines
Zone 3
Les Grésillons
Gabriel Péri
Saint-Denis Pte de Paris
Carrefour Pleyel
Stade de France St-Denis
Gisors Mantes-la-Jolie
Cergy – Le Haut
Mantes-la-Jolie
Poissy
Pont de Bezons
Les Vallées
Sartrouville
Houilles Carrières-sur-Seine
La Garenne Colombes
Bécon les Bruyères
Asnières sur-Seine
Saint-Ouen
Zone 2
Mairie de Saint-Ouen
Clichy Levallois
Mairie de Clichy
Garibaldi
Stade de France
Nanterre Université
Courbevoie
Pont de Levallois Bécon
Porte de Clignancourt
Porte de la Chapelle
Nanterre Préfecture
ARENA 92
La Défense
Grande Arche
Anatole France
Porte de Clichy
Marché aux Puces de St-Ouen
Marcadet Poissonniers
Nanterre Ville
Grande Arche CNIT
Louise Michel
Île de la Jatte
Parcours des Impressionnistes
La Fourche
Funiculaire de Montmartre
Barbès Rochechouart
La Chapelle
St-Germain en-Laye
Rueil Malmaison
Esplanade de La Défense
Pereire Levallois
Pereire
Place de Clichy
Pigalle
Anvers
Gare du Nord
Puteaux
Pont de Neuilly
Villiers
Paris
Domaine National du Château de la Malmaison
Les Sablons
Magenta
Château Landon
Mont Valérien
Porte Maillot
Neuilly–Porte Maillot
Gare Saint-Lazare
Haussmann Saint-Lazare
Gare de l'Est
Suresnes Mont-Valérien
Saint-Lazare
Chaussée d'Antin La Fayette
Richelieu Drouot
Strasbourg Saint-Denis
Belleville
Porte Dauphine
Charles de Gaulle Étoile
Saint-Augustin
Miromesnil
Bois de Boulogne
Avenue Foch
Havre Caumartin
RoissyBus
Opéra
Auber
Arts et Métiers
République
Cité Jardin
Zone 3
Franklin D. Roosevelt
Madeleine
Réaumur Sébastopol
Le Val-d'Or
Zone 2
Alma Marceau
Champs Élysées Clemenceau
Pyramides
Les Halles
Châtelet Les Halles
Zone 1
Trocadéro
Concorde
Hôtel de Ville
Pont de l'Alma
Invalides
Musée d'Orsay
Palais Royal Musée du Louvre
Châtelet
La Muette
Bastille
Boulainvilliers
Champ de Mars Tour Eiffel
Solférino
St-Michel Notre-Dame
Saint-Cloud
Bir-Hakeim
St-Michel
Cluny La Sorbonne
La Motte Picquet Grenelle
Sèvres Babylone
Odéon
St-Germain-en-Laye
Grande Ceinture
St-Nom-la-Bretèche
Noisy-le-Roi
Michel-Ange Auteuil
Javel
Duroc
Jussieu
Boulogne Jean Jaurès
Javel André Citroën
Montparnasse Bienvenüe
Gare d'Austerlitz
Parc de St-Cloud
Michel-Ange Molitor
Pasteur
Boulogne Pont de St-Cloud
Gare Montparnasse
Raspail
Denfert Rochereau
OrlyBus
Sèvres Ville-d'Avray
Musée Albert Kahn
Musée des Années 30
Pont du Garigliano
Place d'Italie
Marcel Sembat
Chaville Rive Droite
Domaine National de Saint-Cloud
Pont de Sèvres
Billancourt
Balard
Porte de Versailles
Porte d'Orléans
Cité Universitaire
Maison Blanche
Olympiades
Issy Val de Seine
Suzanne Lenglen
Porte de Vanves
Sèvres Cité de la Céramique
Mairie d'Issy
Corentin Celton
Vanves Malakoff
Malakoff Plateau de Vanves
Gentilly
Porte d'Italie
Porte de Choisy
Le Kremlin Bicêtre
Viroflay Rive Droite
Scène Musicale
Musée de la Carte à jouer
Mairie de Montrouge
Maison de la Photographie R. Doisneau
Bellevue
Issy
Versailles Rive Droite
Meudon
Clamart
Malakoff Rue Étienne Dolet
Laplace
Villejuif Léo Lagrange
Sèvres Rive Gauche
Meudon Val-Fleury
Parc départemental de l'Île Saint-Germain
Châtillon Montrouge
Arcueil Cachan
Villejuif–Paul Vaillant-Couturier
Versailles Château
Chaville Rive Gauche
Villejuif Louis Aragon
La Verrière
Chaville Vélizy
Forêt de Meudon
Fontenay aux-Roses
Bagneux
Rambouillet Mantes-la-Jolie
Domaine Départemental de Sceaux
La Roseraie
St-Quentin en-Yvelines
Viroflay Rive Gauche
Robinson
Bourg la-Reine
Sceaux
Versailles Chantiers
Parc de Sceaux
La Croix de Berny
Playmobil Funpark
Domaine de la Vallée aux loups Maison de Châteaubriand
Maison des Arts
Tvm
MIN de Rungis
Petit Jouy Les Loges
orlyval
Antony
Chemin d'Antony
Rungis La Fraternelle
Jouy-en-Josas
Fontaine-Michalon
Paris Denfert Rochereau
Pont de Rungis Aéroport d'Orly
Tarification spéciale
Vauboyen
Les Baconnets
Orlybus
Orly Sud
Bièvres
Massy – Palaiseau
St-Rémy lès-Chevreuse
Versailles Chantiers
Athis-Mons
Pte de l'Essonne

Aéroport Charles de gaulle 2 - TGV
RoissyBus
Roissybus
Paris Opéra
Parc des Expositions
Parc des Expositons Paris Nord Villepinte
Villepinte
Sevran Beaudottes
Mitry - Claye
Parc de La Courneuve
Parc des Expositions Paris Le Bourget
Musée de l'air et de l'Espace
Le Bourget
Drancy
Le Blanc Mesnil
Aulnay sous-Bois
Crépy en-Valois
Mémorial de la Shoah Drancy
Bobigny Pablo Picasso
Noisy-le-Sec
Bondy
Chelles Gournay
Bobigny-Pantin Raymond Queneau
Centre National de la Danse
Église de Pantin
Galerie Thaddaeus Ropac
La Ferté-Milon
Château-Thierry
Esbly
Crécy-la-Chapelle
Pré-St-Gervais
Mairie des Lilas
Porte des Lilas
Rosny Bois-Perrier
Gallieni
Porte de Bagnolet
Mairie de Montreuil
Rosny sous-Bois
Zone 3
Croix de Chavaux
Robespierre
Pte de Montreuil
Val de Fontenay
Vincennes
Fontenay sous-Bois
Bérault
Château de Vincennes
Saint Mandé
Nogent Le Perreux
Marne-la-Vallée Chessy
Nogent sur-Marne
Tournan
Château de Vincennes
Bois de Vincennes
Guinguettes
Zone 2
Parc Floral de Paris
Joinville le-Pont
Coulommiers Provins
Palais de la Porte Dorée Aquarium Tropical
Hippodrome de Vincennes
Zoo de Vincennes
Musée de la Résistance Nationale
Liberté
Charenton-Ecoles
LA MARNE
Saint-Maur Créteil
Le Parc de St-Maur
École Vétérinaire de Maisons-Alfort
Musée Fragonard
Maisons-Alfort-Stade
Zone 3
Boissy St-Léger
Maisons-Alfort Les Juilliottes
Maisons-Alfort Alfortville
Créteil-L'Échat
MAC
Île de Loisirs de Créteil
Le Vert de Maisons
Créteil Université
LA SEINE
393 Sucy Bonneuil
Créteil Préfecture
Créteil Pointe du Lac
Zone 4
Villeneuve Triage
Villeneuve Saint-Georges
Melun • Montereau • Montargis
Melun
Malesherbes

Propriété de la RATP - Agence Cartographique
Tourist-IdF-zone2-3 - 12.2016- JG - Reproduction interdite

주요 명소와 가까운 메트로 역

명소	역
개선문	M1·2·6호선 / RER A선 Charles-de-Gaulle-Etoile
귀스타프 모로 박물관	M12호선 Trinité - d'Estienne d'Orves
노트르담 대성당	M4호선 / RER B·C선 Saint-Michel
라 데팡스	M1호선/ RER A선 La Defense-Grande Arche
로댕 미술관	M13호선 Varenne
루브르 박물관	M1·7호선 Palais-Royal-Musée du Louvre
마들렌 성당	M8·12·14호선 Madeleine
몽마르트르	M12호선 Abbesses ·2호선 Anvers
몽파르나스 타워	M4·6·12·13호선 Montparnasse-Bienvenue
샤요 궁전	M6·9호선 Trocadéro
샤크레쾨르 대성당	M12호선 Abbesses ·2호선 Anvers
샹젤리제 거리	M1·8·12호선 Concorde ~ M1·2·6 Charles de Gaulle Etoile
앵발리드	M8호선 La Tour-Maubourg
에펠탑	M6호선 Bir Hakeim / M6·9호선 Trocadéro / 8호선 Ecole militaire / RER C선 Champ de MarsTour Eiffel
오랑주리 미술관	M1·8·12호선 Concorde
오르세 미술관	M12호선 Solférino / RER C선 Musee d'Orsay
오페라 가르니에	M3·7·8호선 Opera / RER A선 Auber M4호선 Les Halles
포럼데알	M4호선 Les Halles / M1·4·7·11·14호선 Châtelet / RER A·B·D선 Châtelet - Les Halles
퐁피두 센터	M11호선 Rambuteau / 1·4·7·11·14호선 Châtelet

메트로 라인별 색상

1 Line1 / 4 Line4 / 8 Line8 / 13 Line13
2 Line2 / 5 Line5 / 9 Line9 / 14 Line14
3 Line3 / 6 Line6 / 10 Line10
3bis Line3 / 7 Line7 / 11 Line11
Orly Val Line1 / 7bis Line7b / 12 Line12

파리 대중교통에 유용한 앱 RATP

Android iOS

파리교통공사 RATP 앱에서는 노선도는 물론 교통수단, 소요시간 등의 정보를 제공한다. 출발지와 목적지를 입력하면 추천 이동경로도 알려준다.

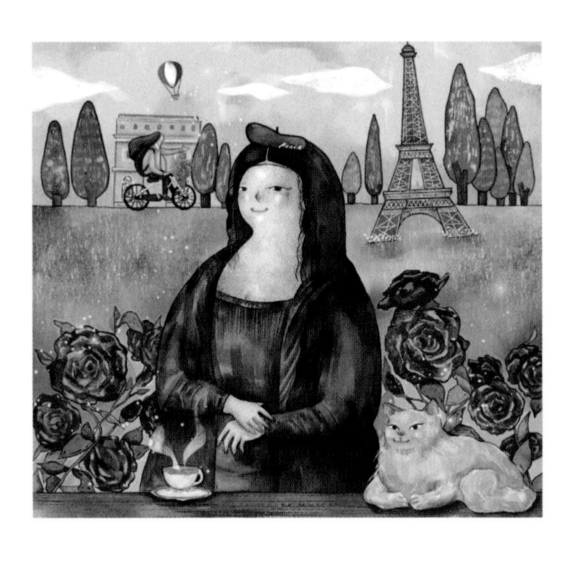

내일은 파리

웅장하고 멋스러운 건축물과 다양한 예술작품으로 전세계 여행자들을 유혹하는 파리,
눈을 뗄 수 없이 화려한 궁전과 드넓은 정원을 간직한 베르사유
나폴레옹이 사랑한 우아한 궁전과 광활한 숲이 있는 퐁텐블로,
반 고흐가 마지막 70일을 살다간 마을 오베르 쉬르 우아즈,
한 폭의 그림 같은 모네의 집과 연못이 있는 지베르니,
바다에 떠 있는 듯 아름답고 신비로운 중세 수도원 몽생미셸까지
파리는 볼거리, 먹거리, 즐길거리로 가득한 워너비 여행지입니다.

*녹한*배방

QR코드와 구글맵 코드를 이용한 신개념 스마트 가이드북!

르 흘레 드 랑트흐코트
Le Relais de l'Entrecôte

스테이크와 와인을 즐기고 싶다면

샹젤리제의 인기 스테이크 전문점. 독특한 소스의 등심 스테이크와 다양한 와인을 즐길 수 있다. 관광객들에게 입소문이 난 뒤로는 오픈 전부터 길게 줄이 늘어서 있으며, 특히 TV 프로그램 〈원나잇푸드트립〉에 방영된 뒤로 한국인 관광객들에게 더 유명해졌다. 메뉴는 스테이크 하나뿐이라 따로 주문하지 않아도 되며 굽기만 '레어/미디엄/웰던' 중 선택하면 된다. 스테이크는 두 번에 걸쳐 서빙되며, 절반이 먼저 나오고 거의 다 먹어 갈 때쯤 나머지 절반이 나온다. 사이드 메뉴로 나오는 감자튀김은 무제한으로 제공되며 물을 포함한 음료와 디저트는 별도로 계산된다. 겨자처럼 톡 쏘는 소스 때문에 맛에 대해서는 호불호가 있으며, 손님이 많은 시간대에는 친절한 서비스를 기대하지 않는 것이 좋다.

구 글 맵 48.868231, 2.302765
홈페이지 www.relaisentrecote.fr
운 영 12:00~14:30, 19:00~23:30
예 산 스테이크 €26.5, 물과 음료는 별도
위 치 메트로 1·9 Franklin D. Roosevelt역에서 도보 8분

가이드북 최초로 명소별 QR 코드를 수록!
QR 코드 스캔과 동시에 해당 여행지나 음식점의 구글맵 페이지로 연결되어 길찾기는 물론 사진, 평점, 리뷰, 영업 시간, 시간대별 붐빔 정도 등 구글맵의 정보를 실시간으로 찾아볼 수 있습니다.
또한 와이파이가 안되더라도 본문에 수록된 17자리 구글맵 좌표를 입력하면 해당 장소의 위치를 빠르고 정확하게 찾을 수 있습니다.

노트르담 대성당
Cathédrale Notre-Dame de Paris

파리, 슬픔을 간직하다.

루브르 박물관
Musée du Louvre

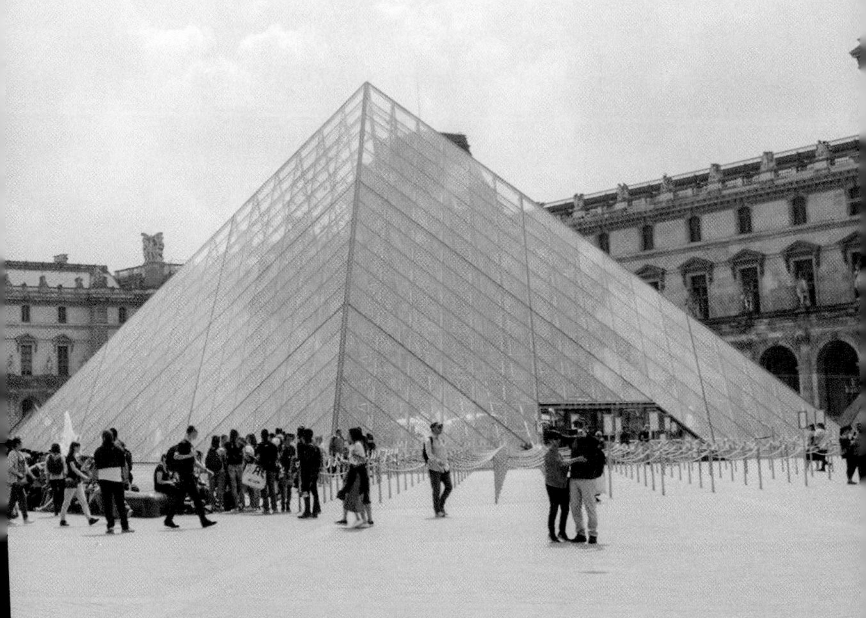

역사의 바다로 뛰어들다

튈르리 정원

Jardin des Tuileries

파리지앵 여유를 즐기다

샹젤리제 거리
Champs-Élysées

엘리시움의 들판을 거닐다

에펠탑

Tour Eiffel

파리에 왔다

몽마르트르
Montmartre

파리를 한 눈에 담아내다

물랭 루즈
Moulin Rouge

음악과 춤이 머무는 곳

귀스타브 모로 박물관
Musée Gustave Moreau

신비로움을 남기다

best of Paris

베르사유 궁전
Chateau de Versailles

권력, 화려함을 맛보다

퐁텐블로
Fontainebleau

나폴레옹, 그의 흔적 속으로

오베르 쉬르 우아즈
Auvers-sur-Oise

고독한 예술가를 위하여

지베르니
Giverny

오늘 하루는 모네가 되어도 좋다

몽생미셸
Mont-Saint-Michel

신의 뜻으로 인간을 머물게 하다

CONTENTS

FRANCE BASIC INFO

프랑스 기본정보

정식국명
프랑스 공화국 (La République Française)

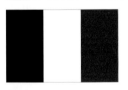

국기
프랑스 국기는 청색, 백색, 적색 삼색기로 청색은 자유, 백색은 평등, 적색은 박애를 상징한다.

인구
6,548만 명(2019년 기준)

수도
파리 (Paris, 인구 223만 명)

면적
551,500㎢ (한반도 면적의 2.5배)

언어
프랑스어(공용어)

종교
가톨릭83%, 기타

지리

프랑스는 유럽 대륙 서부, 지중해와 대서양 사이에 위치해 있다. 서쪽으로는 대서양, 북쪽으로는 베네룩스 3국, 동쪽으로는 독일·스위스, 남쪽으로는 피레네산맥·지중해와 접해있다. 유럽에서 러시아와 우크라이나 다음으로 큰 면적을 자랑한다.

기후

면적이 넓은 프랑스는 지역에 따라 다양한 기후형태가 나타난다. 대부분 지역이 온난한 서안해양성 기후이지만, 동부지역은 대륙성 기후, 남부지역은 지중해성 기후형태가 나타난다.

통화 (화폐)

프랑스의 화폐단위는 유로 Euro(€)이며, 1유로는 100상팀이다. (€1=100 Centime) 지폐는 5, 10, 20, 50, 100, 200, 500유로가 있으며, 동전은 1, 2, 5, 10, 20, 50상팀, 1유로, 2유로가 있다.

신용카드/체크카드

VISA, MasterCard 등 대부분의 신용카드/체크카드는 레스토랑, 상점, 쇼핑몰 등에서 사용할 수 있다. 단, 종종 오류가 나거나 일부 상점에서는 AMEX 카드 사용이 불가하니, 종류가 다른 카드로 2개 이상 준비하는 것이 좋다. 또한 출국 전 자신의 카드가 해외에서도 사용 가능한 것인지 미리 체크해두는 것이 좋다.

현금 인출기 (ATM)

현금 인출기(ATM)는 은행, 우체국 등 파리 시내 곳곳에 찾을 수 있으며, 카드에 Plus, MasterCard, Cirrus 등의 마크가 있는 경우 대부분 유로화로 인출이 가능하다. 보통 비밀번호는 4자리를 입력하지만, 간혹 6자리를 입력해야 하는 경우 4자리 비밀번호 뒤에 숫자 00을 붙이면 된다.(p.397 참조)

환전

국내에서 환전 시 환율 우대를 받기 위해서는 주거래 은행의 인터넷 또는 스마트폰 앱 등으로 미리 환전 신청을 해 놓고 가까운 영업점이나 공항 등에서 수령하는 것이 가장 좋다. 공항에서 수령 시 새벽 비행기를 이용한다면 24시간 운영 환전소를 미리 확인해 두자.

환율

1유로 = 약 1320원 (2019년 7월 기준)

여행정보

프랑스 관광청 kr.france.fr
파리관광청 ko.parisinfo.com
블로그 blog.naver.com/francois09
프랑스 관광청 페이스북 facebook.com/KR.France.fr
네이버카페 유랑 cafe.naver.com/firenze

비자

관광·방문 등의 목적으로 입국 시 무비자로 최대 90일까지 체류 가능하다.

전압과 플러그

프랑스의 표준 전압은 220~240V, 주파수는 50Hz이며, 한국에서 사용하던 전자제품 그대로 사용할 수 있다. 단, 콘센트 수가 1~2개 정도밖에 없는 숙소가 많으니 멀티 콘센트를 준비해 가는 것이 편리하다. 이탈리아, 스위스, 독일 등에 인접한 도시에 방문할 경우 다른 규격을 사용하는 곳이 있으므로 멀티어댑터를 준비해 가는 것도 좋은 방법!

프랑스 건물 층수 표기

우리나라의 1층은 프랑스에서 0층이라고 부르며 RDC 또는 RC (Rez-de-Chaussée) 등으로 표기한다.

우리나라 1층 → 프랑스 0층 (Rez-de-Chaussée)
우리나라 2층 → 프랑스 1층 (1er étage)
우리나라 3층 → 프랑스 2층 (2ème étage)

팁 문화

프랑스의 레스토랑과 바의 메뉴판 가격에는 대부분 15%의 세금 및 봉사료가 이미 포함되어 있으므로 추가로 팁을 지불하지 않아도 된다. 단, 서비스가 매우 만족스러웠을 경우 5~10% 정도의 팁이나 잔돈 등을 테이블에 두고 올 수도 있다. 간혹 관광객이 자주 오는 레스토랑의 경우 노골적으로 팁을 요구하기도 하지만, 서비스가 특별히 좋지 않았다면 내지 않아도 된다. 호텔에서는 보통 포터에게 짐 1개당 1유로, 룸메이드는 2유로 정도의 팁을 주며, 택시를 이용할 경우 잔돈이나 1~2유로 정도의 팁을 준다.

시차

한국보다 8시간 느리다. 예를 들어 한국이 오전 10시일 경우, 프랑스는 오전 2시. 서머타임이 적용되는 3~10월에는 7시간 시차가 생긴다.
(서머타임 : 3월 마지막 주 일요일~10월 마지막 주 일요일)

물

물은 일반 생수(Eau Plate 또는 minérale)과 탄산수(Eau gazeuse) 2종류로 나뉘며, 영어로 생수는 Still, 탄산수는 Gas라고 한다. 슈퍼에서 물 구입 시 생수 브랜드를 보고 고르거나 병 하단에 적혀 있는 단어를 보고 고르도록 하자. 대표적인 생수 브랜드에는 비텔 Vittel, 에비앙 Evian 등이 있으며, 탄산수 브랜드에는 페리에 Perrier, 바두아 Badoit 등이 있다.

화장실

유럽에서는 박물관, 명소, 레스토랑 등 입장료를 내고 들어간 곳을 제외하고는 대부분 유료 화장실이다. 유료 화장실 이용 시 보통 0.5~1유로를 내야 하니 동전을 미리미리 준비해두는 것이 좋다. 맥도날드나 스타벅스 등에는 영수증에 화장실 비밀번호가 적혀 있다. 관광지 주변 도로변에 있는 간이 화장실 Toilettes은 무료이다.

영업시간

은 행	월~금 09:00~17:00, 일부 지점은 12:00~14:00 휴무
우 체 국	월~금 08:00~20:00, 토 09:00~13:00, 지점마다 다름, 루브르 중앙 우체국은 24시간 운영
일반상점	월~토 10:00~18:00 (또는 19:00), 일요일 휴무
레스토랑	11:30~14:00, 19:00~22:00, 음료는 휴식시간 없이 제공하는 곳이 많음.
박 물 관	09:00~18:00, 월 또는 화요일 휴관인 곳이 많음

프랑스 공휴일 _2019년 기준

1월 1일: 신년. 새해 첫날
4월 22일: 부활절 월요일*
5월 1일: 노동절
5월 8일: 2차 세계대전 종전기념일
5월 30일: 예수승천일*
6월 10일: 성령 강림절(오순절)*
7월 14일: 프랑스 혁명 기념일
8월 15일: 성모 승천일
11월 1일: 만성절
11월 11일: 1차 세계대전 종전기념일
12월 25일: 크리스마스

*표시는 해마다 바뀌는 공휴일

※프랑스의 공휴일에는 행정기관과 은행이 대부분 문을 닫으며 영업을 하지 않는 상점도 많다. 여행일정 계획 시 방문 기간 동안 프랑스의 휴일과 겹치지 않는지 확인하고, 방문할 곳의 운영 여부도 반드시 확인하는 것이 좋다.

주프랑스 대한민국대사관 (파리)

홈페이지 overseas.mofa.go.kr/fr-ko/index.do
주 소 125 rue de Grenelle 75007 Paris, FRANCE
운 영 대사관 월~금 09:30~12:30, 14:00~18:00,
영사과 월~금 09:30~16:30, 비자 월~금09:30~12:00
연 락 처 대표번호 : (+33 0) 1 4753 0101
긴급연락처(사건·사고) : (+33 0) 6 8095 9347
야간 및 주말 당직 : (+33 0) 6 8028 5396
이 메 일 koremb-fr@mofa.go.kr / consulat-fr@mofa.go.kr
위 치 메트로 13호선 Varenne 역에서 앵발리드를 왼쪽에 두고 걸어가다가 첫 번째 사거리에서 오른쪽.

긴급연락처

경 찰 17
소 방 서 18
구 급 차 15
24시응급 (+33 0) 1 4707 7777
응급약국 (+33 0) 1 4562 2041
(84 Avenue des Champs-Elysees, 75008 Paris)
-원칙적으로 약품 구입 시 의사의 처방전이 필요하나, 감기약, 진통제 등 기본 의약품은 처방전이 없어도 약국에서 구입 가능.

프랑스 여행 시 알아두면 유용한 여행정보

1. 인사는 내가 먼저! 봉주르 Bonjour
프랑스에서 친절한 서비스를 받고 싶다면 '봉주르 Bonjour (저녁에는 봉수아 Bonsoir)'라고 먼저 인사해보자. 프랑스에서는 상대방에게 인사를 건네는 것이 예의이며, 인사를 했는데도 답인사가 없는 것을 매우 불쾌하고 무례한 행동으로 여긴다. 레스토랑과 상점은 물론 관광안내소, 티켓 판매소, 슈퍼 등에 들어갈 때도 나올 때도 인사를 해보자. 인사를 할 때와 인사를 하지 않을 때의 대우가 매우 다르다는 것을 느낄 수 있을 것이다.

2. 프랑스어를 몰라도 괜찮아요.

자국 언어에 대한 자부심이 높은 것으로 유명한 프랑스에는 길거리 표지판, 지하철 안내판 등이 프랑스어로만 적혀 있는 곳이 있다. 하지만 전 세계 여행자들이 방문하는 관광도시 파리의 공항, 주요 기차역 등에는 영어로 표기가 되어 있고, 관광지 주변의 레스토랑 및 상점가에도 영어 가능 직원이 1~2명 정도는 있으니 너무 걱정하지는 말자. 단, 인기 관광명소가 아니거나 파리 근교 등에 개별적으로 여행한다면 입구, 출구, 역, 화장실 등 간단한 프랑스 단어는 익혀 두는 게 여러모로 편리하다. (간단한 프랑스어 참조 P.408)

3. 영어를 잘하지 못해도 괜찮아요.

영어를 잘하지 못하더라도 간단한 단어와 짧은 문장만으로 의사소통이 가능하니 너무 걱정하지는 말자. 가이드북이나 종이 등에 적혀 있는 단어를 보여주거나 스마트폰의 회화/번역 앱을 이용하는 것도 좋다. 단, 긴 문장보다는 정확한 의사소통이 더 중요하니 중요한 단어만 확실하게 말하는 것이 좋다. 호텔이나 버스, 투어 등 이용 시에서는 바우처나 예약 메일, 예약번호 등을 인쇄물이나 스마트폰 화면 등으로 보여주면 된다.

4. 소지품 관리에 유의하는 것이 좋아요.

프랑스는 치안상태는 좋은 편이지만, 관광객이 많은 파리의 경우 소매치기가 많다. 특히 에펠탑, 몽마르트르, 오페라 가르니에 등 주요 관광지와 RER·메트로·기차역 주변에는 소매치기와 사기꾼이 많으므로 현금, 스마트폰, 카메라 등 소지품을 잘 챙기는 것이 좋다. 여권이나 항공권은 객실 금고에 넣어두거나, 가방은 몸 앞쪽으로 매고, 백팩보다는 크로스백, 허리에 차는 힙색 등을 이용하도록 하자. 스마트폰 사용시에도 주의할 것! (자세한 내용은 p.392참조)

5. 레스토랑 이용 시 에티켓을 알아두면 좋아요.

프랑스에서 레스토랑 이용 시 되도록 예약을 하는 것이 좋으며 주문 시에는 큰 소리로 부르지 않고 직원과 눈을 마주치거나 살짝 손을 들어 부르는 것이 예의이다. 식사 후 계산은 카운터가 아닌 테이블에서 한다. (자세한 내용은 p.374참조)

6. 박물관에서 셀카봉은 잠시 넣어두세요.

셀카봉은 여행에 없어서는 안될 필수품이지만, 최근 셀카봉으로 인한 피해가 증가하면서 셀카봉 사용을 금지하는 곳이 점차 늘어나고 있다. 특히 유럽 내 박물관, 미술관, 성당 내부 등에서는 셀카봉 사용이 엄격하게 금지되니 잘 알아두자.

FRANCE?
프랑스는 어떤 곳일까

프랑스는 어디일까?

유럽 대륙 서부, 지중해와 대서양 사이 유럽의 중심에 있는 프랑스는 유럽에서 러시아와 우크라이나 다음으로 세 번째로 큰 규모를 자랑한다. 면적 551,500㎢에 걸쳐 형성된 프랑스는 북쪽에서 남쪽, 동쪽에서 서쪽으로 1,000km의 길이를 지닌 정육각형에 가까운 국토 모양을 지니고 있다. 프랑스 전체면적의 0.25%를 차지하는 파리는 프랑스 북부의 일 드 프랑스 Ile de France 지역에 속해 있으며, 파리의 총면적은 약 106㎢로 서울의 약 6분의 1수준이다. 다른 나라의 수도에 비해 면적도 작고 인구도 230만 명 안팎이지만, 다양한 문화유산을 품은 프랑스의 정치·경제·사회의 중심지이자 세계의 문화·예술·패션·미식의 중심지로 전 세계인들을 불러 모으고 있다. 파리의 중심에는 센 강이 흐르고 있다.

프랑스 관광청 kr.france.fr

파리는 어떤 곳일까?

예술과 낭만의 도시 파리! 로맨틱, 파리지앵, 에펠탑, 개선문, 루브르 박물관, 노트르담 대성당, 센 강 위를 흐르는 유람선, 샹젤리제 거리, 명품 쇼핑, 샹송, 와인, 그리고 〈미슐랭 가이드〉와 미식의 성지까지! 파리하면 떠오르는 수식어는 셀 수 없이 많다. 파리 어느 곳을 가든 가는 곳마다 관광객들로 이미 넘쳐나지만, 끝없는 매력을 간직한 도시 파리는 언제나, 지금도, 전 세계 여행자들을 유혹하고 있다. 파리의 근교 볼거리도 빼놓을 수 없다. 눈을 뗄 수 없을 정도로 웅장하고 화려한 베르사유 궁전과 어른, 아이 할 것 없이 동심의 세계로 안내하는 디즈니랜드, 모네의 〈수련〉이 탄생한 지베르니, 고흐가 마지막을 살다간 오베르 쉬르 우아즈, 바다 위에 떠 있는 듯한 신비한 수도원 몽생미셸이 바로 그곳이다.

파리관광청 ko.parisinfo.com

FRANCE

파리

프랑스의 수도. 에펠탑, 개선문, 샹젤리제 거리, 루브르 박물관, 센 강, 노트르담 대성당 등 세계적인 명소가 있어 전 세계의 관광객들이 가장 가고 싶어 하는 워너비 도시로 손꼽힌다.

파리관광청
ko.parisinfo.com

Paris

Chateau de Versailles

베르사유 궁전

파리에서 약 40분이면 닿을 수 있는 파리 근교의 인기명소. 죽기 전에 꼭 가봐야 하는 세계 100대 명소 중 한 곳으로 꼽힐 만큼 아름다운 궁전으로 웅장하고 화려한 왕궁과 정원의 모습을 관람할 수 있다.

베르사유 관광 안내
www.versailles-tourisme.com

퐁텐블로

파리 시내에서 약 50분 정도 떨어진 곳에 있는 마을로 중세시대 왕족과 귀족들의 사냥터로 많은 사랑을 받아왔다. 우아하고 아름다운 퐁텐블로 궁과 광활한 퐁텐블로의 숲으로 유명하다.

퐁텐블로 관광 안내
www.fontainebleau-tourisme.com

Fontainbleau

오베르 쉬르 우아즈

파리에서 약 1시간 거리에 있는 조용한 시골 마을로 인상파 화가 반 고흐가 생의 마지막 두 달을 보내며 작품에 몰두했던 곳이다. 반 고흐의 작품 배경이 된 장소들을 마을 곳곳에서 만날 수 있다.

오베르 쉬르 우아즈 관광 안내
tourisme-auverssuroise.fr

지베르니

인상주의 화가 모네의 집과 정원 있는 마을로 파리에서 1시간 20분 거리에 있다. 연작 〈수련〉의 배경이 된 연못의 풍경을 직접 감상할 수 있어 모네의 작품을 사랑하는 전 세계의 팬들이 찾는다.

지베르니 관광 안내
www.giverny.fr

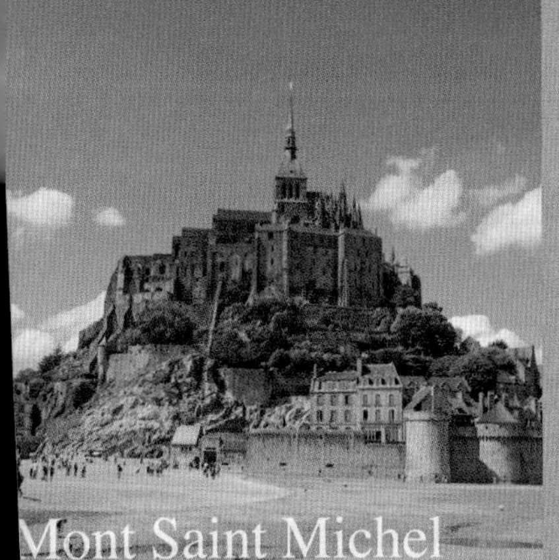

몽생미셸

노르망디 북서쪽 해안의 작은 바위산 위에 우뚝 서 있는 중세 수도원으로 파리에서 4시간 넘게 떨어져 있지만 매년 350만 명 이상이 찾는 인기명소다. 해 질 녘 석양과 함께 바라보는 수도원의 모습이 멋스럽다.

몽생미셸 관광청
www.ot-montsaintmichel.com

파리 여행 언제가 좋을까?

사계절을 지닌 프랑스는 일반적으로 연중 온화한 기후이지만, 면적이 넓어 지역마다 다양한 특징을 보인다. 파리가 있는 북부 일드프랑스 지역은 서안해양성 기후로 일조량이 많고 대체로 한국보다 겨울엔 덜 춥고 여름엔 덜 더운 편이다. 파리의 겨울철 최저기온은 0도 안팎, 여름철 최고 기온이 26도 안팎이며, 비는 연중 고르게 내리는 편이다. 파리는 1년 내내 성수기이지만, 베스트 관광시즌은 날씨가 가장 좋은 4~6월, 9~11월이다. 겨울철에는 해가 일찍 지고 날씨가 쌀쌀해 관광하기에 불편하다. 또한 지베르니 모네의 집이나 오베르쉬르우아즈의 경우 11~2월에 문을 닫으니 방문에 참고하자.

프랑스 기상청 날씨 정보
www.meteofrance.fr

계절별 옷차림

계절	월	옷차림
봄 / 가을	3~5월/9~11월	우리나라의 봄가을에 해당하는 시기로 낮에는 따뜻하고 밤에는 쌀쌀하다. 따뜻한 외투나 점퍼 등을 준비하자.
여름	6~8월	우리나라 초여름 날씨이지만 아침저녁에는 쌀쌀하다. 유람선을 탈 예정이라면 카디건 등 얇은 겉옷을 준비하자.
겨울	12~2월	영하로 내려가는 날이 없어 우리나라 겨울보다 따뜻하지만 습도가 높고 바람이 쌀쌀하다. 따뜻한 패딩이나 코트, 장갑, 모자, 목도리 등은 필수. 우리나라처럼 보일러 시스템이 없어서 숙소가 약간 추운 편이다.

※ 최근에는 이상 기온 현상으로 기상청 통계치보다 훨씬 덥거나 추운 날이 많으므로, 파리 여행 전 당시 기온을 참조해 여행 중 옷차림 등을 준비하는 것이 좋다.

월별 날씨 정보

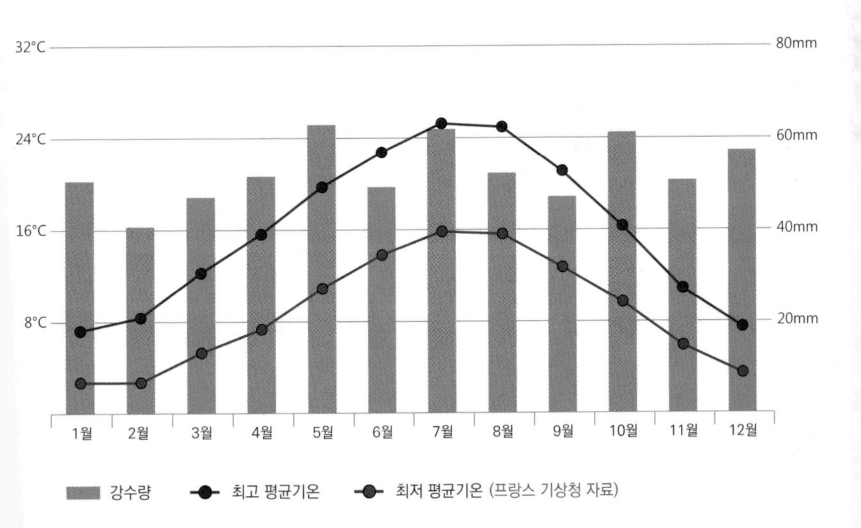

시간이 부족해도 여긴 꼭 가봐야 해!
파리의 하이라이트만 골라 보는 파리 2일 여행!

2day 코스

유럽여행 중 단 이틀만 파리에 머무를 수 있다면!

출장 또는 스탑오버로 잠깐 파리에 방문한 이들을 위해!
파리에 왔다면 꼭 봐야 할 파리의 핵심명소만 쏘옥 골랐다.

로맨틱 파리 즐기기! 에펠탑도 구경하고 유람선도 타고!

파리는 명소마다 관광객이 많으므로 아침 일찍부터 일정을 시작해야 대기하는 시간을 줄일 수 있다. 오전에는 시테섬으로 이동해 노트르담 대성당과 생트샤펠, 콩시에르쥬리 등의 볼거리를 둘러보고, 오후에는 에펠탑 근처로 이동해 나만의 인생샷을 남겨보자. 일몰 시각에 맞춰 유람선을 예약한 뒤 저녁 식사를 마치고 유람선 선착장으로 이동하자. 유람선을 타고 파리의 아름다운 야경을 만끽하자.

09:00 노트르담 대성당
11:00 생트샤펠, 시테섬 명소 산책
13:00 레스토랑이나 카페에서 점심
15:00 에펠탑, 샤요 궁전
19:00 저녁 식사
20:00 센 강 유람선 산책

파리 문화예술 산책! - 박물관 투어, 샹젤리제, 몽마르트르

오전에는 루브르, 오르세, 오랑주리 미술관, 퐁피두 센터 등 시간이 많이 소요되는 박물관 중 원하는 1곳을 둘러보고, 근처 레스토랑이나 카페에서 점심을 해결한 뒤 같은 선상에 있는 튈르리 정원과 샹젤리제 거리, 개선문을 이어서 방문해 보자. 해가 지기 전에 몽마르트르로 이동해 사크레쾨르 대성당과 예술가들이 사랑한 카페에 들러보고, 기념품 쇼핑과 석양을 즐겨보자.

09:00 루브르 or 오르세 or 오랑주리 미술관
12:00 튈르리 정원, 콩코르드 광장
13:00 레스토랑이나 카페에서 점심
15:00 샹젤리제 거리, 개선문
17:00 몽마르트르 언덕
18:00 예술가 카페 투어
20:00 저녁 식사

※파리의 일몰 시각은 겨울철은 대략 17시, 여름철은 21시이다.
(일출 일몰 시각 확인 사이트 www.sunrisesunset.com)

파리가 처음인 당신을 위해!
파리 구석구석 명소를 둘러보는 올 댓 파리 4일 여행!

4day 코스

4일간의 여행! 나만의 파리 만들기!

볼거리 즐길 거리로 가득한 낭만의 도시 파리! 오직 파리만의 매력을 즐기고 싶은 이들을 위해 파리 구석구석의 명소를 골라 담았다.

로맨틱 파리 즐기기! 에펠탑도 구경하고 유람선도 타고!

파리는 명소마다 관광객이 많으므로 아침 일찍부터 일정을 시작해야 대기하는 시간을 줄일 수 있다. 오전에는 시테섬으로 이동해 노트르담 대성당과 생트샤펠, 콩시에르쥬리 등의 볼거리를 둘러보고, 오후에는 에펠탑 근처로 이동해 나만의 인생샷을 남겨보자. 일몰 시각에 맞춰 유람선을 예약한 뒤 저녁 식사를 마치고 유람선 선착장으로 이동하자. 유람선을 타고 파리의 아름다운 야경을 만끽하자.

09:00 노트르담 대성당
11:00 생트샤펠, 시테섬 명소 산책
13:00 레스토랑이나 카페에서 점심
15:00 에펠탑, 샤요 궁전
19:00 저녁 식사
20:00 센 강 유람선 산책

어머 여긴 꼭 가봐야해! - 박물관 투어, 샹젤리제, 몽마르트르

오전에는 루브르, 오르세, 오랑주리 미술관 등 시간이 많이 소요되는 박물관 중 원하는 1곳을 둘러보고, 근처 레스토랑이나 카페에서 점심을 해결한 뒤 같은 선상에 있는 튈르리 정원과 샹젤리제 거리, 개선문을 이어서 방문해 보자. 해가 지기 전에 몽마르트르로 이동해 사크레쾨르 대성당과 예술가들이 사랑한 카페에 들러보고, 기념품 쇼핑과 석양을 즐겨보자.

※파리의 일몰 시각은 겨울철은 대략 17시, 여름철은 21시이다. (일출 일몰 시각 확인 사이트 www.sunrisesunset.com)

09:00 루브르 or 오르세 or 오랑주리 미술관
12:00 튈르리 정원, 콩코르드 광장
13:00 레스토랑이나 카페에서 점심
15:00 샹젤리제 거리, 개선문
17:00 몽마르트르 언덕
18:00 예술가 카페 투어
20:00 저녁 식사

3
day

파리지앵처럼 즐기는 문화예술 산책!- 미술관 투어, 파리 야경감상

오전에는 앵발리드 군사 박물관이나 로댕박물관을 둘러보고, 파리지앵들이 즐겨 찾는 생제르맹데프레 지역을 돌아보자. 레 되 마고, 카페 드 플로르 등 예술가들이 사랑한 노천카페에 앉아 차를 마시거나 도심 속 공원에서 바게트를 먹으며 여유롭게 산책도 즐겨보자. 저녁이 되면 몽파르나스 타워에 올라 에펠탑이 담긴 파리의 전경을 감상해 보고, 전망 좋은 레스토랑에서 파리의 아름다운 야경을 바라보며 로맨틱한 식사와 칵테일을 즐겨보자.

10:00 앵발리드 또는 로댕박물관
12:00 생 쉴피스 성당, 생제르맹데프레 성당
13:00 레 되 마고, 카페 드 플로르
15:00 뤽상부르 정원
18:00 몽파르나스 타워 야경
19:00 저녁 식사

4
day

파리 근교 인기명소 - 화려하고 웅장한 베르사유 왕궁

파리에서 약 40분이면 닿을 수 있는 베르사유 왕궁은 프랑스 여행에서 빼놓을 수 없는 인기코스!! 아침 일찍 도착해 아름다운 왕궁과 정원을 여유롭게 둘러보자. 오후에는 미처 방문하지 못한 파리 시내의 명소를 방문하거나 약국 화장품, 기념품 쇼핑 등을 즐겨보자. 쇼핑이 싫다면 야경 투어에 참여하거나 근교 볼거리를 함께 둘러보는 베르사유+고흐+모네 미술 기행 투어에 참여하는 것도 좋은 방법! (p.57참조)

09:00 베르사유 궁전과 정원 관람
13:00 베르사유 근처에서 점심식사
14:00 파리 시내로 이동
16:00 몽쥬약국 쇼핑
19:00 저녁 식사

파리·베르사유만으로는 부족해!
퐁텐블로에서 몽생미셸까지... 파리에서 떠나는 당일치기 여행!

Around Paris 파리 근교

난 나만의 여행 스타일이 있다!

파리가 처음이 아니라면! 베르사유 궁전 말고 색다른 명소에 가보고 싶다면! 파리 시내에서 당일치기 여행이 가능한 근교 여행지로는 퐁텐블로, 지베르니, 오베르쉬르우아즈, 몽생미셸이 있다. 개별적으로 찾기 힘들다면 투어상품을 이용해보자.

1. 퐁텐블로 Fontainebleau (p.322)

파리에서 남동쪽으로 약 60km 거리에 있는 마을로 우아하고 아름다운 퐁텐블로 궁과 광활한 퐁텐블로의 숲으로 유명하다. 베르사유 궁전보다 화려함은 덜하지만, 관광객이 붐비지 않아 아름다운 성과 성 주변으로 펼쳐진 숲과 정원을 여유롭고 느긋하게 즐길 수 있다. 뮤지엄패스 소지자의 경우 무료입장이 가능해 파리에서 당일치기로 찾기에도 좋다. 파리 시내에서 약 50분 소요된다.

2. 지베르니 Giverny (p.344)

파리에서 북서쪽으로 80km 떨어져 있는 지베르니는 인상주의 화가 모네의 집과 정원이 있는 마을로 전 세계의 관광객들이 많이 몰리는 파리 근교의 인기명소 중 하나다. 모네의 명작 〈수련〉 연작이 이곳에서 탄생했으며, 한 폭의 그림같이 아름다운 모네의 정원 풍경을 감상하려면 꽃들이 만개하는 5~6월에 방문하는 것이 가장 좋다. 파리에서 기차와 셔틀버스로 약 1시간 20분 소요된다.

3. 오베르 쉬르 우아즈 Auvers-sur-Oise (p.332)

오베르 쉬르 우아즈는 파리에서 북쪽으로 30km 떨어진 아주 작은 시골 마을로 반 고흐가 인생의 마지막 70일을 보낸 곳이다. 반 고흐 외에도 세잔, 도비니, 피사로 등 인상파 화가들도 이곳에서 작품활동을 했다. 반 고흐의 작품 속 실제 배경이 된 장소를 마을 곳곳에서 만날 수 있다. 파리 시내에서 약 1시간 20분 정도 떨어져 있다.

4. 몽생미셸 Mont-Saint-Michel (p.354)

프랑스 북서쪽 노르망디 해변의 작은 바위섬에 자리한 중세 수도원. 파리에서 4시간 정도 떨어져 있지만 석양과 함께 붉게 물드는 고풍스러운 수도원의 풍경과 아름다운 야경을 감상하기 위해 매년 350만 명이 넘는 순례자와 관광객이 이곳을 찾는다. 아름다운 야경을 감상하려면 1박을 하는 것도 좋다.

4박 6일 얼마나 들까? (예상비용)

세계적인 관광지 파리의 물가는 우리나라에 비해 높은 편이다. 숙박비, 교통비는 물론 식비, 관광명소 입장료까지 모두 많이 들기 때문에 예산을 넉넉히 계획하는 것이 좋다. 보통 일반적인 레스토랑에서의 점심(2코스)은 약 €20, 저녁(3코스)은 €30 정도의 예산이 필요하고, 간단한 샌드위치나 햄버거 등으로 식사를 해결할 경우 음료 포함 €10 이상 필요하다. 또한 대중교통을 많이 이용할 예정이거나 박물관, 미술관, 궁전 등 여러 곳을 방문할 예정이라면 통합 교통권·뮤지엄패스를 구입하는 것이 경제적이다.

1인 기준 예산 (파리 4박 6일)

항공권 : 항공권(택스포함) 약 120만 원~
숙박비 : 파리 3성급 호텔 4박 = 약 60만 원
교통비 : 나비고 1~5존 €22.8
관광 : 뮤지엄 패스 2일권 €48
식사 : 맛집 투어 €70*4일 = €280

최소예산은?
항공권 120만 원 + 숙박비 60만 원 + 현지경비 €350(약 48만 원)
= 약 228만 원

한국인 가이드와 함께 떠나는 파리 현지 투어!

영어가 걱정이라면! 소매치기, 집시 등 치안이 걱정된다면! 한국인 가이드의 자세한 설명을 들으며 명소를 둘러보고 싶다면! 교통편이 불편한 이곳저곳의 명소를 편하게 둘러보고 싶다면! 가족 단위의 여행객이라면! 현지인들만 아는 정보를 얻고 싶다면 현지 투어상품을 이용해보자. 루브르 박물관, 오르세 박물관, 베르사유, 지베르니, 몽생미셸 투어, 파리 시내 투어 등 각 여행사에서는 한국인 전문 가이드는 물론 교통편 등이 포함된 다양한 투어상품을 운영하고 있다. 투어요금은 입장료, 식사포함 여부 등에 따라 달라진다.

한국인 가이드와 함께 떠나는 파리 현지 투어!

유로 자전거 나라 www.eurobike.kr
파리 크레파스 www.pariscrayon.com
인디고 트래블 www.indigotravel.co.kr

파리 인기 투어상품 베스트 현지 투어 Best 4

미술관/박물관 투어

오르세 미술관 또는 루브르 박물관을 돌아보는 투어. 오전/오후 시간대별로 선택 가능하며, 여러 박물관을 함께 둘러보거나 시내 투어와 결합된 상품도 있다. 가이드의 자세한 작품해설을 들으며 작품을 감상할 수 있으며 별도 출입구로 들어가기 때문에 일반 방문 시보다 더 빠르게 입장할 수 있다. 단, 뮤지엄패스와 개별 티켓은 사용 불가.

베르사유 투어

파리 근교 인기명소인 베르사유 궁전을 관람하는 투어로 베르사유 궁전의 핵심만 골라 둘러볼 수 있다. 베르사유 궁전만 보거나 파리 시내와 묶어서 둘러보거나, 근교 오베르쉬르 우아즈, 지베르니와 함께 둘러보는 베르사유+고흐+모네 미술기행 투어도 있다.

몽생미셸 투어

파리에서 약 4시간 거리에 있는 몽생미셸은 개별적으로 방문하기 쉽지 않아 현지 투어를 많이 이용한다. 대부분 파리 시내에서 새벽에 출발해 생말로, 옹플레르 등 노르망디 근교도시와 몽생미셸 수도원의 석양, 야경을 감상하고 새벽 1~2시경 파리 시내로 되돌아온다. 몽생미셸 근처 호텔에서 1박을 하고 돌아오는 1박 2일 투어도 있으며, 몽생미셸과 루아르 고성까지 같이 둘러보는 2박 3일 투어도 있다.

파리 시내 대중교통 투어

대중교통을 이용해 파리 시내를 둘러보는 투어로 반나절 투어/야경 투어가 있다. 샹젤리제 거리, 오르세 미술관, 몽마르트르, 시테섬, 노트르담 대성당 등 파리의 주요명소를 가이드의 설명과 함께 둘러본다. 방문코스는 여행사별로 다르다.

? PARIS Hotel

파리 숙소는 어디가 좋을까?

파리 베스트 숙소 찾기!

파리 숙소 선택의 팁!

전 세계 여행자들이 즐겨 찾는 도시 파리에는 한인 민박, 현지인 아파트, 호스텔에서부터 최고급 호텔까지 다양한 숙박시설이 있지만 세계 최고의 관광지답게 숙박비가 무척 비싸다. 숙소의 위치나 성수기·비수기에 따라 숙박비가 천차만별이며 인기 숙소의 경우 최소 3달 이전에 예약해야 한다. 비교적 가격이 저렴한 호텔은 주로 바스티유나 마레 지역에 모여있다.

※프랑스에서는 숙박시설의 종류에 따라 1인당 €0.22~ 4.40의 숙박세가 부과된다

숙소 정하는 방법

첫 번째, 여행목적과 컨셉에 맞는 숙박형태를 고르자.

커플 여행, 가족 단위 여행, 편리하고 깔끔한 숙소를 원한다면 유명 체인호텔을 이용하는 것이 무난하다. 한국인들과 여행정보를 공유하고 싶다면 한인 민박을, 세계 여러 나라의 여행자를 만나고 싶다면 호스텔을, 현지인의 생활을 엿보고 싶다면 에어비앤비를, 4명 이상의 가족이나 그룹 여행객이라면 현지인 아파트를 이용하는 것이 좋다.

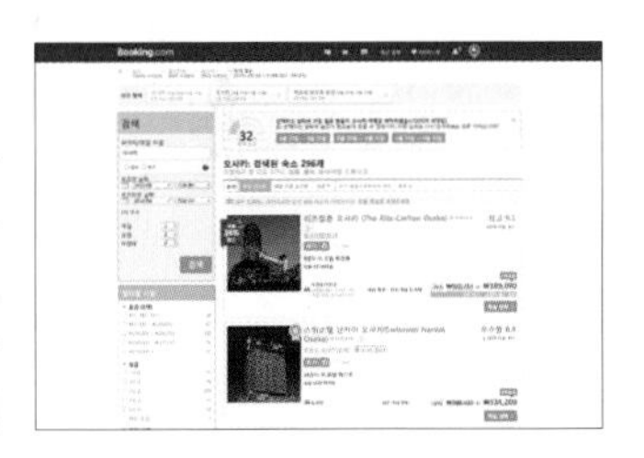

두번째, 마음에 드는 예비 후보들을 뽑아보자!

부킹닷컴, 호텔스컴바인, 호스텔월드 등 숙소 예약사이트에서 해당지역의 숙소 중 높은 평점을 받은 숙소를 검색한다. 또는 전세계 여행자들의 생생한 리뷰를 참고할 수 있는 트립어드바이저나 전세계 여행자들의 숙박 공유 사이트인 에어비앤비 airbnb 등에서 숙소를 검색해 보자!

세번째, 가성비 가장 좋은 곳을 골라보자!

역과의 거리, 가격대, 조식포함여부, 체크인, 체크아웃 시간 등을 고려해 마음에 드는 숙소 몇 개를 선별한 후 카페, 블로그 검색 등을 통해 선별한 숙소의 후기를 살펴본다. 최종적으로 마음에 드는 숙소를 결정하고 예약하면 끝!

숙소 위치 정하기

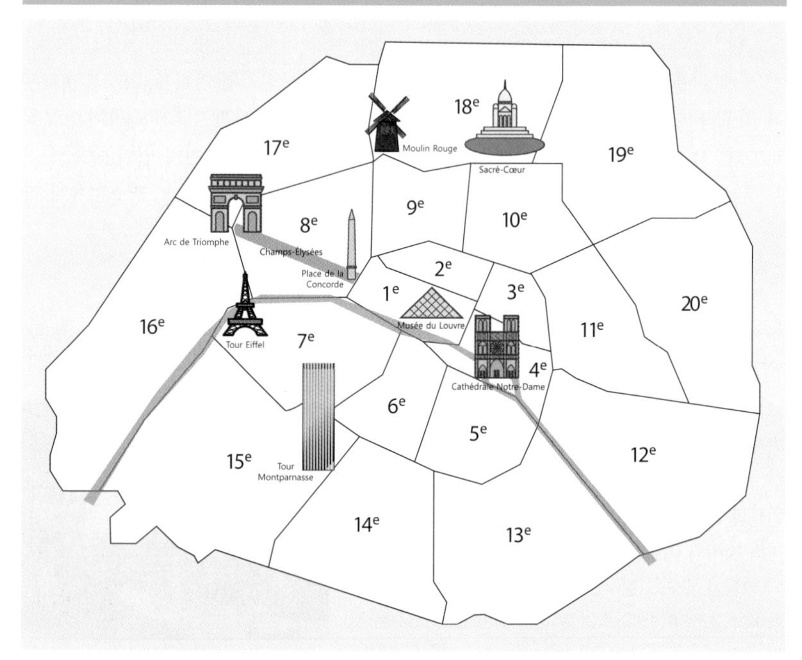

파리는 총 20개 구(Arrondissement 아롱디스망)로 나눠진다. 예를 들어 개선문과 샹젤리제 거리는 지도상 8구 Élysée에 속하며 8e로 표기, 에펠탑은 지도상 7구 Palais-Bourbon에 속하며 7e로 표기된다. 방문할 명소의 위치를 참고하여 숙소 위치를 정하면 여행일정을 계획하는 데 많은 도움이 된다.

-로맨틱한 분위기를 원한다면? 에펠탑 주변 (7, 8, 15 ,16구)

파리의 상징, 에펠탑이 보이는 전망 좋은 호텔은 로맨틱한 분위기를 원하는 커플이나 신혼부부에게 인기!

-쇼핑이 주목적이라면? 샹젤리제 거리 (8구) &오페라 지구(9구)

명품숍이 모여있는 샹젤리제 거리 주변이나 프랭탕·라파예트 백화점 근처의 오페라 지구의 호텔이 인기!

한인 민박 비교사이트 www.theminda.com

에어비앤비 www.airbnb.co.kr

숙소형태별 장단점

숙소형태	장점	단점
한인 민박	-호텔보다 숙소비가 저렴하다. -한국인 여행자들과 쇼핑, 맛집 등 여행정보를 공유할 수 있다. -아침 또는 저녁으로 한식을 제공해 현지 음식이 안 맞는 이들에게 인기.	-대부분 숙소의 위치가 파리 시내에서 거리가 떨어져 있어서 한번 숙소에 들어오면, 야경 등을 감상하러 다시 나가기가 번거롭고 상대적으로 치안이 불안하다.
호스텔	전 세계에서 온 배낭여행자들과 자연스럽게 어울릴 기회를 마련할 수 있다.	-개인 공간이 없어 불편하고, 에티켓을 지키지 않는 룸메이트를 만날 경우 불편함을 감수해야 한다.
호텔	-깔끔한 시설과 친절한 서비스를 기대할 수 있으며, 숙소 대부분이 메트로 역과 거리가 가까워 교통이 편리하다.	다른 도시에 비해 시설대비 숙박비가 비싼 편이다. 비수기에도 1박 요금이 20~30만 원은 기본이며 에펠탑이 보이는 좋은 숙소는 1박당 150만 원이 넘기도 한다.
현지인 아파트 레지던스	-호텔보다 방도 넓고 가격도 저렴해 4명 이상의 가족이나 그룹 단위 여행객, 장기여행자들에게 인기. -한식 등 취향에 맞는 여러 가지 음식을 직접 해먹을 수 있다.	-체크인/체크아웃 시간이나 숙박규정 등이 달라 숙소별 만족도가 많이 차이 난다.

호텔 예약사이트

부킹닷컴 www.booking.com

아고다 www.agoda.com

호텔패스 www.hotelpass.com

호텔스닷컴 kr.hotels.com

호스텔 예약사이트

호스텔월드 www.korean.hostelworld.com

호스텔닷컴 www.hostels.com/ko

호텔 비교사이트

호텔스컴바인 www.hotelscombined.co.kr

트리바고 www.trivago.co.kr

파리 주요호텔 & 호스텔

5성급 호텔 Top Hotels (1박당 50만 원~)

-르 로슈 호텔 & 스파 Le Roch Hotel & Spa _루브르 박물관 근처

모던한 파리 스타일 디자인의 37개의 객실 및 스위트룸을 갖추고 있다.

-파리 카스티유 호텔 Hôtel Castille Paris _튈르리 정원

루브르 박물관 근처에 있는 모던한 분위기의 호텔

-메이페어 파리 호텔 Hotel Mayfair Paris _튈르리 정원

루브르 박물관, 콩코드 광장, 방돔 광장, 오페라 하우스, 샹젤리제와 가깝다.

4성급 호텔 (1박당 30만 원~)

-풀만 호텔 Hotel Pullman Paris Tour Eiffel _에펠탑 근처

샹젤리제 거리 중심에 있는 디자인호텔로 서비스 만족도가 높다. 객실은 좁은 편.

-메리어트 파리스 오페라 Marriott Paris Opera Ambassador _ 오페라

300개의 객실을 갖추고 있는 4성급 호텔로 라파예트, 프랭탕 백화점과 가깝다.

-노보텔 투르 에펠 Novotel Tour Eiffel Hotel

700여 개의 객실을 갖춘 대규모 체인 호텔로 센 강과 에펠탑이 보인다.

-플라자 엘리제 호텔 Hôtel Plaza Élysées (4성급)_ 샹젤리제 거리

개선문, 샹젤리제 및 포부르 생토노레 거리에서 가깝다.

호스텔

-제너레이터 호스텔 Generator Hostel

유럽 호스텔 체인으로 도보 2분 거리에 메트로 역이 있다.

-생 크리스토퍼 St Christopher's Inn Paris

영국 호스텔 체인으로 북역과 생마르탱 운하 2곳에 지점이 있다.

-미주 MIJE Youth Hostel

마레 지역에 있는 인기 호스텔로 시설이 좋고 깨끗해 여행자들이 많이 찾는다. 메트로 역과도 가깝다. 엘리베이터 없음.

예술과 낭만의 도시 파리!
영화와 소설, 드라마 속에 등장한 파리!

Movie in Paris

파리를 배경으로 한 영화

비포 선셋 (Before Sunset, 2004)

비포 선라이즈 (1995) 의 후속작으로 에단 호크, 줄리 델피가 열연했다. 빈에서의 꿈같은 하루를 보냈던 주인공들이 9년이 지나 파리에서 다시 만난 내용을 그렸다. 셰익스피어&컴퍼니 서점, 파리의 길거리, 센강 등이 영화 곳곳에 등장한다.

미드나잇 인 파리 (Midnight In Paris, 2011)

우디 앨런 감독의 작품으로 오웬 윌슨, 마리옹 꼬띠아르가 주인공으로 열연했다. 1920년대를 대표하는 예술가들과 친구가 되어 꿈 같은 시간을 보내는 내용이다. 로댕 미술관, 오랑주리 미술관, 모네의 정원, 알렉상드르 3세교, 폴리도르 등이 영화의 배경으로 나왔다.

다빈치 코드 (The Da Vinci Code, 2006)

댄 브라운의 추리소설 〈다빈치 코드〉를 영화화한 작품으로 톰 행크스가 주연을 맡았다. 역사와 기독교를 모티프로 한 이야기로 전 세계적으로 화제가 되었다. 루브르 박물관과 생 쉴피스 성당 등이 등장한다.

사랑해, 파리 (Paris, I Love You, 2006)

파리를 주제로 한 다양한 주제의 단편 21개를 모아놓은 영화로 나탈리 포트만, 일라이저 우드, 줄리엣 비노쉬 등이 출연했다. 영화 곳곳에 몽마르트르 언덕, 센 강변, 마레 지구, 에펠탑, 바스티유, 페르 라셰즈 묘지 등이 나온다.

아멜리에 (Amelie Of Montmartre, 2001)

몽마르트르를 배경으로 한 프랑스 영화로 전 세계적으로 많은 사랑을 받았다. 독특하면서도 사랑스러운 캐릭터의 여주인공이 영화를 더욱 돋보이게 한다. 여주인공 아밀리에가 일하던 카페 '카페 데 되 물랭'은 아직도 영업 중이다.

물랭루즈 (Moulin Rouge, 2001)

니콜 키드먼과 이완 맥그리거 주연의 뮤지컬 영화로 19세기, 물랭루즈의 최고 뮤지컬 여가수와 가난한 작가의 비극적 사랑 이야기를 그렸다. 물랭루즈는 몽마르트르에 실존하는 카바레로 영화와 OST의 흥행으로 더욱 유명해졌으며 지금도 매일 밤 화려한 공연이 펼쳐진다.

파리 최고의 뷰포인트 Paris Best Viewpoint

파리의 전경을 한눈에 담을 수 있는 명소 베스트

에펠탑, 노트르담 대성당, 샹젤리제 거리, 루브르 박물관, 개선문 등 수많은 관광지로 가득한 파리! 메트로, 버스, 혹은 걸어서 부지런히 곳곳을 둘러보지만 허락된 시간 안에 파리를 정복하기란 쉽지 않다. 짧은 시간 동안 파리의 아름다운 모습을 눈에 다 담을 수 없다면! 파리의 전경을 한눈에 내려다보면서 아쉬움을 달래보자. 파리의 아름다운 낮과 밤을 감상할 수 있는 대표적인 곳들은 다음과 같다. 어느 곳이 가장 좋다고 할 수는 없지만, 자신의 여행코스에서 가장 가까운 곳 한 곳이라도 방문해 파리의 아름다운 전경을 눈에 담아보자.

개선문 전망대 Arc de Triomphe (P.194)

몽파르나스 타워 전망대 La Tour Montparnasse (P.252)

노트르담 대성당 종탑 전망대 Cathédrale Notre-Dame de Paris Les tours (P.116)

사크레쾨르 대성당 Basilique du Sacre-Coeur (P.273)

에펠탑 Tour Eiffel (P.230)

Paris ? Food

파리에선 뭘 먹을까

달팽이 요리(에스카르고)
Escargot

거위 간 요리(푸아그라)
Fois gras

와인에 조린 닭고기(코코뱅)
Coq au vin

생선수프(부야베스)
Bouillabaisse

치즈
Fromage

와인
Vin

크레페
Crêpe

빵(크루아상, 바게트)
Croissant·Baguette

데세르, 고급 디저트의 달콤한 유혹!

달콤한 맛과 알록달록 색감으로 유혹하는 고급 디저트

달팽이 요리, 바게트와 함께 프랑스에서 꼭 먹어봐야 할 음식 중 하나가 바로 데세르! 데세르는 우리가 흔히 아는 디저트의 프랑스식 발음. 프랑스 사람들은 커피나 달달한 파이 등을 먹어야 식사를 마쳤다고 생각하기 때문에 식사 후 무조건 디저트를 먹는다. 미식의 천국으로 불리는 파리에는 먹기 아까울 정도로 예쁜 케이크와 알록달록 색감으로 유혹하는 작고 귀여운 마카롱, 입안에서 사르르 녹아내리는 앙증맞은 슈, 새콤달콤 과일 타르트 등 셀 수 없이 많은 디저트가 우리를 기다리고 있다.

마카롱
Macaron
고급스러운 달콤함이 일품
머랭에 설탕과 아몬드 가루 등을 섞어 동그랗게 짜낸 뒤 오븐에 구운 과자로 재료는 간단하지만 조리법이 까다로운 편. 바삭하면서도 촉촉한 식감과 고급스러운 달콤함이 일품이다.

슈
Chou à la crème
앙증맞은 모양으로 인기
슈는 프랑스어로 '양배추'라는 뜻. 양배추처럼 둥근 모양의 과자 안에 여러 가지 크림이 들어가 있다. 베레모를 쓴 것 같은 앙증맞은 모양으로 여성들에게 인기. 겉은 바삭 안은 촉촉하다.

에끌레르
éclair
마카롱에 버금가는 인기
에끌레르는 프랑스어로 '번개'라는 뜻. 길쭉한 모양의 슈 페이스트리 안에 크림을 채우고 초콜릿을 입힌 빵이다. 번개처럼 순식간에 사라진다고 해서 붙은 이름이다.
©www.fauchon.com

몽블랑
Mont Blanc
달달함의 끝판왕
진한 단맛의 밤 퓌레가 실타래처럼 올려진 케이크로 달달함의 극치를 보여준다. 몽블랑 케이크를 처음 선보인 디저트 카페인 앙젤리나가 가장 유명하다.
©www.angelina-paris.fr

밀푀유
Mille-Feuille
프랑스의 대표 디저트 중 하나
'1000겹의 잎사귀'라는 뜻으로 여러 겹의 얇은 페이스트리 사이에 크림, 라즈베리, 딸기 잼 등을 채워 넣은 케이크다.
©www.fauchon.com

타르트
Tarte
어디서나 사랑받는 인기 디저트
얇은 원형 틀에 반죽을 깔고 달콤한 과일, 크림 등을 채워 넣고 구운 파이. 위에 반죽을 덮지 않아 재료가 그대로 보인다.
©www.stohrer.fr

Paris Pharmacie?

어머! 이건 꼭 사야 해~
파리 약국 화장품 베스트

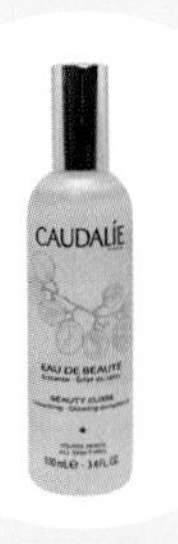

달리 오 드 보테 엘릭시스 미스트
CAUDALIE EAU DE BEAUTE BEAUTY ELIXIR

다용도 에센셜 미스트
화장 전후나 피부가 건조할 때 뿌려주는 미스트. 모공 관리, 피부 진정효과가 있다. 상쾌한 향이 난다.

꼬달리 비노퍼펙트 래디언스 세럼
CAUDALIE VINOPERFECT RADIANCE SERUM

프랑스 1위 화이트닝 세럼
유해산소로부터 피부를 보호해 피부톤을 밝고 고르게 해주는 세럼으로 색소침착 완화 및 수분 공급에 도움을 준다.

꼬달리 크렘 구르망드 망 에 옹글
CREME GOURMANDE MAINS ET ONGLES

선물용으로도 좋은 핸드크림
흡수가 빠르고 끈적임이 없는 핸드크림으로 향이 좋다. 여행기념품이나 지인 선물용으로도 좋다.

아름다운 나를 위한 뷰티 & 바디케어 아이템

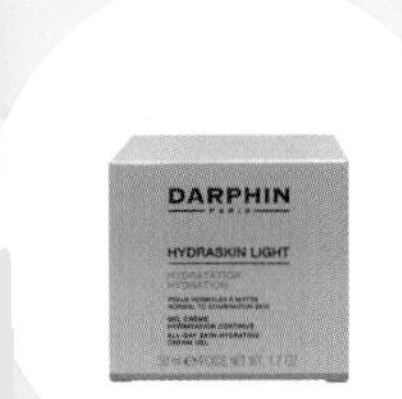

달팡 하이드라 스킨 크림
ARPHIN Hydra Skin Crème

보습기능이 뛰어난 수분크림
끈적이는 느낌 없이 상쾌하게 피부를 촉촉하게 해주고 피부의 유연성을 되찾아 준다. 우리나라에서는 고가에 판매된다.

아벤느 크렘 푸르 포 앵톨레랑트
Avene Creme Pour Peaux Intolerantes

민감성 피부회복 크림
온천수로 만든 무향 무색의 천연화장품으로 민감성 피부에 좋다. 피부에 촉촉하게 스며들어 자생능력을 강화시켜준다.

아벤느 이드랑스 인텐스 세럼
Avene Hydrance Intense Serum

보습기능이 뛰어난 수분세럼
아벤느 온천수(77%)가 함유되어 있어 피부 진정 및 자극을 완화시켜주고 피부에 수분을 공급해 촉촉하게 가꾸어 준다.

라로슈포제 에빠끌라 듀오
LAROCHE-POSAY
EFFACLAR DUO

유럽 NO.1트러블 케어에센스 피부 각질을 녹여 모공을 열어주고 피부를 맑게 해준다. 지성 및 트러블성 피부를 위한 트리플 케어 에센스.

르네휘테르 포티샤
RENE FURTERER Forticea
Shampoo

탈모 방지 모발 강화 샴푸
식물에서 추출한 천연성분으로 만든 초록색 입자의 영양성분이 두피에 흡수되어 탈모를 방지하고, 가늘고 힘없는 모발에 영양을 공급한다.

눅스 멀티 드라이 오일
Nuxe
Huile Prodigieuse

전신에 사용 가능한 오일
에센스, 로션, 크림의 기능을 한 병에 담은 멀티 드라이 오일로 번들거림과 끈적임이 없다. 헤어&페이스&바디 사용가능

※화학성분이 없어 더 좋은 약국 화장품! 천연성분으로 만들어
아토피, 트러블/민감성, 건성/중성/지성 등 모든 피부에 사용할 수 있다.
※우리나라보다 30~40% 이상 저렴하게 구입가능하며, 175.01유로 이상 구매 시 세금환급이 가능하다.

엠브리올리스 레크림 콘센트레
Embryolisse Lait-Crème
Concentré

인기 멀티 크림
에센스, 로션, 크림, 프라이머 기능을 모두 갖춘 수분 영양크림. 메이크업 아티스트, 셀러브리티 사용제품으로 유명하며 1인당 구매개수 제한이 있다.

눅스 레브 드 미엘 크림
Reve de Miel Creme Visage
Ultra-Reconfortante

꿀 함유 보습크림
꿀과 오일 성분을 함유해 피부 진정효과가 있다. 건성, 민감성 피부에 좋다. 낮과 밤에 사용하는 종류가 다르다.

비오템 옴므 아쿠아파워
Biotherm Homme
Aquapower

남성용 수분 에센스
미네랄 스파워터와 각종 비타민 성분이 강력한 수분을 공급하여 온종일 촉촉한 피부로 가꾸어 준다.

PARIS

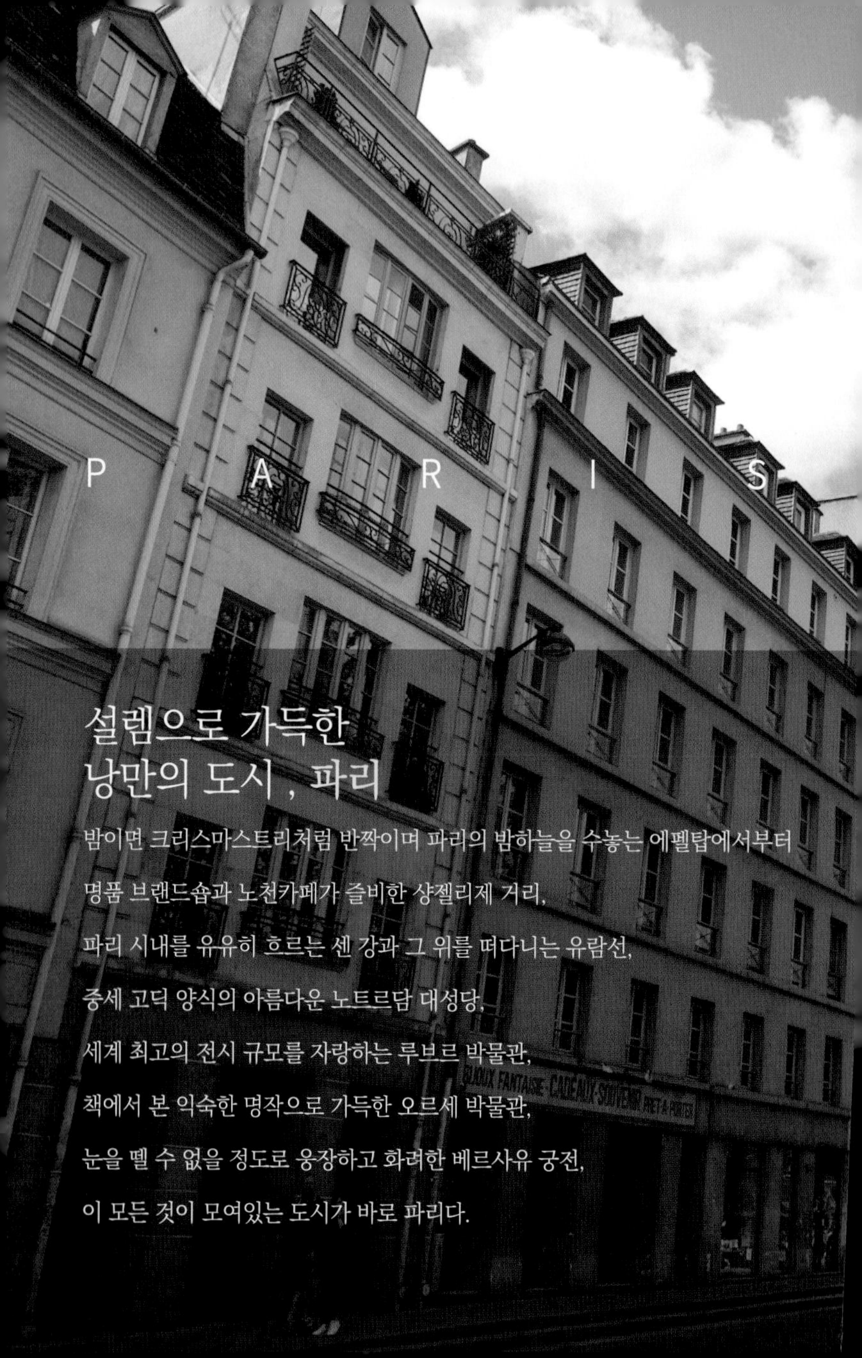

P A R I S

설렘으로 가득한 낭만의 도시, 파리

밤이면 크리스마스트리처럼 반짝이며 파리의 밤하늘을 수놓는 에펠탑에서부터
명품 브랜드숍과 노천카페가 즐비한 샹젤리제 거리,
파리 시내를 유유히 흐르는 센 강과 그 위를 떠다니는 유람선,
중세 고딕 양식의 아름다운 노트르담 대성당,
세계 최고의 전시 규모를 자랑하는 루브르 박물관,
책에서 본 익숙한 명작으로 가득한 오르세 박물관,
눈을 뗄 수 없을 정도로 웅장하고 화려한 베르사유 궁전,
이 모든 것이 모여있는 도시가 바로 파리다.

SAINT GERMAIN
-DES PRÉS
CHATELET
Forum des Halles
Centre G. POMPIDOU
Hôtel Dieu
Notre-Dame
de Ville

몽마르트르 p268
몽마르트르 묘지
Cimetière de Montmartre
물랭 루즈
Moulin Rouge
사랑해 벽
Le Mur Des Je t'aime
몽소공원
Parc Monceau
생젤리제 p190
생라자르 역
Gare Saint-Lazare
귀스타브 모로 박물관
Musée Gustave Moreau
에투알 개선문
Arc de Triomphe
루브르&오페라 p146
오페라 가르니에
Palais Garnier
샹젤리제 거리
Av. des Champs-Élysées
그랑팔레
Grand Palais
프티팔레
Petit Palais
콩코르드 광장
Place de la Concorde
튈르리 정원
Jardin des Tuileries
샤요 궁전
Palais de Chaillot
카루젤 개선문
Carrousel Arc de Triomphe
오르세 미술관
Musée d'Orsay
에펠탑
Tour Eiffel
앵발리드
Les Invalides
로댕 미술관
Musée Rodin
생제르맹데프레 p246
생제르맹데프레 성당
Église de Saint-Germain-des-Prés
평화의 벽
Le Mur Pour La Paix
생 쉴피스 성당
Église Saint Sulpice
오르세&에펠탑 p212
뤽상부르 정원
Jardin du Luxembourg
몽파르나스 타워
La Tour Montparnasse
몽파르나스 역
Gare Montparnasse

PARIS

파리 한눈에 보기

파리 북역
Gare du Nord

파리 동역
Gare de l'Est

마레&바스티유 p130

퐁피두 센터
Centre Georges Pompidou

페르 라셰즈 묘지
Cimetière Père-Lachaise

시테섬
ÎLE de la Cité

마레
Le Marais

노트르담 대성당
Cathédrale Notre-Dame de Paris

바스티유 광장
Place de la Bastille

생 루이섬
Île Saint-Louis

노트르담 p104

리옹 역
Gare de Lyon

오스테를리츠 역
Gare d'Austerlitz

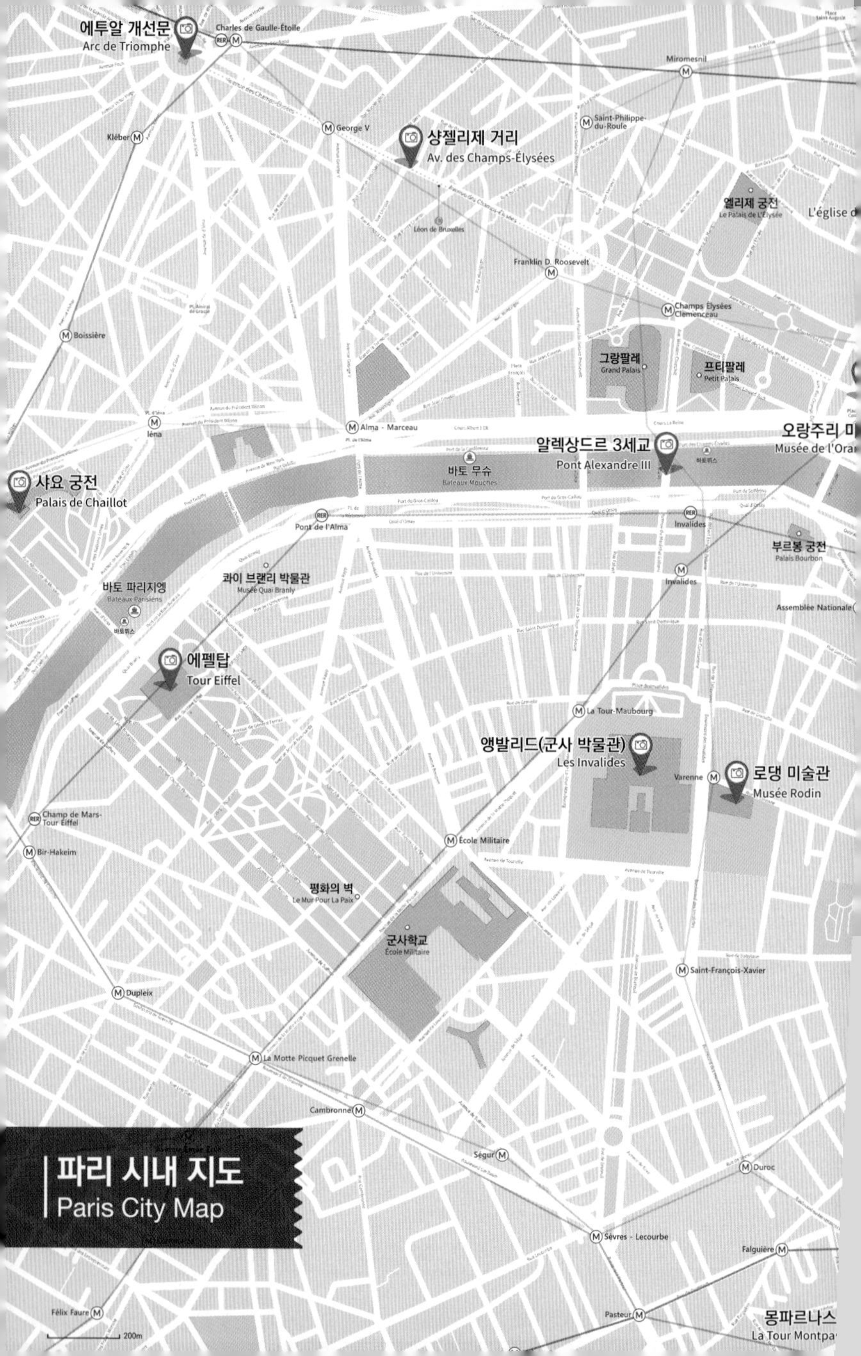

파리 시내 지도
Paris City Map

몽마르트르 지도
몽마르트르 묘지
테르트르 광장
사크레쾨르 대성당
달리 박물관
사랑해 벽
물랭 루즈
Moulin Rouge
Abbesses
Blanche
Pigalle
Anvers
오페라 가르니에
Palais Garnier
방돔 광장
Place Vendôme
왕궁 정원(팔레 루아얄)
Palais Royal
Jardin des Tuileries
카루젤 개선문
Carrousel Arc de Triomphe
루브르 박물관
Musée du Louvre
포럼데알
Forum des Halles
퐁피두 센터
Centre Georges Pompidou
마레 지구
Le Marais
퐁뇌프(퐁네프)
Pont Neuf
파리 시청
Hôtel de Ville
콩시에르주리
Conciergerie
생트샤펠
Sainte-Chapelle
시테섬
îLE de la Cité
생제르맹데프레 성당
Église de Saint-Germain-des-Prés
노트르담 대성당
Cathédrale Notre-Dame de Paris
생 루이섬
île Saint-Louis
셰익스피어&컴퍼니
Shakespeare&Company
생 쉴피스 성당
Église Saint Sulpice
아랍 세계연구소
l'Institut du Monde arabe
오데옹 극장
Odéon Theatre
소르본 대학
Université Paris-Sorbonne
뤽상부르 궁전
Palais du Luxembourg
뤽상부르 정원
Jardin du Luxembourg
팡테옹
Panthéon
Havre-Caumartin
Chaussée d'Antin-La Fayette
Auber
Opéra
Richelieu - Drouot
Quatre Septembre
Bourse
Sentier
Pyramides
Tuileries
Réaumur Sébastopol
Arts et Métiers
Étienne Marcel
Les Halles
Châtelet-Les Halls
Rambuteau
Louvre - Rivoli
Châtelet
Hôtel de Vill
Cité
Saint-Michel
Saint-Germain-des-Prés
Mabillon
Saint-Michel Notre Dame
Pont Marie
Odéon
Saint-Sulpice
Cluny-La Sorbonne
Maubert Mutualité
Rennes
Luxembourg
Cardinal Lemoine
Jussieu
Place Monge
Notre-Dame-des-Champs
Vavin

PARIS

파리 여행의 기술

파리 여행하기!

에펠탑, 개선문, 노트르담 대성당, 루브르 박물관, 오르세 미술관 등 세계 최고의 여행지 파리는 볼거리가 무궁무진하다. 도시 곳곳에 다양한 볼거리가 자리하고 있어 최소 3~4일은 머물러야 제대로 둘러볼 수 있다. 일정이 여유롭다면 파리에서 2~4시간 거리에 있는 색다른 매력의 근교 여행지에도 들러보자. 프랑스 궁정의 화려함을 엿볼 수 있는 베르사유 궁전은 물론 우아한 르네상스풍 고성이 있는 퐁텐블로, 고흐가 마지막을 살다간 오베르 쉬르 우아즈, 한 폭의 그림 같은 모네의 집이 있는 지베르니, 신비로운 중세 수도원 몽생미셸 등 많은 볼거리가 있다. 대중교통을 자주 이용하거나 박물관 미술관 마니아라면 다양한 패스를 활용해보자. (p.98~99참조)

※박물관·미술관은 월·화요일에 휴관인 곳이 많으니 방문 전 미리 체크해두자.
※파리의 일몰시각은 겨울철은 대략 17시 이후, 여름철은 21시 이후다.
(일출일몰시각 확인 사이트 www.sunrisesunset.com)

프랑스 관광청 kr.france.fr

파리 관광청 ko.parisinfo.com

파리 관광안내소 Office du Tourisme

한국어 안내서, 무료 지도 등이 비치되어 있으며, 뮤지엄 패스, 파리 비지트, 파리 패스 리브 등 각종 패스와 디즈니랜드 파리 입장권 등도 구매할 수 있다. 샤를 드골 공항, 오를리 공항, 파리 시내 곳곳, 주요 기차역에 관광안내소가 있으며, 성수기에는 샹젤리제 거리와 노트르담 대성당 앞에 간이 안내소가 추가로 설치된다.

홈페이지 www.parisinfo.com

샤를 드골 공항 Espace tourisme(Tourism Information)

운 영 07:15~21:00 (터미널별로 다름)
위 치 각 터미널 도착층 출구

중앙 관광안내소 Paris Convention & Visitors Bureau

운 영 09:00~19:00(11~4월 10:00~) 5/1 휴무
위 치 메트로 7·14호선 Pyramides 역 도보 2분

파리 북역 Gare du Nord

운 영 08:30~18:30, 1/1, 5/1, 12/25 휴무
위 치 북역 7~9번 플랫폼 앞

파리 시청 Hôtel de Ville

운 영 09:00~19:00 (11~4월 10:00~), 5/1 휴무
위 치 파리 시청 앞

중앙 관광안내소

파리의 행정구역

파리는 총 20개 구(Arrondissement 아롱디스망)로 나눠진다. 예를 들어 개선문과 샹젤리제 거리는 지도상 8구 Élysée에 속하며 8e로 표기, 에펠탑은 지도상 7구 Palais-Bourbon에 속하며 7e로 표기된다. 여행 일정을 세울 때나 숙소의 위치를 정할 때나 구역을 참고하면 효율적인 동선을 짜는 데 도움이 된다.

구분	표기	명칭	파리 주요 명소
1구	1er	Louvre	루브르 박물관
2구	2e	Bourse	
3구	3e	Temple	피카소 미술관
4구	4e	Hôtel-de-Ville	시청, 퐁피두 센터, 노트르담 대성당
5구	5e	Panthéon	팡테옹, 소르본 대학
6구	6e	Luxembourg	뤽상부르 공원
7구	7e	Palais-Bourbon	에펠탑, 오르세 미술관
8구	8e	Élysée	개선문, 샹젤리제 거리
9구	9e	l'Opéra	오페라, 프랭탕, 라파예트

구분	표기	명칭	파리 주요 명소
10구	10e	l'Entrepôt	
11구	11e	Popincourt	바스티유 광장
12구	12e	Reuilly	
13구	13e	Gobelins	
14구	14e	Observatoire	몽파르나스
15구	15e	Vaugirard	
16구	16e	Passy	
17구	17e	Batignolles-Monceau	신개선문
18구	18e	Butte-Montmartre	몽마르트르
19구	19e	Buttes-Chaumon	
20구	20e	Ménilmontant	페르 라셰즈 묘지

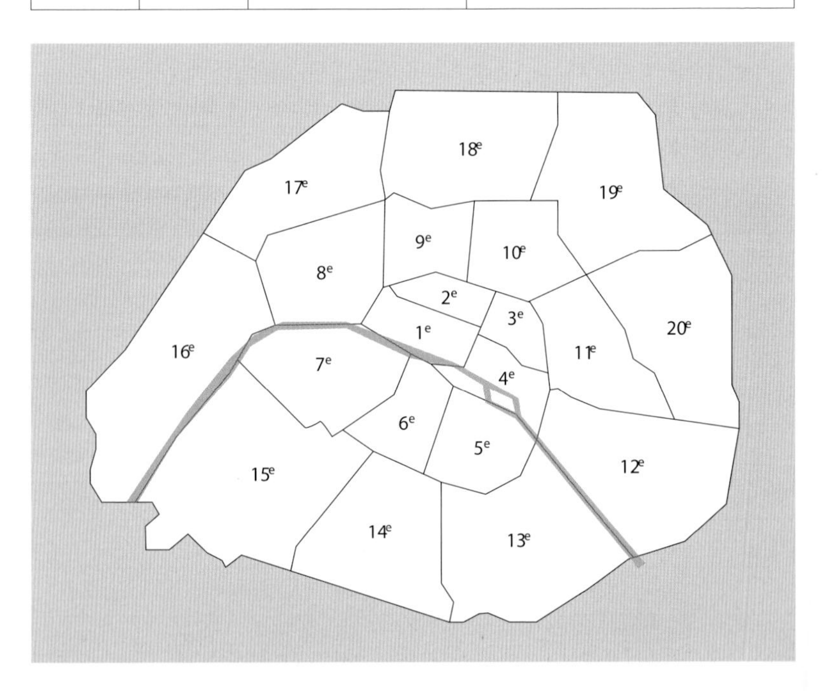

파리로 가는 길

우리나라에서 파리로

우리나라와 파리를 연결하는 항공편은 매우 다양하다. 대한항공, 아시아나 항공, 에어프랑스 등에서 직항편을 운항하고 있으며, 중국동방항공, 영국항공, KLM, 캐세이퍼시픽, 카타르항공, 러시아항공 등에서 유럽 및 아시아 주요 도시를 경유하는 항공편을 제공하고 있어 항공권 선택의 폭이 넓은 편이다. 파리에는 샤를 드골 Roissy Charles de Gaulle (CDG), 오를리 Paris Orly (ORY), 보베 Beauvais Tillé (BVA) 3개의 공항이 있으며 우리나라에서 출발하는 항공편은 대부분 샤를 드골 공항에 도착한다. 오를리 공항은 유럽 내를 오가는 국제선과 국내선 비행기가, 보베 공항은 이지젯·라이언 에어 등 유럽 내 저가항공이 주로 발착한다.

비행시간 직항 항공편으로 약 12시간 소요
파리공항안내 www.parisaeroport.fr

샤를 드골 공항에서 파리 시내로

샤를 드골 국제공항 Aéroport de Paris-Charles de Gaulle (CDG)은 파리 시내에서 동북쪽으로 약 23km 떨어진 5존에 있으며 공항이 위치한 과거 지명을 따라 '루아시(Roissy) 공항'으로도 불린다. 공항은 총 3개의 터미널로 구성되어 있으며, 대한항공과 에어프랑스는 제 2터미널에, 아시아나 항공은 제 1터미널에서 도착한다. 샤를 드골 공항에서 시내까지는 루아시 버스, 르뷔스 디렉트(리무진), 교외전철 RER, 택시 등을 이용해 갈 수 있다.

샤를 드골 공항 roissy-cdg.airport-paris.com
파리 교통공사 홈페이지 www.ratp.fr
파리관광청 www.parisinfo.com

※프랑스의 교통권 자동발매기는 신용카드와 동전만 사용할 수 있다. 지폐밖에 없으면 티켓판매소에서 교통권을 구매하거나 상점에서 간단한 음료 등을 사고 미리 동전을 준비해 두는 것이 좋다.

티켓 판매소 / 교통권 자동발매기

루아시 버스 Roissy Bus

파리 교통공사에서 운영하는 리무진 버스로 공항에서 시내 오페라까지 한 번에 연결된다. 버스는 메트로 3·7·8호선 오페라(Opéra)역 또는 RER A선 오베르(Auber)역 근처에 도착하므로 메트로나 RER을 이용해 숙소나 가고자 하는 명소로 이동하면 편리하다.

※파리 시내→샤를 드골 국제공항 이동 시 내린 곳에서 탑승하면 된다.

운행	공항→ 시내 06:00~00:30 (15~20분 간격), 시내→공항 05:15~00:30(15~30분 간격)
소요시간	약 60~70분
타는 곳	각 터미널 도착층에서 Roissy Bus 표지판을 따라 이동
티켓구입	버스 티켓 자동발매기, 버스 기사, 홈페이지
티켓예매	booking.parisinfo.com
요금	편도 €13.2 (나비고, 파리 비지트(1~5존) 사용가능)

르뷔스 디렉트 Le Bus Direct

파리 공항에서 운행하는 공항 리무진으로 편리하지만 가격이 비싸다. 행선지에 따라 여러 노선(LIGNE)이 있으며, 2번은 개선문(Etoile / Champs Elysées), 에펠탑(Tour Eiffel), 3번은 오를리 공항, 4번은 리옹 역(Gare de Lyon), 몽파르나스 역(Gare Montparnasse)으로 운행한다.

※파리 시내→샤를 드골 국제공항 이동 시 내린 곳에서 탑승하면 된다.

운행	공항↔시내 05:30~23:30 (30분 간격)
소요시간	샹젤리제까지 약 45~60분, 에펠탑까지 약 60~70분
타는 곳	각 터미널 도착층에서 Le Bus Direct 표지판을 따라 이동
티켓구입	버스 티켓 자동발매기, 버스 기사, 홈페이지
티켓예매	www.lebusdirect.com
요금	편도 €18 (왕복 €31)

루아시 버스 르뷔스 디렉트

교외전철 RER

RER은 파리 시내와 근교를 오가는 급행 전철로 ABCDE 총 5개의 노선이 있으며 파란색의 B선이 공항과 시내를 연결한다. 메트로와의 환승이 가능해 원하는 목적지까지 편리하게 이동할 수 있다. 샤를 드골 공항에는 1·3 터미널과 연결된 Aéroport Charles de Gaulle 1역과 2터미널과 연결된 Aéroport Charles de Gaulle 2역이 있으며, 1역에서 출발해 2터미널을 거쳐 시내로 간다. RER을 타기 위해서는 터미널 간을 순환하는 무료 셔틀버스 Navette나 무료 무인 메트로 CDGVAL을 타고 이동한 뒤 RER 표지판을 따라 이동한다.

운　　행 05:00~24:00 (10~20분 간격)
소요시간 북역까지 약 30분
타 는 곳 각 터미널 도착층에서 RER 표지판을 따라 이동
티켓구입 티켓구입 매표소, 티켓 자동발매기
요　　금 €11.4~ 목적지에 따라 다름 (나비고, 파리 비지트(1~5존) 사용가능)

※유레일패스 소지자의 경우 공항과 북역 등의 SNCF매표소에서 무료 탑승권인 콩트르마르크 Contremarque를 받을 수 있지만 매표소에서 긴 줄을 서야 하고, 유레일패스 날짜가 유효해야 하므로 당일 기차를 추가로 이용하지 않는다면 RER무료 탑승을 위해 무리하게 패스 날짜를 사용하지는 말자.

택시

각 터미널 도착층에서 택시 표지판을 따라 나가면 택시 승차장이 나온다. 심야 시간에 도착했거나, 일행이 여럿이라면 이용할만하다. 보통 앞 좌석(조수석)에는 탑승하지 않으며, 팁은 이용요금의 10% 정도를 주면 된다.

소요시간 시내까지 약 40분
요　　금 €50~55 (공항에서 시내까지 정액제로 운영)

녹틸리앙 Noctilien

심야에 공항과 파리 북역(Gare du Nord)을 거쳐 동역 (Gare de l'Est) 까지 운행하는 심야버스로 N140과 N143번이 운행된다.

운　　행 00:00~04:00
소요시간 북역까지 약 30~60분
타 는 곳 각 터미널 도착층에서 Noctilien 표지판을 따라 이동
티켓구입 티켓 자동발매기, 버스 기사
요　　금 €8 또는 t+4장 (나비고, 파리 비지트, 모빌리스(1~5존) 사용가능)

시내버스 350·351

공항과 시내를 연결하는 가장 저렴한 교통수단이지만 시간이 오래 걸린다. 버스 350번이 동역 (Gare de l'Est) 까지, 351번이 나시옹 (Nation) 역까지 운행된다.

소요시간 동역까지 약 70~80분
요　　금 €6 또는 t+3장

공항내 셔틀인 CDGVAL 안내 표지판

교외전철 RER 안내 표지판

RER 승강장

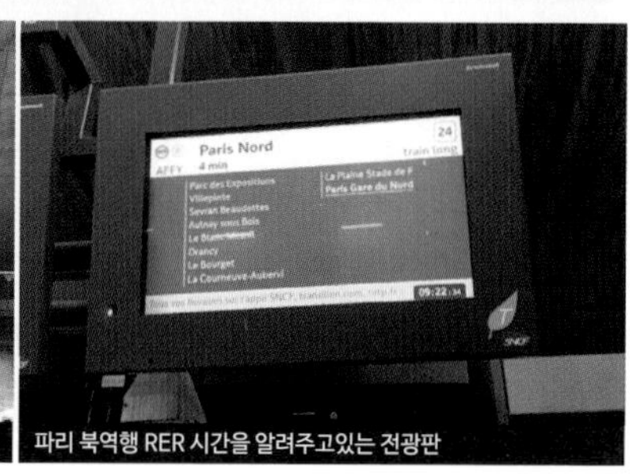

파리 북역행 RER 시간을 알려주고있는 전광판

오를리 공항에서 파리 시내로

오를리 공항 Aéroport de Paris-Orly (ORY)은 유럽 내, 북아프리카 등을 오가는 국제선과 국내선 비행기가 발착하는 작은 공항으로 파리 시내에서 남쪽으로 12km 정도 떨어진 곳에 있다. 오를리 공항에서 시내까지는 오를리 버스, 무인 메트로 오를리발, 공항리무진(르뷔스 디렉트), 버스, 택시 등을 이용해 갈 수 있다.

오를리 공항 orly.airport-paris.com

오를리 버스 ORLYBUS

시내로 가는 가장 편리한 방법. 오를리 버스를 타고 센 강 남쪽 몽파르나스 묘지 근처의 당페르로슈로(Denfert-Rochereau) 역까지 이동한 후, 메트로나 RER을 타고 목적지로 이동하면 된다.

운　　행 공항→ 시내 06:00~24:30 (8~15분 간격), 시내→공항 05:35~23:05(15~20분 간격)
소요시간 25분~
타 는 곳 각 터미널 도착층에서 ORLYBUS 표지판을 따라 이동
티켓구입 매표소, 티켓 자동발매기, 버스 기사
요　　금 €9.2 (나비고, 파리 비지트(1~5존) 사용가능)

오를리발 Orlyval

공항에서 RER B선 앙토니(Antony) 역까지 연결하는 무인 메트로. 티켓은 앙토니 역에서 하차 후 RER·메트로로 환승 가능한 티켓과 불가능한 티켓 2가지가 있다.

운 행	06:00~23:00 (5~7분 간격) / RER B선 05:08~00:12(4~15분 간격)
소요시간	북역까지 약 25분
타 는 곳	각 터미널 도착층에서 Orlyval 표지판을 따라 이동
티켓구입	매표소, 티켓 자동발매기
요 금	환승가능티켓 €13,20 (Orlyval+RER B)

르뷔스 디렉트 Le Bus Direct

파리 시내로 가는 편리한 방법이지만 요금이 비싸다. 에펠탑 (Tour Eiffel), 몽파르나스 역(Gare Montparnasse), 개선문(Etoile/Champs-Elysées) 등을 연결하며, 샤를 드골 공항(Aéroport Paris-Charles de Gaulle)행 노선도 있다.

운 행	공항↔시내 06:30~23:30 (20~30분 간격)
소요시간	몽파르나스 역까지 35분~, 개선문까지 55분~
타 는 곳	각 터미널 도착층에서 Le Bus Direct 표지판을 따라 이동 (남 터미널 L출구, 서 터미널 D출구)
티켓구입	버스 티켓 자동발매기, 버스 기사, 홈페이지
티켓예매	www.lebusdirect.com
요 금	편도 €12 (왕복 €20), 샤를 드골 공항행 편도 €22(왕복 €37)

버스 183

공항과 시내를 연결하는 가장 저렴한 교통수단. 남(Sud) 터미널에서 메트로 7호선 포르트 드 슈아지(Porte de Choisy) 역까지 운행된다. 시간이 매우 오래 걸리지만 근처 한인민박에 묵는 이들에게 유용하다.

운 행	06:00~24:20 (30분 간격)
소요시간	55분~
타 는 곳	남(Sud/South) 터미널 L출구 4번 정류장
티켓구입	버스 티켓 자동발매기, 버스 기사
요 금	€2(나비고, 파리 비지트(1~4존) 사용가능), 하차 후 버스나 메트로로 환승 시 새로운 t+티켓을 사용해야 함.

오를리 버스 ORLYBUS

르뷔스 디렉트 Le Bus Direct

보베 공항에서 파리 시내로

보베 공항 Aéroport de Paris Beauvais Tillé (BVA) 은 파리 시내에서 북동쪽으로 85km 떨어진 곳에 있는 공항으로 보베띠예 공항으로도 불린다. 라이언 에어 등 유럽 내 저가항공사에서 주로 발착하며 1·2터미널로 이루어져 있다. 파리 시내와 거리가 멀어 파리 시내로 가는 대중교통편은 셔틀버스와 택시밖에 없다.

보베 공항 www.aeroportbeauvais.com

셔틀버스 Aéroport Beauvais Shuttle

가장 저렴하고 편리한 교통수단으로 비행기 발착시각에 맞춰 운행한다. 셔틀버스는 비행기 도착 20분 뒤에 출발한다. 셔틀버스를 놓치면 택시를 이용해야 하니 주의하자.

※파리 시내→보베 공항 이동 시, 비행기 출발 3시간 전 메트로 1호선 Porte Maillot 역에서 셔틀버스 탑승(Aéroport Beauvais Shuttle 표지판을 따라 이동)

소요시간	1시간 15분
타 는 곳	각 터미널 도착층에서 Aéroport Beauvais Shuttle 표지판을 따라 이동
티켓구입	정류장 근처 매표소, 버스 기사, 공항 홈페이지
티켓예매	www.aeroportbeauvais.com
요 금	현장구매 시 €17 (인터넷 예약 시 편도 €15.9, 왕복 €29)

파리 시내 교통

파리 시내 교통 이용하기!

파리의 대중교통은 메트로, RER(교외 급행 전철), 버스, 트램 등이 있으며 1존 안에서는 교통수단과 관계없이 공통된 승차권을 사용할 수 있다. (2존부터는 달라짐) 승차권은 메트로·RER역 매표소, 자동발매기, 담뱃가게 타바 Tabac 등에서 구매할 수 있으며, 존에 따라 요금이 달라진다.

파리교통공사 www.ratp.fr
SNCF www.transilien.com
일드프랑스 www.vianavigo.com

메트로 METRO

파리에서 가장 편리한 이동 수단으로 총 16개의 노선이 1~3존을 구석구석 연결한다. 이용방법은 우리나라 지하철과 비슷하다. 1회권인 t+, 모빌리스, 나비고, 파리 비지트 등을 전 구간에서 모두 사용할 수 있다.

운 영	06:00~23:30 (2~10분 간격)

※ 메트로 탑승 시 티켓을 개찰구에 통과시키며, 하차 시에는 개찰구가 없으므로 그냥 문을 밀고 나오면 된다. 하지만 출구에서 검표원이 수시로 티켓을 검사하므로, 메트로 밖으로 완전히 나올 때까지 티켓을 잘 보관하는 것이 좋다.

교외전철 (Reseau Express Regional)

RER은 파리 도심과 일드프랑스의 근교 지역을 연결하는 급행 전철로 베르사유 궁전과 디즈니랜드, 퐁텐블로, 오베르 쉬르 우아즈 등에 방문 시 주로 이용한다. ABCDE 총 5개의 노선이 있으며 메트로와의 환승도 가능하다. 시내인 1존에서는 1회권(t+)을 사용할 수 있지만, 그 외 구간에서는 탑승할 때마다 목적지까지의 RER 전용 승차권을 구매해야 한다. 모빌리스, 나비고, 파리 비지트도 사용할 수 있다.

운 영	05:00~01:00 (5~20분 간격)

※ 승·하차 시 문 앞뒤에 있는 버튼을 눌러야 문이 열리니 주의하자.
※ RER은 하나의 플랫폼에 여러 노선이 정차하고 급행, 완행 등이 있으므로 전광판을 확인한 후 탑승하도록 하자. 전광판에는 다음 열차가 어느 역에 정차하는지도 표시되어 있으므로 자신이 가려는 목적지 역에 불이 들어와 있는지 확인하고 타도록 하자.

버스 BUS

교통 체증이 심해 메트로보다는 불편하지만 아름다운 파리의 풍경을 즐기며 이동할 수 있는 장점이 있다. 특히 센강을 따라 자리한 파리의 주요 명소를 연결해주는 24번과 72번 버스는 관광객들에게 인기! 티켓은 메트로와 공용으로 사용 가능(1회권은 버스·메트로·RER간 환승 불가)하며 자동발매기, 운전기사 등에게서 구매할 수 있다. 버스 승차 후 운전석 옆에 있는 개찰기나 인식기에 티켓을 넣어 펀칭하거나 터치해야 한다.

※ Bus라고 적힌 버스 정류장에서 버스가 가까이 오면 손을 들고 앞문으로 승차하고, 하차 시 빨간버튼(Arrêt Demandé)을 누르고 뒷문으로 내린다.
※ 버스에서는 안내방송을 하지 않는 경우가 많으니 전광판에 표시된 정류장 이름을 확인하는 것이 좋다.
※ 버스 노선도 및 시내버스 정보는 ratp에서 얻을 수 있다.

운 영	06:00~23:00 (5~20분 간격)
요 금	1회권 €1.9 (버스 기사에게 구매 시 €2)

택시 TAXI

파리에서는 길에서 손을 들어 택시를 세울 수 있는 것이 아니고, 주요 역과 메트로 역 근처에 Taxis라고 적힌 지정 택시 승강장에서 탑승해야 한다. 요금은 우리나라의 2~3배 정도이며, 가까운 거리를 가더라도 최소요금 €7를 내야 한다. 보통 앞 좌석(조수석)에는 탑승하지 않으며, 일반 택시는 최대 5명까지 탑승할 수 있지만 5명째부터 €4의 추가 요금이 있다. 큰 짐은 1개만 무료이고, 2개째부터 짐 1개당 €1의 추가 요금이 붙는다. 기본적으로 미터기 요금제이지만 교통 체증이 심할 경우 거리가 아닌 시간당 요금을 부과하며 시간대, 요일, 행선지 별로 km당 요금도 다르다.

요 금	최소요금 €7(이용시간, 요일, 교통 체증 정도에 따라 달라짐)

시티 투어 버스 City Tour Bus

개선문, 노트르담 대성당, 샹젤리제 거리, 에펠탑 등 시내 주요 관광명소를 운행하는 2층 오픈 버스로 짧은 시간 안에 파리 시내를 둘러볼 수 있으며, 원하는 명소에 자유롭게 내렸다 탈 수 있다. 대표적인 시티 투어 버스로는 빅 버스 파리 Big Bus Paris, 로팡 투르 L'Open Tour 등이 있다. 투어별로 거쳐 가는 명소 및 요금이 다르니 꼼꼼히 비교해 본 후 선택하도록 하자. 티켓은 홈페이지, 관광안내소, 버스 기사에게 구매할 수 있다. 유람선 통합 할인 티켓도 있다.

로팡 투르 www.paris.opentour.com
빅 버스 파리 www.bigbustours.com

요　　금 1일권 €34~ (투어별로 다름)

로팡 투르

빅 버스 파리

자전거 벨리브 Velib

지구 온난화를 막고, 교통 체증을 줄이기 위해 2007년부터 시작된 자전거 타기 운동으로 필요한 곳에서 자전거를 빌려 목적지까지 타고 가서 반납하는 시스템이다. 파리 시내 곳곳에 1,800개가 넘는 벨리브 대여소가 있어 시민은 물론 관광객들도 이용할 수 있다. 대여료를 내면 처음 30분은 무료이고 초과 시 30분 단위로 추가 요금이 부과된다. 벨리브는 무인 발권기에서 신용카드로 쉽게 대여 가능하며 신용카드가 없을 경우 나비고 카드나 벨리브 카드를 발급받으면 사용할 수 있다. 반납하지 않거나 분실할 경우를 대비하여 이용 시 150유로의 보증금을 내야 하지만 자전거를 반납하면 보증금이 반환된다

홈페이지 www.velib.paris.fr
대여요금 1일권 €1.7, 7일권 €8

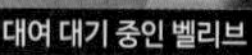
대여 대기 중인 벨리브

벨리브 무인 발권기

승차권 자동발매기 이용방법

메트로·RER 역 등에 비치된 승차권 자동발매기는 프랑스어로 Vente 혹은 Billetterie 라고 한다. 프랑스의 자동발매기는 대부분 신용카드와 동전만 사용할 수 있다. 지폐만 있다면 매표소에서 교통권을 구매하거나 상점에서 간단한 음료 등을 사고 미리 동전을 준비해 두는 것이 좋다. 기계별로 생김새는 약간씩 다르지만 사용방법은 거의 비슷하다.

① 화면에서 영어 ENGLISH를 선택(하단 휠을 돌려 선택)
② 티켓 t+, 모빌리스, 파리 비지테 등 승차권의 종류를 선택한다.
③ Zone 존을 선택한다.
④ 구매할 티켓의 매수를 선택한다.
⑤ 승차권의 종류, 금액 등을 확인한 후 맞으면 VALIDATE를 선택.
⑥ 결제방법을 선택한 뒤 티켓이 나오면 잘 챙겨간다.

*기기의 종류에 따라 조작 방법이 조금씩 다를 수 있다.

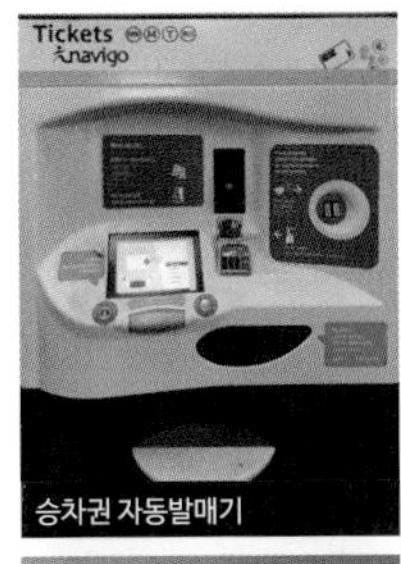

승차권 자동발매기

화면 아래 휠을 굴려 선택한다.

메트로·RER 이용팁

1. 파리교통공사 ratp 스마트폰 앱/홈페이지에서는 교통수단 안내, 현재 운행 상황 등 실시간 파리교통정보를 확인할 수 있어 편리하다. 출발역-도착역 등을 입력하면 노선 안내도 해준다. (p.400 참조)

2. 종이 티켓은 개찰기에 넣고 통과해야 하며, 나비고 등 교통권은 인식기에 터치한 후 통과해야 한다. 또한 검표원이 수시로 표를 검사하므로 하차 시까지 티켓을 반드시 지참해야 하며, 유효한 티켓이 없을 경우 무임승차로 간주하여 고액의 벌금을 내야 하니 주의하도록 하자.

3. 파리의 구형 메트로와 RER은 자동으로 문이 열리지 않는 수동식 출입문이 많다. 버튼을 누르거나 문고리를 위로 힘껏 올려야만 문이 열리니 잘 알아두자.

4. 개찰기 통과 시, 계단 및 엘리베이터 이용 시, 출입문 근처 등에서 소매치기를 조심하는 것이 좋다. 스마트폰 이용 시에도 정신이 팔리지 않도록 주의하자. 인적이 드문 시간대에는 되도록 이용을 삼가고, 타더라도 되도록 사람이 많은 칸을 이용하는 것이 좋다. (p.392 참조)

5. 출구는 Sortie라고 적힌 표시를, 환승할 경우 Correspondance 표시를 따라가면 된다.

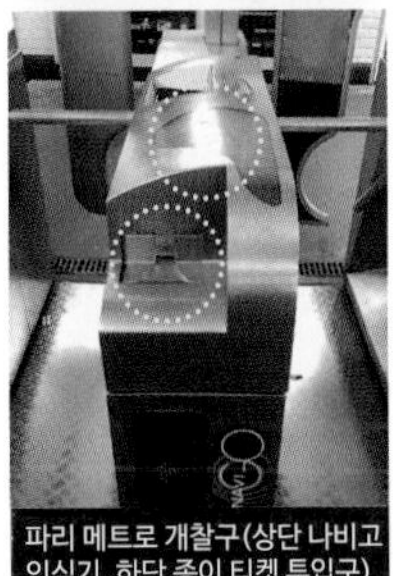
파리 메트로 개찰구(상단 나비고 인식기, 하단 종이 티켓 투입구)

RER 열차와 구형 메트로는 손잡이를 위로 들어 올리거나 버튼을 눌러 문을 열어야 한다.

대중교통 이용 시 알아두면 편리한 프랑스어/영어 단어

한글	프랑스어	영어
환승	Correspondance	Transfer 또는 Connection
기차역	Gare	Station
출구	Sortie	Exit
티켓	Billet	Ticket
요금	Tarif	Fare
편도	Aller Simple	One Way 또는 Single
왕복	Aller Retour	Round Trip 또는 Return
정차(하차 버튼)	Arrêt Demandé	Stop Request

파리 시내 대중교통 요금과 유용한 승차권

파리가 속해 있는 일드프랑스(Ile de France) 지역은 총 5개의 존으로 나뉘며 존과 기간에 따른 다양한 승차권이 있다. 승차권의 종류는 크게 1회권과 1일권, 패스 등이 있으며 존과 사용 기간에 따라 사용 가능한 승차권이 달라진다.

티켓구입

승차권은 메트로·RER역 등의 매표소, 자동발매기 등에서 구매할 수 있다. 대중교통 이용횟수가 적으면 1회권(또는 카르네)을, 많으면 패스를 사용하는 것이 유리하니 대중교통을 이용할 횟수를 잘 따져보고 본인에게 필요한 승차권을 구입하도록 하자. 카르네, 모빌리스, 파리 비지트 등은 국내 소쿠리 여행사에서도 구입할 수 있다.

파리 대중교통 안내 www.ratp.fr/en/titres-et-tarifs
국내구입(소쿠리 여행사) www.socuripass.com/paris

※ 대중교통을 이용할 때마다 티켓을 사야 하는 번거로움과 줄을 서서 대기하는 시간 등을 줄이고 싶다면 패스를 사용하는 것이 훨씬 편리하다.

운 영 06:00~23:00 (5~20분 간격)
요 금 1회권 €1.9 (버스 기사에게 구매 시 €2)

※ 일드프랑스(파리 시내+근교) 존 Zone
파리 시내와 근교를 포함한 일드프랑스 지역은 총 5개의 존으로 나뉜다. 파리 시내 중심가는 1~2존, 라데팡스가 있는 지역은 3존, 오를리 공항, 베르사유 궁전이 있는 지역은 4존, 샤를 드골 공항, 디즈니랜드, 퐁텐블로, 오베르쉬르우아즈 등이 있는 지역은 5존으로 구분된다.

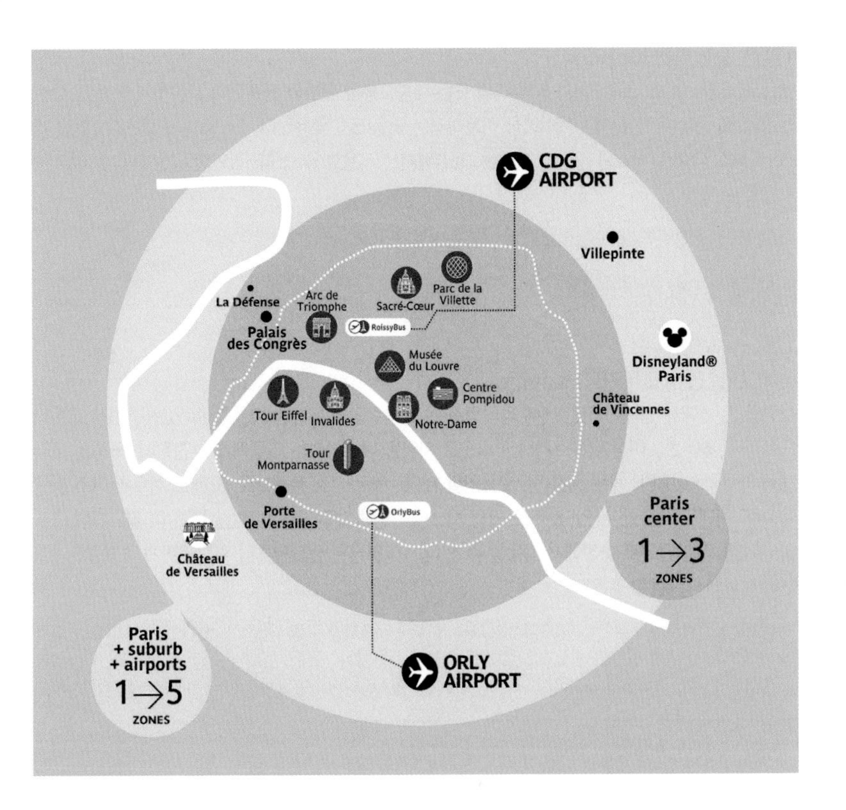

파리 대중교통 승차권의 종류

파리가 속해 있는 일드프랑스(Ile de France) 지역은 총 5개의 존으로 나뉘며 존과 기간에 따른 다양한 승차권이 있다. 승차권의 종류는 크게 1회권과 1일권, 패스 등이 있으며 존과 사용 기간에 따라 사용 가능한 승차권이 달라진다.

1회권 (Ticket t+)

파리의 메트로, 트램, 버스, RER(1존) 등에서 사용 가능한 티켓으로 하루에 교통편을 3회 미만으로 이용하려는 이들에게 유용하다. 메트로·RER간 환승은 가능하지만, 메트로나 RER에서 버스나 트램으로 갈아타는 것은 불가능하다. 1회권 10장 묶음인 카르네(Carnet)를 구매하면 더 저렴하다. 여러 날 사용하거나 일행과 나눠 쓰면 좋다.

※ 육안상으로 사용 티켓과 미사용 티켓의 차이가 없으니 구별이 되도록 잘 보관하는 것이 좋다.

요　　금 장당 € 1.90 (버스 기사에게 구매 시 € 2), 카르네(10장) € 14.9

1일권, 모빌리스 Mobilis

메트로, RER, 버스, 트램, 기차 등 파리의 모든 대중교통을 횟수와 관계없이 자유롭게 이용할 수 있는 패스로 하루에 교통편을 4회 이상 이용하려는 이들에게 유용하다. 단, 루아시 버스, 오를리 버스, 르뷔스 디렉트 버스와 공항을 오가는 RER에서는 사용할 수 없다. 각인한 당일 0~24시까지만 사용할 수 있다.

※검표 시 티켓에 표기된 이름, 나이, 날짜 등을 확인하니 반드시 기재하도록 하자.

요　금 1~2존 €7.5, 1~3존 €10.0, 1~4존 €12.40, 1~5존 €17.80

나비고 (충전식 교통카드) Navigo

선택한 존 안에서 정해진 기간 내에 파리의 모든 교통수단을 무제한 이용할 수 있는 충전식 교통카드로 파리에서 3일 이상 머무르거나 파리근교 지역을 여행하려는 이들에게 추천한다. 공항을 오가는 루아시 버스, RER 등은 물론(단, 오를리발 제외), 베르사유, 퐁텐블로, 오베르 쉬르 우아즈 등으로 이동 시에도 사용할 수 있다. 카드 발급 시 사진 1장과 보증금(€5, 환급 불가)이 필요하며, 1주일, 1개월, 1년 단위로 충전해서 사용할 수 있다. 1주일권은 월요일부터 일요일까지, 1개월은 1일부터 말일까지 사용할 수 있다.

※ 예를 들어 1주일권은 전주 금요일부터 해당 주 목요일까지만 구매 ·충전이 가능하므로, 파리에 금요일에 도착해서 구매·충전을 해도 다음 주 월요일부터 사용할 수 있다.
※ 검표 시 나비고 카드에 사진이 없으면 고액의 벌금을 내야 하니 반드시 사진을 부착하도록 하자.

존 Zones	1~5존	2~3존	3~4존	4~5존	충전	사용
1주일권 Semaine (Weekly)	€22.80	€20.85	€20.20	€19.85	전주 금요일~해당주 목요일	월~일
1개월권 Mois (Monthly)	€75.20	€68.60	€66.80	€65.20	전월 20일~해당월 19일	1~말일

파리 비지트 Paris Visite

1일권인 모빌리스와 비슷하지만, 대중교통 무제한 이용 이외에도 박물관, 백화점 등 14곳의 명소에서 할인 혜택을 누릴 수 있다. 1, 2, 3, 5일권이 있으며 0~24시까지 사용할 수 있다.

※ 패스 사용 전 사용자 이름, 시작일, 끝나는 날 등을 적어야 한다. 검표 시 티켓에 적힌 이름과 신분증(여권)의 이름이 일치하는지도 확인하므로 사용 전 반드시 이름을 확인하자.
(NOM(성), Prénom(이름), du(시작), au(끝))

요　금 1~3존 : 1일권 €12.00 / 2일권 €19.50 / 3일권 €26.65 / 5일권 €38.35
1~5존 : 1일권 €25.25 / 2일권 €38.35 / 3일권 €53.75 / 5일권 €65.80

파리 패스리브 Paris Passlib'

대중교통 승차권, 뮤지엄 패스, 유람선(바토 파리지앵), 투어 버스(로팡 투르) 티켓 등이 모두 포함된 패스로 미니, 2일권, 3일권, 5일권이 있으며, 파리 시내 관광안내소, 파리관광청 홈페이지에서 구입할 수 있다. 20유로 추가 시 줄 서지 않고 에펠탑 2층까지 엘리베이터로 올라갈 수 있다.

패스구입 booking.parisinfo.com

요 금 미니 €40, 2일권 €109, 3일권 €129, 5일권 €155

뮤지엄 패스 Museum Pass

파리 시내 및 근교의 미술관·박물관 등 60여 개의 명소를 자유롭게 드나들 수 있는 패스로 2일권(48시간 유효), 4일권(96시간 유효), 6일권(144시간 유효)이 있다. 특히 루브르 박물관, 오르세 박물관, 개선문, 베르사유 등 주요 명소가 포함되어 있고, 뮤지엄 패스 소지 시 패스 소지자 전용 입구를 이용하기 때문에 줄 서는 시간을 줄일 수 있다는 장점이 있다. 뮤지엄 패스는 파리 시내 관광안내소나 미술관·박물관, 국내 여행사 등에서 구매할 수 있다.

※ 월·화요일에는 휴관하는 박물관·미술관이 많으니 방문할 곳의 휴관일을 참고해 패스를 개시하도록 하자. 패스는 연속으로만 사용 가능.

패스구입 www.parismuseumpass.com

요 금 2일권 €48, 4일권 €62, 6일권 €74

뮤지엄 패스로 무료입장 가능한 박물관 & 미술관 (2019년 기준)

파리 시내 In Paris

개선문
고대지하예배당
광고 박물관
국립 이민 역사 박물관
국립기술공예박물관
귀스타브모로 박물관
기메 미술관
께 브랑리
노트르담 대성당
니심 드 카몽도 미술관
라 빌레트 과학박물관
로댕미술관
루브르 박물관
발견박물관
생트샤펠
속죄의 예배당
아랍세계연구소
영화박물관
오랑주리미술관
오르세 미술관
외젠 들라크루아 국립박물관
음악박물관
입체모형박물관
콩시에르주리
클뤼니 중세 박물관
파리 군사박물관
파리 하수구 박물관
파리건축문화재단지, 프랑스문화재박물관
파리유태역사예술박물관
파리장식미술박물관
팡테온
패션과 섬유 박물관
퐁피두센터
피카소미술관
해방훈장박물관

파리근교

국립고고학박물관
국립르네상스미술관 - 에쿠앙 성
국립세라믹박물관
랑부이에 성, 왕비의 농장
로댕부터 메동까지의 방
말메종과 부아프레오 성의 국립박물관
메종-라피트 성
모리스드니 미술관
뱅센 성
베르사유 궁전
사보이 별장
생드니 대성당
샹 쉬르 마른성
차리스 왕궁수도원
콩데미술관 - 샹티이성
콩피에뉴성 국립박물관
포트루아얄 데 샹 미술관
퐁텐블로 성
피에르퐁 성
항공우주박물관

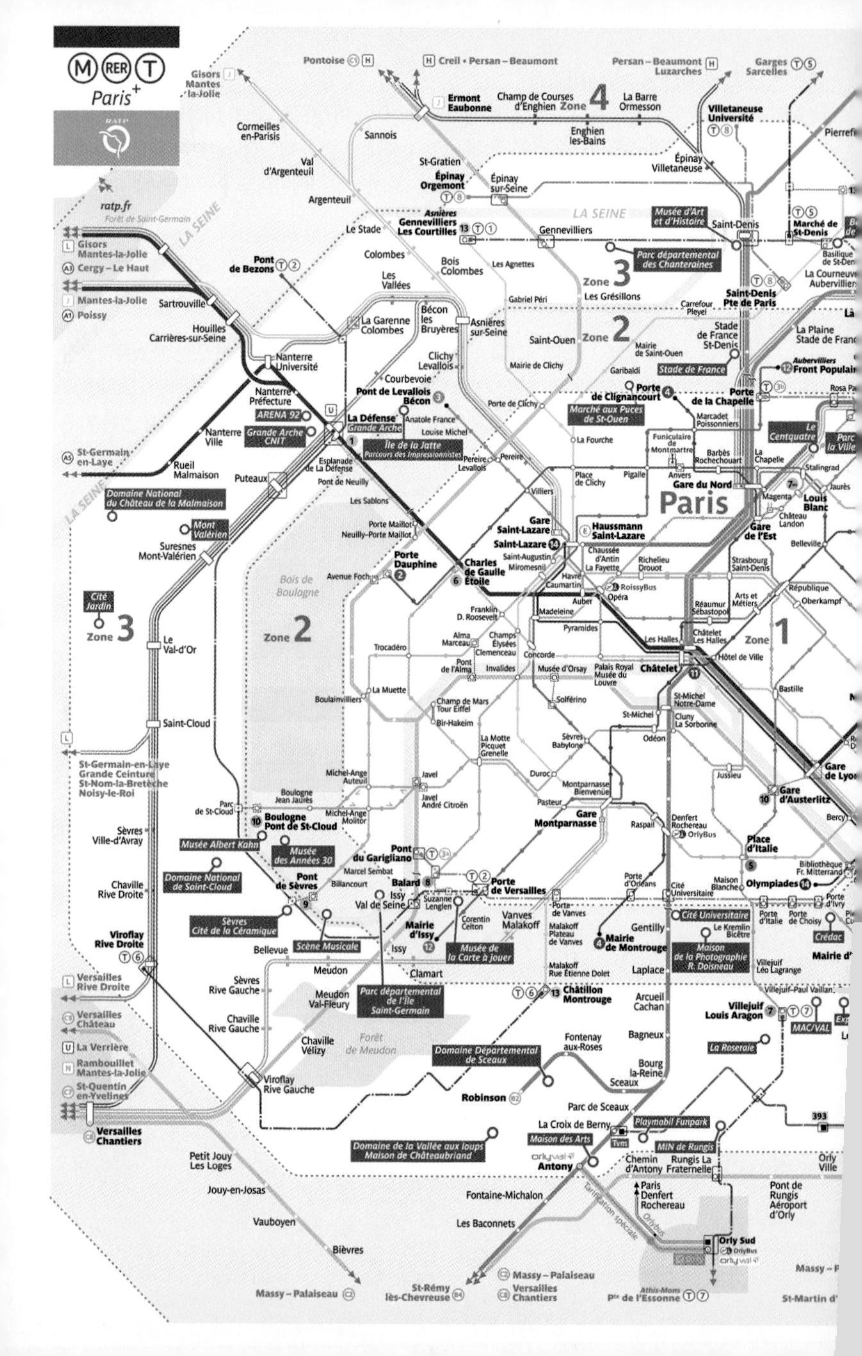
M RER T
Paris+
RATP
ratp.fr
Forêt de Saint-Germain
LA SEINE
Pontoise
Creil • Persan – Beaumont
Persan – Beaumont Luzarches
Garges Sarcelles
Gisors Mantes la-Jolie
Ermont Eaubonne
Champ de Courses d'Enghien
Zone 4
La Barre Ormesson
Villetaneuse Université
Enghien les-Bains
Cormeilles en-Parisis
Sannois
Pierrefitte
Val d'Argenteuil
St-Gratien
Épinay Villetaneuse
Épinay Orgemont
Épinay sur-Seine
Argenteuil
Musée d'Art et d'Histoire
Saint-Denis
Marché de St-Denis
Le Stade
Asnières Gennevilliers Les Courtilles
Gennevilliers
Basilique de St-Denis
Gisors Mantes-la-Jolie
Cergy – Le Haut
Pont de Bezons
Colombes
Les Agnettes
Parc départemental des Chanteraines
La Courneuve Aubervilliers
Bois Colombes
Zone 3
Les Vallées
Gabriel Péri
Les Grésillons
Saint-Denis Pte de Paris
Mantes-la-Jolie
Poissy
Sartrouville
Bécon les Bruyères
La Garenne Colombes
Asnières sur-Seine
Carrefour Pleyel
Houilles Carrières-sur-Seine
Saint-Ouen
Zone 2
Stade de France St-Denis
La Plaine Stade de France
Mairie de Saint-Ouen
Clichy Levallois
Nanterre Université
Mairie de Clichy
Garibaldi
Stade de France
Aubervilliers Front Populaire
Courbevoie
Nanterre Préfecture
Pont de Levallois Bécon
Porte de Clignancourt
Porte de la Chapelle
Rosa Parks
ARENA 92
La Défense Grande Arche
Anatole France
Porte de Clichy
Marché aux Puces de St-Ouen
Marcadet Poissonniers
Nanterre Ville
Grande Arche CNIT
Louise Michel
Île de la Jatte Parcours des Impressionnistes
Funiculaire de Montmartre
Le Centquatre
Parc de la Villette
St-Germain en-Laye
Rueil Malmaison
Esplanade de La Défense
Pereire Levallois
Pereire
La Fourche
Barbès Rochechouart
La Chapelle
Stalingrad
Pont de Neuilly
Place de Clichy
Pigalle
Anvers
Gare du Nord
Jaurès
Puteaux
Les Sablons
Villiers
Paris
Magenta
Louis Blanc
Domaine National du Château de la Malmaison
Château Landon
Mont Valérien
Porte Maillot
Neuilly–Porte Maillot
Gare Saint-Lazare
Haussmann Saint-Lazare
Gare de l'Est
Suresnes Mont-Valérien
Saint-Lazare
Chaussée d'Antin La Fayette
Belleville
Saint-Augustin
Miromesnil
Richelieu Drouot
Strasbourg Saint-Denis
Porte Dauphine
Charles de Gaulle Étoile
Avenue Foch
Havre Caumartin
RoissyBus
République
Bois de Boulogne
Opéra
Arts et Métiers
Oberkampf
Cité Jardin
Auber
Réaumur Sébastopol
Franklin D. Roosevelt
Madeleine
Zone 3
Zone 2
Pyramides
Le Val-d'Or
Alma Marceau
Champs Élysées Clemenceau
Châtelet Les Halles
Les Halles
Zone 1
Trocadéro
Concorde
Hôtel de Ville
Pont de l'Alma
Invalides
Musée d'Orsay
Palais Royal Musée du Louvre
Châtelet
La Muette
Boulainvilliers
Solférino
Bastille
St-Michel Notre-Dame
Champ de Mars Tour Eiffel
Bir-Hakeim
St-Michel
Cluny La Sorbonne
Saint-Cloud
La Motte Picquet Grenelle
Sèvres Babylone
Odéon
St-Germain-en-Laye
Grande Ceinture
St-Nom-la-Bretèche
Noisy-le-Roi
Michel-Ange Auteuil
Javel
Duroc
Jussieu
Gare de Lyon
Boulogne Jean Jaurès
Javel André Citroën
Montparnasse Bienvenüe
Gare d'Austerlitz
Parc de St-Cloud
Michel-Ange Molitor
Pasteur
Boulogne Pont de St-Cloud
Gare Montparnasse
Raspail
Denfert Rochereau
OrlyBus
Bercy
Sèvres Ville-d'Avray
Musée Albert Kahn
Musée des Années 30
Place d'Italie
Pont du Garigliano
Marcel Sembat
Chaville Rive Droite
Domaine National de Saint-Cloud
Balard
Porte de Versailles
Bibliothèque Fr. Mitterrand
Pont de Sèvres
Billancourt
Porte d'Orléans
Cité Universitaire
Maison Blanche
Olympiades
Issy Val de Seine
Suzanne Lenglen
Porte d'Ivry
Porte de Vanves
Porte d'Italie
Porte de Choisy
Sèvres Cité de la Céramique
Corentin Celton
Vanves Malakoff
Malakoff Plateau de Vanves
Cité Universitaire
Gentilly
Le Kremlin Bicêtre
Viroflay Rive Droite
Mairie d'Issy
Mairie de Montrouge
Crédac
Scène Musicale
Musée de la Carte à jouer
Maison de la Photographie R. Doisneau
Mairie d'Ivry
Bellevue
Issy
Villejuif Léo Lagrange
Versailles Rive Droite
Meudon
Clamart
Malakoff Rue Étienne Dolet
Laplace
Sèvres Rive Gauche
Meudon Val-Fleury
Parc départemental de l'Île Saint-Germain
Châtillon Montrouge
Arcueil Cachan
Villejuif–Paul Vaillant-Couturier
Versailles Château
Chaville Rive Gauche
Villejuif Louis Aragon
MAC/VAL
La Verrière
Chaville Vélizy
Forêt de Meudon
Fontenay aux-Roses
Bagneux
La Roseraie
Rambouillet Mantes-la-Jolie
Domaine Départemental de Sceaux
St-Quentin en-Yvelines
Viroflay Rive Gauche
Bourg la-Reine
Sceaux
Robinson
Parc de Sceaux
393
Versailles Chantiers
La Croix de Berny
Playmobil Funpark
Maison des Arts
Domaine de la Vallée aux loups Maison de Châteaubriand
MIN de Rungis
orlyval
Antony
Petit Jouy Les Loges
Chemin d'Antony
Rungis La Fraternelle
Orly Ville
Jouy-en-Josas
Paris Denfert Rochereau
Fontaine-Michalon
Pont de Rungis Aéroport d'Orly
Tarification spéciale
Orlybus
Les Baconnets
Vauboyen
Orly Sud
OrlyBus
orlyval
Bièvres
Massy – Palaiseau
Versailles Chantiers
Massy – Palaiseau
St-Rémy lès-Chevreuse
Athis-Mons Pte de l'Essonne
St-Martin d'

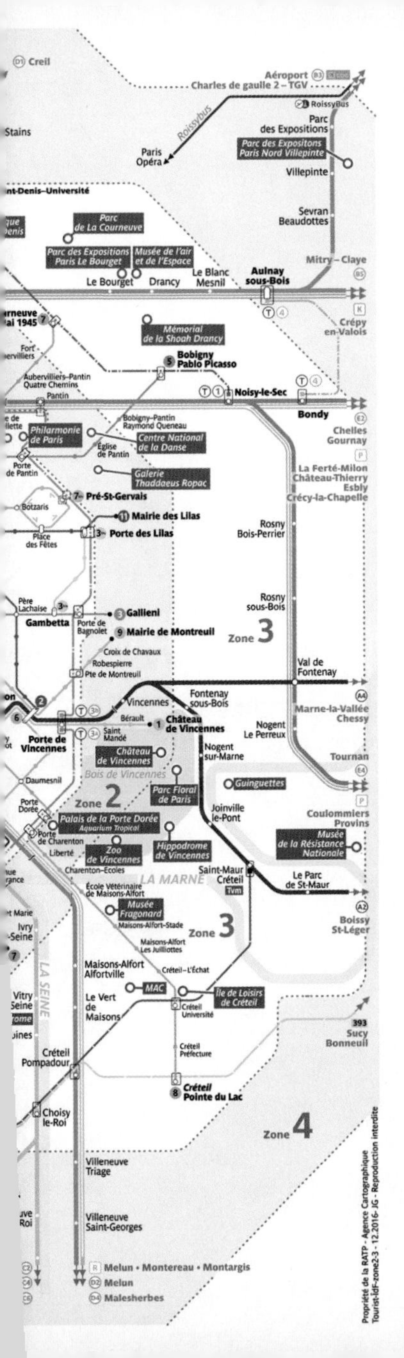

주요 명소와 가까운 메트로 역

명소	메트로 역
개선문	M1·2·6호선 / RER A선 Charles-de-Gaulle-Etoile
귀스타프 모로 박물관	M12호선 Trinité - d'Estienne d'Orves
노트르담 대성당	M4호선 / RER B·C선 Saint-Michel
라 데팡스	M1호선/ RER A선 La Defense-Grande Arche
로댕 미술관	M13호선 Varenne
루브르 박물관	M1·7호선 Palais-Royal–Musée du Louvre
마들렌 성당	M8·12·14호선 Madeleine
몽마르트르	M12호선 Abbesses ·2호선 Anvers
몽파르나스 타워	M4·6·12·13호선 Montparnasse-Bienvenue
샤요 궁전	M6·9호선 Trocadéro
샤크레쾨르 대성당	M12호선 Abbesses ·2호선 Anvers
샹젤리제 거리	M1·8·12호선 Concorde ~ M1·2·6 Charles de Gaulle Etoile
앵발리드	M8호선 La Tour-Maubourg
에펠탑	M6호선 Bir-Hakeim / M6·9호선 Trocadéro / 8호선 Ecole militaire / RER C선 Champ de MarsTour Eiffel
오랑주리 미술관	M1·8·12호선 Concorde
오르세 미술관	M12호선 Solférino / RER C선 Musee d'Orsay
오페라 가르니에	M3·7·8호선 Opera / RER A선 Auber M4호선 Les Halles
포럼데알	M4호선 Les Halles / M1·4·7·11·14호선 Châtelet / RER A·B·D선 Châtelet - Les Halles
퐁피두 센터	M11호선 Rambuteau / 1·4·7·11·14호선 Châtelet

메트로 라인별 색상

1 Line1　4 Line4　8 Line8　13 Line13
2 Line2　5 Line5　9 Line9　14 Line14
3 Line3　6 Line6　10 Line10
3bis Line3　7 Line7　11 Line11
Orly Val Line1　7bis Line7b　12 Line12

파리 대중교통에 유용한 앱 RATP

Android

iOS

파리교통공사 RATP 앱에서는 노선도는 물론 교통수단, 소요시간 등의 정보를 제공한다. 출발지와 목적지를 입력하면 추천 이동경로도 알려준다.

노트르담 대성당 주변

Cathédrale Notre-Dame

센강 위에 떠 있는 조각배 모양의 섬,

파리의 중심지이자 발상지인 시테섬에는 아름다운 고딕 양식의 노트르담 대성당, 화려한 스테인드글라스로 유명한 생트샤펠, 법원과 콩시에르주리 등 유서 깊은 건축물들이 곳곳에 남아있다.

노트르담 대성당 주변 지도
Cathédrale Notre-Dame
Pont Neuf
퐁뇌프(퐁네프)
Pont Neuf
P.107
스콰나
Sequana
P.127
레스토랑 폴
Restaurant Paul
P.126
생트샤펠
Sainte-Chapelle
P.110
생제르맹데프레 성당
Église de Saint-Germain-des-Prés
P.250
Saint-Michel
Saint-Germain-des-Prés
Mabillon
Odéon
Place Saint-Michel
생 쉴피스 성당
Église Saint Sulpice
P.248
Cluny-La Sorbonne
오데옹 극장
Odéon Theatre
뤽상부르 궁전
Palais du Luxembourg
소르본 대
Université P
P.119
뤽상부르 정원
Jardin du Luxembourg
P.251
Luxembourg
RER
100m
Port du Louvre
Quai du Louvre
Quai de la Mégisserie
Quai de Conti
Pont Neuf
Quai de l'Horloge
Dauphine
Rue de Seine
Rue Mazarine
Rue Jacob
Rue Jacob
Quai des Orfèvres
Quai des Grands-Augustins
Rue Dauphine
R. de l'Ancienne Comédie
Pont St. Michel
Quai Sain
Rue Bonaparte
Rue du Four
R.Princesse
Rue Clément
Rue Mabillon
Rue des Canettes
Rue Guisarde
Boulevard Saint-Germain
Rue Monsieur le Prince
Rue Racine
Boulevard Saint-Michel
Rue Champollion
Rue de la Sorbonne
Rue Saint-Jacques
Rue de Vaugirard
Rue Monsieur le Prince
Rue de Médicis
Rue Victor Cousin
Rue Cujas
Rue Soufflot
Rue Soufflot
Rue Saint-Jacques
A
B
E
F
I
J

Rue de Rivoli
âtelet
Rue Beaubourg
Hôtel de Vill
Avenue Vicotria
Rue Saint-Martin
Rue des Archives
de Rivoli
ges Pompidou
Quai de Gesvres
파리 시청
Hôtel de Ville
P.134
C
D
시에르주리 P.108
nciergerie
Pont Notre-Dame
Rue de Lobau
Quai de la Corse
Rue de Rivoli
Cité
Pont d'Arcole
시테섬 P.106
ÎLE de la Cité
Quai de l' Hôtel de Ville
Deux Palais
Rue d'Arcole
Quai aux Fleurs
바토뷔스
Place Jean-Paul II
노트르담 종탑 전망대 입구 P.116
Les tours
Pont Marie
Pont Louis-Philippe
Port de l' Hôtel de Ville
R.d. Fourcy
Saint-Michel
Notre Dame
노트르담 대성당
Cathédrale Notre-Dame de Paris
P.112
Voie Georges Pompidou
Quai de Bourbon
Pont au Double
Pont Saint-Louis
Pont Marie
셰익스피어&컴퍼니 P.121
Shakespeare&Company
R. Boutarel
생 루이섬
île Saint-Louis
P.118
오데트
Odette
P.127
바토뷔스
Pont de l'Archevêché
Quai d'Orléans
Rue Saint-Louis-en-l'Ile
베르티용
Berthillon Glacier
P.125
Quai de Béthune
Quai de la Tournelle
Pont de la Tournelle
R. Poulletier
Maubert Mutualite
Quai de Saint-Bernard
Pont de Sully
Boulevard Saint-Germain
Rue des Carmes
아랍 세계연구소
l'Institut du Monde arabe
P.122
K
L
Rue des Écoles
Rue Monge
Rue Valette
Rue du Cardinal Lemoine
Rue Jussieu
팡테옹
Panthéon
P.120
Rue Clovis
Cardinal Lemoine

시테섬 île de la Cité

파리의 심장으로 불리는 아름다운 섬

센강 위에 떠 있는 조각배 모양의 섬으로 길이 914m, 너비 약 183m의 작은 섬이지만 파리의 기원이 된 곳이다. 섬 주변에는 파리에서 가장 오래된 다리인 퐁뇌프, 화려한 스테인드글라스로 유명한 생트샤펠, 콩시에르주리, 아름다운 고딕 양식의 노트르담 대성당 등 유서 깊은 건축물들이 곳곳에 자리하고 있다. 파리를 가로지르는 센 강에는 파리에서 가장 오래된 퐁 뇌프를 포함해 9개의 다리가 놓여 있으며, 다리를 통해 섬과 시내로 쉽게 이동할 수 있다. 메트로 4호선 Cité 역 바로 앞에는 파리 시민들이 즐겨 찾는 작은 꽃시장(Marché aux Fleurs)이 있으니 꽃을 좋아한다면 한번 둘러보자. 1808년부터 문을 연 파리에서 가장 오래된 꽃시장으로 아름다운 꽃은 물론 예쁜 인테리어 소품도 판매한다. 매주 일요일엔 새 시장도 열린다.

구 글 맵 48.854915, 2.347515 P.105 G
홈페이지 www.ile-de-la-cite-fr.com
운 영 꽃시장 월~토 09:30~19:00
위 치 메트로 4호선 Cité 역 하차

베르갈랑 공원

퐁뇌프 (퐁네프) Pont Neuf

파리에서 가장 오래된 로맨틱한 다리

다리에서 키스하는 연인들의 모습을 자주 볼 수 있는 퐁 뇌프 다리는 파리의 로맨틱한 명소 중 하나로 손꼽힌다. 센강을 가로지르는 9개의 다리 중 하나로 파리에서 가장 오래되었지만 퐁 뇌프라는 이름은 '새로운 다리'라는 뜻. 1607년 앙리 4세 때 완공되었으며 다리 중간에는 앙리 4세의 기마상이 세워져 있다. 영화 〈퐁네프의 연인들 Les Amants Du Pont-Neuf (1991)〉로 세계적으로 유명한 다리가 되었지만 실제로 영화는 촬영허가가 나지 않아 아비뇽의 세트장에서 촬영되었다. 시테섬과 다리로 연결되며 센강을 따라 산책을 즐기기에 좋다. 퐁네프 다리 중간의 '앙리 4세' 동상 뒤쪽에는 아름다운 석양을 감상할 수 있는 베르갈랑 공원 Square du Vert-Galant으로 이어지는 계단이 있다.

구 글 맵 48.857819, 2.341925 P.104 B
홈페이지 www.ile-de-la-cite-fr.com
위 치 메트로 4호선 Cité 역 하차. 버스 21, 24, 27, 38, 47, 85, 96.

형장으로 떠나는 마리앙투아

콩시에르주리 Conciergerie

마리앙투아네트가 수감되었던 감옥

성당인 생트샤펠, 사법기관인 최고법원단지Palais de Justice와 더불어 팔래 드 라 시테Palais de la Cité라는 왕궁의 일부였으나, 1358년 루브르와 뱅센느로 왕궁을 옮긴 이후 1391년부터 500년 넘게 감옥으로 사용되었다. 프랑스 대혁명 당시 공포정치 기간에는 단두대로 가기 전 죄수를 가두는 감옥으로 사용되었으며, 투옥된 자들은 대부분 단두대에 의해 처형되었다. 특히 루이 16세의 왕비였던 마리 앙투아네트 Marie-Antoinette가 단두대에 처형되기 전 수감되었던 곳으로 유명하며, '참회 예배실'이라는 이름의 방에는 그녀가 사용하던 침대, 의자, 세면대가 전시되어 있다. 현재는 국립역사 기념관으로 사용되고 있으며, 내부에는 당시 2600명의 처형됐던 사람들의 명단이 있다.

구글맵 48.856080, 2.345514 P.104 B 뮤지엄패스
홈페이지 www.paris-conciergerie.fr/en
운영 09:30~18:00, 마감 30분 전까지 입장 가능, 휴관 1/1, 5/1, 12/25
입장료 일반 €9, 만18~25세 €7
통합권(콩시에르주리+생트샤펠) 일반 €15, 만18~25세 €12.5
위치 메트로 4호선 Cite 또는 Saint-Michel 역에서 도보 3분

마리 앙투아네트가 수감 당시 사용했던 물품들

콩시에르주리 외벽을 장식한 화려한 시계

생트샤펠 Sainte-Chapelle

스테인드글라스가 아름다운 성당

보는 순간 탄성이 절로 나올 정도로 아름다운 스테인드글라스와 금으로 장식된 화려한 내부를 자랑하는 생트샤펠은 1248년 루이 9세가 가시면류관과 십자가 등 성 유물을 보관하기 위해 지은 고딕 양식의 성당으로 원래는 왕궁 내 예배당이었다. 성당 내부에는 최고의 걸작으로 꼽히는 스테인드글라스가 있는데, 높이 15m에 달하는 장미 창에는 성서에 나오는 1113개의 장면이 정교하게 묘사되어 있다. 성당은 2층 건물로 나뉘며 어두운 1층은 서민, 화려한 2층은 귀족과 왕족들의 예배당으로 사용되었다. 파리의 성당 하면 대부분 노트르담 대성당을 가장 먼저 떠올리지만, 노트르담 대성당보다 더 아름다운 내부를 감상할 수 있으니 뮤지엄 패스가 있다면 꼭 들러보자.

구글맵 48.855438, 2.344988 P.104 B 뮤지엄패스
홈페이지 www.sainte-chapelle.fr/en
운영 09:00~17:00(4~9월 ~19:00), 마감 30분 전까지 입장 가능
휴관 5/1, 12/25
입장료 일반 €10, 만18~25세 €8,
통합권(콩시에르주리+생트샤펠) 일반 €15, 만18~25세 €12.5
위치 메트로 4호선 Cite 또는 Saint-Michel 역에서 도보 2분

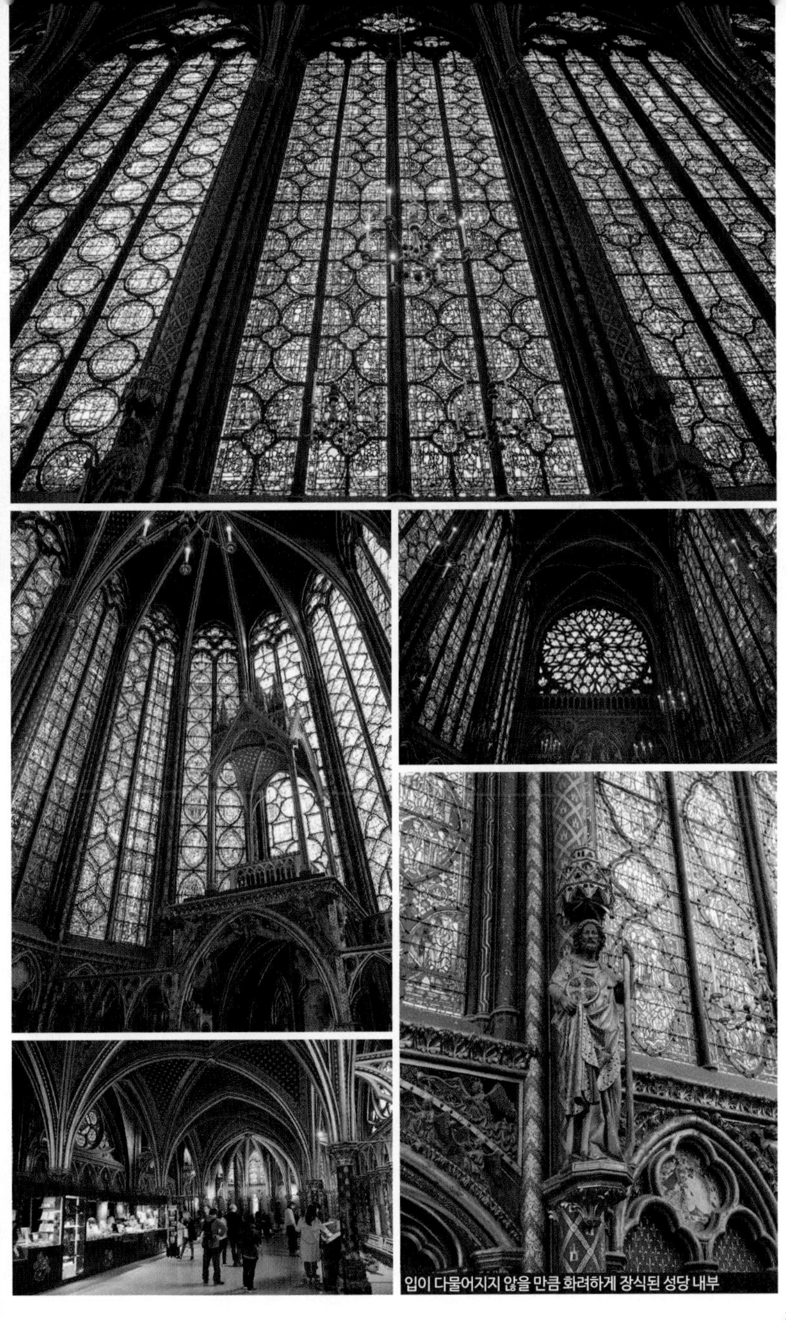

입이 다물어지지 않을 만큼 화려하게 장식된 성당 내부

노트르담 대성당 Cathédrale Notre-Dame de Paris

파리에서 가장 아름다운 성당

중세고딕 건축양식의 걸작으로 꼽히는 노트르담 대성당은 연간 1400만 명 이상의 관광객들이 찾는 파리 최고의 명소. 노트르담은 성모 마리아를 뜻하며, 빅토르 위고의 소설 〈노트르담 드 파리〉의 배경이 된 곳으로 유명하다. 1163년 파리의 주교였던 모리스 드 쉴리의 주도 아래 짓기 시작해 1345년 고딕 양식으로 완공되었다. 프랑스 혁명 때 성당이 심하게 파손되어 철거 위기까지 갔지만, 당시 출간된 빅토르 위고의 소설 〈노트르담 드 파리〉가 베스트 셀러가 되면서 사람들의 관심과 기금이 모여 대대적인 복원작업이 이루어졌다. 성당의 정면과 옆면, 뒷면이 각기 다른 아름다움을 뽐내고 있으며, 성당 내부로 들어가면 화려한 스테인드글라스가 창문을 수놓고 있는데 이를 통해 성당 곳곳에 빛이 들어오는 모습이 성스럽게 느껴진다. 또한 종탑 전망대에서 바라보는 전경이 아름답기로도 유명하다. 노트르담 대성당은 1991년 세계문화유산으로 등록되었으며, 잔 다르크 명예회복 심판, 나폴레옹의 대관식, 샤를 드골 대통령의 장례식도 이곳에서 치러졌다. 안타깝게도 2019년 4월 15일, 보수 공사 중이던 노트르담 대성당의 첨탑 주변에서 발생한 화재로 지붕과 첨탑이 전소되어 현재 폐쇄되었다.

소설 〈노트르담 드 파리 Notre-Dame de Paris(1831)〉

1831년 프랑스 소설가 빅토르 위고 Victor-Marie Hugo가 발표한 장편 소설로 빅토르 위고의 대표작 중 하나로 꼽힌다. 노트르담 성당 종탑에 숨어 사는 종치기이자 꼽추인 콰지모도와 아름다운 집시 여인 에스메랄다의 슬픈 사랑과 15세기 노트르담 대성당을 중심으로 한 파리의 풍광과 혼란한 사회상을 그렸다. 소설은 영화 〈노트르담의 꼽추 The Hunchback of Notre Dame〉와 뮤지컬, 애니메이션 등으로 재구성되어 많은 사랑을 받고 있다.

구글맵	48.853032, 2.349881 P.105 G 뮤지엄패스
홈페이지	www.notredamedeparis.fr
운영	07:45~18:45(토·일~19:15), 연중무휴(종탑 1/1, 5/1, 12/25 휴관)
입장료	입장 무료, 종탑 유료
위치	메트로 4호선 또는 RER B·C선 Saint-Michel 역에서 도보 3분, 버스 21, 24, 27, 38, 47, 85, 96분

※ 매주 일요일 11시에는 영어로 진행되는 국제 미사가 열린다(무료).
미사 참여시 노출이 심한 옷은 피하는 것이 좋다.
※ 관광객이 많아 대기시간이 오래 걸리니 되도록 아침 일찍 오픈 시간에 맞춰 가는 것이 좋다.
캐리어, 삼각대, 셀카봉 소지 금지

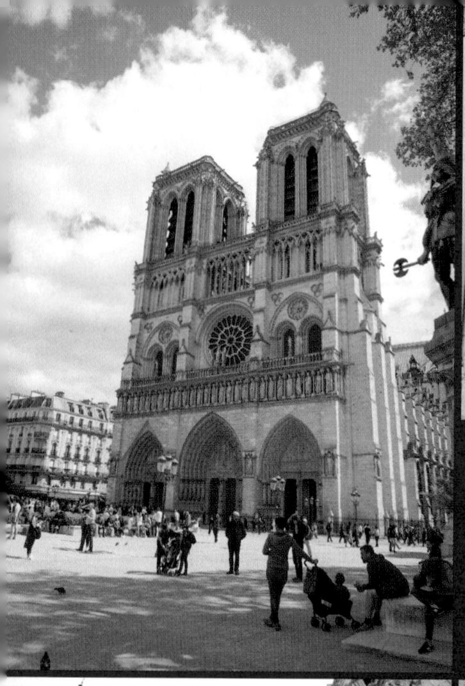

자신의 잘린 목을 들고 있는 수호성인 생드니 Saint-Denis

3세기 중반 몽마르트르에서 참수형을 당한 생드니는 자신의 잘린 목을 들고 파리 북쪽으로 11km 떨어진 곳까지 걸어가 자신이 묻힐 곳을 가리키고 죽었다고 전해진다.

가고일 조각상 Gargoyle

종탑에 오르면 낙숫물받이로 사용되는 괴물 석상인 가고일의 모습도 볼 수 있다. 빗물 배수구로 사용되고 있는 가고일은 프랑스 전설의 괴물이다. 종탑 곳곳에서 각기 다른 모습을 하고 있는 가고일 조각상을 찾을 수 있다.

장미창

노트르담 대성당에는 성당 정면과 성당 측면에 총 3개의 장미창이 있다. 화려한 스테인드글라스로 장식된 장미창을 통해 들어오는 빛은 경건하고 성스럽게 느껴진다.

보물실 Le trésor

성당 남쪽에 있는 보물실로 생트샤펠의 성물, 가시면류관, 십자가, 역대 주교들의 의상과 유물 등 250여 점의 보물을 전시하고 있다.

운영 09:30~18:00 (마감 15분 전까지 입장 가능), 입장료 일반 €3(뮤지엄패스 사용가능)

고대 지하 묘지 Crypte archéologique

노트르담 대성당 앞 광장에서 이어지는 지하 묘지에는 성당을 건축하는 동안 발견된 유물과 건축물 잔해 등 고고학적 가치를 지닌 유물을 모아 놓았다.

홈페이지 www.crypte.paris.fr , 운영 10:00~18:00 (마감 30분 전까지 입장 가능), 휴관 월요일, 5/1, 8/15 , 입장료 일반 €8, 만18~26세 €6 (뮤지엄패스 사용가능), 가이드 투어 €5

– 노트르담 종탑 전망대 Les tours

아름다운 파리의 절경을 감상하고 싶다면

노트르담 대성당의 하이라이트는 바로 종탑 전망대에서 바라보는 파리의 경관! 에펠탑이나 개선문에서 바라보는 것과는 또 다른 전망을 감상할 수 있어 전 세계 관광객들의 발길이 끊이질 않는다. 북쪽(왼쪽)과 남쪽(오른쪽)에 두 개의 탑이 솟아 있으며, 종탑 전망대 입구는 성당 정면을 바라보고 왼쪽 측면에 있다. 전망대는 북쪽 탑에서 남쪽 탑으로 연결되며, 남쪽 탑에는 무게가 13만 톤에 달하는 노트르담 대성당에서 가장 큰 종 엠마누엘이 있다. 엘리베이터가 없어 387개의 계단을 힘겹게 올라가야 하지만, 고생한 보람이 있을 만큼 아름다운 파리의 절경을 파노라마 뷰로 즐길 수 있다. 하지만 안타깝게도 2019년 4월 15일, 보수 공사 중이던 노트르담 대성당의 첨탑 주변에서 발생한 화재로 지붕과 첨탑이 전소되어 현재 폐쇄되었다.

구글맵 48.853468, 2.349317 P.105 G 뮤지엄패스
홈페이지 www.tours-notre-dame-de-paris.fr/en
운영 10:00~18:30 (10~3월 ~17:30, 7~8월의 금·토 ~23:00), (마감 45분 전까지 입장 가능), 휴관 1/1, 5/1, 12/25
입장료 일반 €10, 만18~25세 €8
위치 메트로 4호선 Cite 또는 Saint-Michel 역에서 도보 2분

※ 종탑 전망대는 대기 줄이 길어 뮤지엄 패스의 소지 여부와 상관없이 1~2시간 이상 기다려야 하므로, 방문 전 애플리케이션 JeFile에서 방문시간을 예약하고 가는 것이 효율적이다.

생 루이섬 île Saint-Louis

아기자기하고 예쁜 상점이 모여있는 섬

시테섬 동쪽에 자리한 작은 섬으로 시테섬과 생 루이 다리로 연결된다. 생 루이섬은 17~18세기 귀족들이 살던 섬으로 파리의 최고급 주택지로 원래 2개의 섬으로 이루어져 있었으나 17세기 섬이 연결되고 6개의 도로가 생기면서 지금의 모습을 갖추게 되었다. 섬 곳곳에서 17~18세기 옛 귀족들과 예술가들의 저택을 쉽게 찾아볼 수 있으며, 건축 당시의 모습을 그대로 간직하고 있어 건축학적으로도 중요한 평가를 받고 있다. 한 시간이면 충분히 둘러볼 수 있는 작은 섬이지만 좁은 골목마다 아기자기하고 예쁜 인테리어 소품점과 카페, 레스토랑 등이 자리하고 있어 구경하며 걷기에 좋다. 또한 파리에서 가장 유명한 아이스크림 전문점인 베르티용 본점(p.125)이 있어 많은 이들이 찾는다. 생 루이 다리 위에서는 예술가들이 펼치는 연주나 행위예술 등을 감상할 수 있다.

위 치 메트로 7호선 Pont Marie역 하차 P.105 H

소르본 대학 Université Paris-Sorbonne

파리를 대표하는 국립대학

빅토르 위고, 퀴리 부인 등 세계 유명인사들을 배출한 프랑스 최고 대학으로 문학, 사회학, 예술학으로 유명하다. 공식명칭은 '파리 4대학'으로 소르본 대학이라는 이름이 따로 있는 것이 아니고, 파리와 근교 (일드프랑스)에 소재한 13개 대학을 이름이 아닌 전공에 따라 1부터 13대학으로 나누고, 그중 1대학, 2대학, 3대학, 4대학을 통칭해서 소르본 대학으로 부른다. 1215년 루이 9세의 고해신부였던 로베르 드 소르본 Robert de Sorbon 신부가 가난한 신학생들을 위해 설립했던 기숙사 겸 연구소가 소르본 대학의 시초이며, 당시에는 예술, 의학, 법학, 신학 4개 학부로 구성되어 있었다. 외부인은 내부 출입이 금지되어 있고, 전화나 홈페이지에서 견학신청을 해야만 들어갈 수 있다. 학교 주변으로는 서점가가 형성되어 있다.

구 글 맵 48.848574, 2.343297 P.104 J
홈페이지 www.sorbonne.fr
위 치 메트로 10호선 Cluny-La Sorbonne 역 또는 RER B선 Luxembourg에서 도보 3분

팡테옹 Panthéon

프랑스를 빛낸 위인들이 잠들어 있는 곳

그리스어로 '모든 신을 위한 신전'이라는 뜻. 팡테옹은 1744년 천연두에 걸린 루이 15세가 자신의 중병이 완치된 것을 감사하며, 파리의 수호성인 생트 주느비에브에게 바치기 위해 원래 있던 수도원을 개축하여 지은 성당이다. 1790년 완공을 앞두고 프랑스 혁명으로 반 가톨릭 정서가 팽배해지자 위대한 칭호를 받는 위인들의 유해를 안치하기 시작하면서 묘소로 사용되어 왔으며, 지금은 프랑스 위인들을 모시고 있는 국립 묘소로 만인의 추앙을 받고 있다. 이곳에 묻힌 유명인으로는 장 자크 루소, 볼테르, 빅토르 위고, 에밀 졸라, 퀴리 부인 등이 있다. 로마의 판테온을 모델로 한 신전 입구에는 22개의 기둥이 서 있으며, 매년 4~10월에는 3층 높이의 돔에서 파리의 파노라마 풍경을 감상할 수 있다.

구글맵 48.846249, 2.346404 P.105 K 뮤지엄패스
홈페이지 www.paris-pantheon.fr/en
운영 10:00~18:00(4~9월 ~18:30) 마감 45분 전까지 입장 가능
휴관 1/1, 5/1, 12/25
입장료 일반 €9, 만18~25세 €7
위치 메트로 10호선 Cardinal Lemoine 역 또는 RER B선 Luxembourg 역에서 도보 5분

셰익스피어&컴퍼니 Shakespeare&Company

영화 <비포 선셋> 촬영지로 알려진 서점

헤밍웨이가 즐겨 찾던 곳으로도 유명한 이곳은 100년의 역사를 자랑하는 서점으로 문학을 사랑하는 프랑스인들의 모습을 엿볼 수 있다. 특히 영화 〈비포 선셋〉에서 두 주인공이 9년 만에 재회한 장소로 잘 알려져 있어 전 세계 영화팬들도 즐겨 찾는다. 총 2층 규모로 1층에는 영미문학서적을 비롯한 다양한 책들을 진열 판매하고 있으며 도서관처럼 자유롭게 책을 읽을 수도 있다. 2층은 프랑스 작가들의 작품 활동 공간으로도 사용되며 시 낭송, 독서토론회, 저자 강연회 등 다양한 문화 이벤트도 펼쳐진다. 대부분 영어와 프랑스어로 된 책들이라 구매하기가 망설여지지만, 꼭 책을 사지 않더라도 오래된 책방의 운치를 느끼러 한 번쯤은 가볼 만하다. 책 이외에 엽서, 에코백 등도 판매하며 서점 옆으로는 카페가 마련되어 있다. 서점간판에 셰익스피어의 액자가 걸려져 있다.

구 글 맵 48.852591, 2.347137 P.105 G
홈페이지 www.shakespeareandcompany.com
운 영 10:00~22:00
위 치 메트로 4호선 Saint-Michel 역에서 도보 3분

©VU/Pierre-Olivier Deschamps

아랍 세계연구소(아랍문화원) l'Institut du Monde arabe

아라베스크 문양의 외관이 독특한 건물

1987년 프랑스의 대표적인 건축가 장 누벨 Jean Nouvel이 설계한 건축물로 프랑스와 아랍의 교류를 활성화하고 아랍문화를 알리기 위해 설립되었다. 특히 아랍전통의 아라베스크 문양을 유리와 알루미늄, 철재 등의 건축재료를 사용해 현대적으로 해석한 건물 외관이 인상적이다. 특히 기하학적인 아라베스크 문양의 조리개형 창이 독특한데, 창이자 동시에 외벽인 벽면에는 자동으로 빛을 조정하는 자동채광조절기능이 탑재되어 있어, 마치 카메라 렌즈처럼 빛의 강약에 따라 조리개가 자동으로 열리고 닫혀 건물 내부의 온도 및 조명을 조절한다고 한다. 연구소 내부에는 아랍 문명 역사와 청동, 세라믹, 목재, 직물, 과학물품, 채색 물품 등 500여 점의 작품이 전시되어 있다. 옥상 테라스에는 파리 경관을 내려다보며 휴식을 즐길 수 있는 카페와 레스토랑이 마련되어 있다.

구 글 맵 48.848989, 2.357242 P.105 L 뮤지엄패스
홈페이지 www.imarabe.org/en
운 영 10:00~18:00 (목·토·일 ~19:00), 마감 45분 전까지 입장 가능, 월요일 휴관
입 장 료 일반 €8, 만 25세 이하 €4
위 치 메트로 10호선 Cardinal Lemoine역 / 7·10호선 Jussieu역에서 도보 7분

Cafe & Restaurant

레 두 팔레 Les Deux Palais

식사나 휴식을 즐기기에 좋은 곳

생트샤펠 바로 앞에 위치한 카페 겸 레스토랑으로 식사나 휴식을 즐기기에 부담 없다. 다른 식당에 비해 직원들이 친절한 편이고, 한국에서 왔다고 하면 간단한 한국말 인사도 건네준다. 주요 메뉴는 커피, 와인 등 간단한 음료에서부터 토스트, 크루아상, 치즈, 샐러드, 달팽이, 소시지, 스테이크, 파스타 등 식사로 즐길 수 있는 다양한 프랑스 요리를 즐길 수 있다. 10살 이하 어린이를 위한 메뉴와 디저트 등도 준비되어 있다. 아침 일찍부터 저녁까지 브레이크 타임 없이 운영하기 때문에 시간에 구애받지 않고 노트르담 대성당과 시테섬 주변을 오가며 들르기에 좋다. 테라스 석도 마련되어 있어 주변 경관을 즐기며 식사와 휴식을 즐길 수도 있다.

구 글 맵 48.855164, 2.346046 P.105 C
홈페이지 www.brasserielesdeuxpalais.fr
운 영 06:30~21:00(토·일 07:30~)
예 산 커피류 €2.6~, 식사류(메인요리) €16.5~
위 치 메트로 4호선 Cite 또는 Saint-Michel 역에서 도보 2분

베르티용 Berthillon Glacier

파리에서 가장 유명한 아이스크림

생 루이섬의 명물 아이스크림 전문점. 파리에서 가장 유명한 아이스크림 가게로 알려져 있다. 1954년 처음 문을 연 이래 4대째 가업을 계승하고 있는 정통 이탈리안 젤라토 가게로 언제 찾아도 긴 줄이 늘어서 있다. 인공감미료나 색소 등을 전혀 사용하지 않고 오직 천연재료로만 맛을 낸다고. 메뉴는 크게 우유가 들어간 아이스크림과 과일로 직접 만든 시럽을 넣은 소르베(Sorbet, 셔벗)로 나뉘며, 계절별로 제철 과일을 이용한 20여 종류의 맛을 즐길 수 있다. 가장 인기 있는 메뉴는 바닐라 아이스크림과 딸기와 레몬, 오렌지 맛 소르베! 아이스크림 이외에도 마카롱과 같이 나오는 세트 메뉴도 즐길 수 있다. 양이 적고 가격대가 비싼 편이라 호불호가 있다.

구 글 맵 48.851722, 2.356702 P.105 H
홈페이지 www.berthillon.fr
운 영 10:00~20:00, 월·화요일 휴무
예 산 1스쿱 €3, 2스쿱 €4.5
위 치 메트로 10호선 Pont Marie역에서 도보 2분. 노트르담 대성당에서 도보 5분

레스토랑 폴 Restaurant Paul

영화 <미드나잇 인 파리>에 나온 레스토랑

퐁뇌프 근처에 위치한 작은 레스토랑으로 로맨틱한 식사를 즐길 수 있는 곳으로 유명하다. 한국인 관광객들에게는 많이 알려지지 않았지만 친절한 서비스, 맛있는 음식, 로맨틱한 분위기로 현지인들의 많은 사랑을 받고 있다. 영화 〈미드나잇 인 파리〉에서 주인공 길과 아드리아나가 서로의 마음을 확인하는 장면에 등장해 영화 팬들도 즐겨 찾는다. 연어 타르타르, 푸아그라, 에스카르고, 양고기 스테이크, 송아지 요리 등 다양한 프랑스 가정식 요리를 비롯해 여러 종류의 와인을 즐길 수 있다. 도핀광장을 바라보며 식사를 즐길 수 있는 테라스 석과 내부 석이 있으며, 저녁 시간대에는 홈페이지나 레스토랑 예약 앱에서 예약 후 방문하는 것이 좋다.

구 글 맵 48.856332, 2.342309 P.104 B
홈페이지 www.restaurantpaul.fr
운 영 12:00~14:30, 19:00~22:00, 일요일 휴무
예 산 메인요리 €20~
위 치 메트로 4호선 Cite 또는 7호선 Pont Neuf역에서 도보 6분

스콰나 Sequana

퐁뇌프를 바라보며 식사를 즐길 수 있는 고급 프렌치 레스토랑. 저녁 시간대에는 퐁뇌프 야경까지 감상할 수 있어 로맨틱한 식사를 즐기기에 좋다. 가격대가 높은 편이지만 맛과 서비스가 좋다.

구글맵 48.856757, 2.341616 / 홈페이지 www.sequana.paris / 운영 12:00~14:30, 19:30~23:00, 일·월요일 휴무
예산 런치 €24~55, 디너 €55~75 / 위치 메트로 7호선 Pont Neuf 역에서 도보 4분 (MAP.104 B)

오데트 Odette

노트르담 대성당을 바라보며 휴식을 즐길 수 있는 디저트 전문점으로 프랑스 대표 디저트 중 하나인 슈를 맛볼 수 있다. 슈 Chou à la crème 는 동글동글한 빵 위에 마치 베레모를 씌운 듯 앙증맞은 모양으로 여성들에게 인기. 안에 들어가는 크림의 종류에 따라 8~9가지 맛이 있다. 포장도 가능.

구글맵 48.852088, 2.346516 / 홈페이지 www.odette-paris.com / 운영 10:00~19:30(금토09:00~)
예산 슈 1개당 €1.9~, 커피류 €2.2~ / 위치 메트로 4호선 Saint-Michel 역에서 도보 3분 (MAP.105 G)

마레 & 바스티유

Le Marais & Bastille

다양한 문화가 공존하는 곳,

마레 marais는 프랑스어로 '늪'을 의미. 과거 늪지였던 곳을 개발한 마레 지구에는 17세기 귀족들이 거주했던 화려하고 고풍스러운 저택을 비롯해 유대교 회당, 피카소 미술관, 보주 광장과 빅토르 위고의 집 등이 자리하고 있다. 프랑스의 중세와 현대, 다양한 문화가 공존하는 곳으로 골목골목 트렌디한 상점과 카페와 레스토랑이 들어서 있어 관광과 휴식을 즐기기에 좋다.

République
Temple
Avenue de la Républi
Réaumur-Sébastopol
Rue de Turbigo
Arts et Métiers
A
B
Oberkampf
Rue de Turbigo
Étienne Marcel
Rue du Temple
Filles du Calvaire
Rambuteau
포펠리니
Popelini
퐁피두 센터
Centre Georges Pompidou
P.171
P.143
브레즈 카페
Breizh Café
Saint-Sébastien-Froissart
피카소 미술관
Musée Picasso
P.132
Rue Debelleyme
Boulevard Beaumarchais
P.141
랑데부 데자미
Au Rendez Vous des Amis
P.142
프래그망
Fragments
Rue de Rivoli
Hôtel de Vill
P.142
르 프티 마르셰
Le Petit Marche
마리아주 프레르
Mariage Frères
Chemin Ve
파리 시청
Hôtel de Ville
P.134
쉐 자누
Chez Janou
P.143
보주 광장
Place des Vosges
P.135
Rue de Rivoli
Saint-Paul
Bréguet-Sabin
시테섬
îLE de la Cité
P.106
Rue Saint-Antoine
P.136
바스티유 광장
Place de la Bastille
Pont Marie
Pont Louis-Philippe
노트르담 대성당
Cathédrale Notre-Dame de Paris
P.112
Pont Saint-Louis
Pont Marie
Pont de l'Hôtel de Ville
Bastille
Place de la Bastille
오페라 바스티유
Opéra Bastille
P.137
생 루이섬
île Saint-Louis
P.118
Rue Saint-Louis-en-l'île
Boulevard Henri IV
바토뷔스
Pont de l'Archevêché
Sully-Morland
Pont de Sully
Maubert Mutualite
I
J
아랍 세계연구소
l'Institut du Monde arabe
P.122
200m
Jussieu
Quai de la Rapée

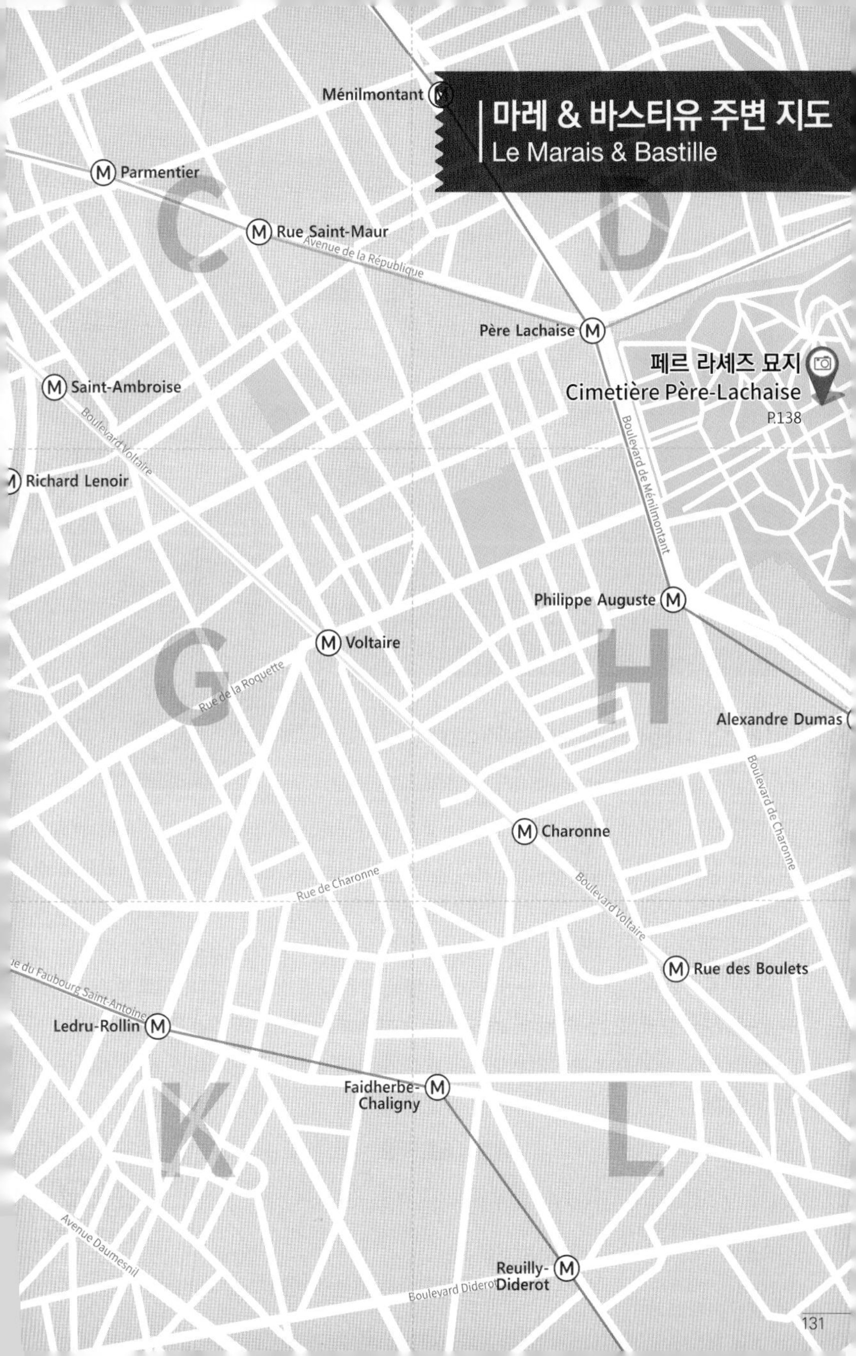
마레 & 바스티유 주변 지도
Le Marais & Bastille
Ménilmontant
Parmentier
Rue Saint-Maur
Avenue de la République
Père Lachaise
페르 라셰즈 묘지
Cimetière Père-Lachaise
P.138
Saint-Ambroise
Boulevard Voltaire
Richard Lenoir
Boulevard de Ménilmontant
Philippe Auguste
Voltaire
Rue de la Roquette
Alexandre Dumas
Boulevard de Charonne
Charonne
Rue de Charonne
Boulevard Voltaire
Rue des Boulets
Rue du Faubourg Saint-Antoine
Ledru-Rollin
Faidherbe-Chaligny
Avenue Daumesnil
Reuilly-Diderot
Boulevard Diderot
C
D
G
H
K
L

피카소 미술관 Musée Picasso

천재 화가 피카소의 작품을 만나다

17세기 중반 지어진 고풍스러운 저택을 개조해 만든 미술관으로 피카소의 삶과 예술을 한 번에 감상할 수 있다. 미술관이 들어서 있는 아름다운 건물은 19세기 중반 프랑스 정부가 매입한 뒤 도서관과 학교 등으로 사용하다 1985년부터 피카소 미술관으로 사용하고 있다. 피카소 미술관에서는 피카소가 남긴 작품 4만여 점 중 5천여 점을 소장하고 있는데 전 세계 8곳의 피카소 미술관 중 가장 많은 작품을 소장하고 있다. 회화 300여 점을 비롯해 조각, 도자기, 데생, 판화, 스케치 등 초기부터 말년까지의 작품을 한 자리에서 감상할 수 있다. 피카소가 개인적으로 소장한 드가, 르누아르, 세잔, 마티스 등의 작품도 전시되어 있다.

구글맵	48.859938, 2.362301 P.130 F 뮤지엄패스
홈페이지	www.museepicassoparis.fr
운영	10:30~18:00(토·일 09:30~), 마감 45분 전까지 입장
휴관	월요일, 1/1, 5/1, 12/25
입장료	일반 €14, 매월 첫째 주 일요일 무료
위치	메트로 1호선 St-Paul 역 또는 8호선 St-SéBastien Froissart 역·Chemin Vert 역에서 도보 7분

1. 파블로 피카소 Pablo Picasso 〈게르니카 Guernica, 1937〉 - 특별전
스페인 내전이 한창 벌어지던 1937년 4월 26일, 나치가 게르니카를 폭격한 사건을 담은 그림(마레이나 소피아 국립미술관 소장)

2. 파블로 피카소〈풀밭 위의 점심 식사 Le déjeuner sur l'herbe (d'après Edouard Manet), 1960 〉
인상주의 화가 에두아르 마네가 1863년 〈살롱전〉에 출품했던 작품으로 피카소가 입체주의적 화풍으로 재해석해 그린 그림.

3. 파블로 피카소 〈한국에서의 학살 Massacre en Corée, 1951년〉
1950년 한국 전쟁 중에 일어난 황해도 신천군 일대의 민간인 학살을 주제로 전쟁의 참상과 대량학살의 잔혹함을 표현한 그림.

4. 파블로 피카소 〈투우사의 죽음 la mort du torero, 1933년〉

5. 아메데오 모딜리아니 Amedeo Modigliani 〈앉아있는 갈색 머리의 어린 소녀 La chevelure noire, 1918년〉

6. 후안미로 Joan Miro 〈자화상 autoportrait, 1919년〉

©Robert Doisneau

파리 시청 Hôtel de Ville

파리의 정치와 문화와 낭만이 깃든 곳

고궁처럼 아름다운 외관을 자랑하는 곳. 센 강변에 자리한 파리 시청사는 청사 건물이라고 믿기지 않을 정도로 아름다운 외관을 자랑한다. 14세기부터 파리 시의회 건물로 사용하고 있으며, 1871년 파리코뮌 당시 화재로 소실된 건물을 19세기 말 네오르네상스 양식으로 재건하여 지금의 모습을 갖추게 되었다. 시청 앞 광장은 프랑스 대혁명 당시 단두대가 설치된 곳으로 소설 〈향수〉와 〈노트르담 드 파리〉에서 소설 속 인물들의 공개 처형 장소로도 등장했으며, 사진 〈시청 앞에서의 키스 Baiser de l' Hôtel de Ville〉의 배경이 된 곳으로도 유명하다. 파리 시청사 앞 광장에서는 연중 다양한 공연과 이벤트가 펼쳐지며 특히 겨울에는 무료 스케이트장이 설치되어 더욱 많은 사랑을 받고 있다.

구글맵 48.856538, 2.352415 P.130 E
홈페이지 www.paris.fr
운영 가이드 투어 매주 1회(요일은 시즌에 따라 변경), 방문 2주 전까지 전화 또는 방문 예약 필수
입장료 무료
위치 메트로 1·11호선 Hôtel de Ville역에서 도보 2분

보주 광장 Place des Vosges

고풍스러운 저택에 둘러싸여 있는 아름다운 광장

과거 상류층들의 휴식공간으로 사랑받던 광장으로 1612년 조성되었다. 붉은 벽돌과 남회색 지붕의 고풍스러운 저택들에 둘러싸여 있는 작은 광장으로 광장 가운데에는 정원과 분수가 자리하고 있어 산책과 일광욕을 즐기려는 파리 시민들의 휴식처로 사랑을 받고 있다. 특히 건물 0층에는 비를 피할 수 있는 회랑이 설치되어 있으며, 회랑 내에는 카페, 레스토랑, 갤러리, 기념품 숍이 들어서 있어 휴식을 즐기기에도 좋다. 보주 광장 6번지에는 빅토르 위고가 1832~1848년까지 머물던 저택이 있으며, 출간 당시의 〈레미제라블〉을 비롯해 빅토르 위고가 그린 400여 점의 데생 작품과 캐리커처, 생전에 쓰던 가구들, 중국 자기 등을 전시하는 박물관으로 운영되고 있다.

구 글 맵 48.855626, 2.365513 P.130 F
위 치 메트로 1호선 Saint-Paul역 또는 메트로 1·5·8호선 Bastille역에서 도보 8분

빅토르 위고의 집 Maison de Victor Hugo
홈페이지 www.maisonsvictorhugo.paris.fr
운 영 10:00~18:00, 월요일·공휴일 휴관, 입장료 상설전시 무료
위 치 보주 광장의 루이 13세 기마상 정면을 등지고 왼쪽 대각선 모퉁이

바스티유 광장 Place de la Bastille

프랑스 혁명이 시작된 곳

프랑스 혁명 당시 바스티유 감옥이 있던 곳에 만들어진 광장으로 프랑스의 역사적·기념비적 장소이다. 광장 중앙에는 자유를 상징하는 52m 높이의 혁명 기념탑이 세워져 있는데, 1830년 7월 혁명의 희생자를 추모하기 위해 1840년에 건설되었다. 탑 밑에는 7월 혁명 때 희생된 사람들의 유해가 묻혀 있으며, 기둥에는 희생자들의 이름이 각인되어 있다. 지금도 바스티유 광장은 집회나 시위, 파업 등이 있을 때 시위대의 집결지로 이용되며, 7월 14일 혁명 기념일에는 이곳에서 콘서트가 열린다.

광장 남동쪽에는 오페라 바스티유가 있고, 광장에서 북쪽으로 뻗은 리샤르 르느와르 Richard Lenoir 거리에서는 목요일과 일요일마다 파리 최고의 야외시장인 바스티유 마켓 Marché Bastille이 열린다.

구글맵 48.853202, 2.369123 P.130 F
운영 바스티유 마켓 목·일요일 07:00~14:30
위치 메트로 1·5·8호선 Bastille 역에서 하차

오페라 바스티유 Opéra Bastille

다양한 오페라 공연이 펼쳐지는 곳

프랑스 혁명 200주년을 기념해 1989년 완공된 현대식 오페라 극장. 시설이 낙후된 오페라 가르니에를 대체하고 오페라의 대중화를 위해 설립되었다. 3천여 명의 관객을 수용할 수 있는 시설과 많은 사람이 공평하게 무대를 볼 수 있는 발코니 구조의 관람석을 갖춘 오페라 바스티유가 완공된 이후, 예전의 절반 가격에 오페라를 감상할 수 있게 되면서 상류층만 즐기는 문화에서 시민 모두가 즐길 수 있는 대중문화로 탈바꿈하게 되었다. 오페라 바스티유는 1990년 우리나라 지휘자 정명훈이 음악 감독을 맡았던 곳으로도 유명하다. 오페라, 발레, 콘서트 등이 주로 상연되며, 공연이 없을 때는 가이드 투어를 통해 내부 견학이 가능하다. 공연정보는 홈페이지에서 확인할 수 있으며, 티켓은 인터넷으로 예매하거나 공연 당일 현장 매표소 앞에서 남은 티켓을 저렴하게 살 수도 있다.

구 글 맵 48.852496, 2.370196 P.130 J
홈페이지 www.operadeparis.fr
입 장 료 공연과 자리에 따라 달라짐. €5(입석)~250.
가이드 투어-일반 €15, 만25세 미만 학생 €11
위 치 메트로 1·5·8호선 Bastille 역 또는 RER Gare de Lyon 역에서 하차

페르 라셰즈 묘지 Cimetière Père-Lachaise

전 세계 유명인이 잠들어 있는 정원식 묘지

몽마르트르 묘지, 몽파르나스 묘지와 함께 파리의 3대 묘지 중 하나로 파리 시내에서 가장 크다. 우리가 생각하는 공동묘지의 모습과는 달리 조각상과 산책로가 잘 조성되어 있는 정원식 공원묘지로, 추모객 이외에도 벤치에서 책을 읽거나 산책을 즐기는 사람들의 모습도 종종 볼 수 있다. 특히 이곳은 세계적 유명인사들이 잠들어 있는 곳으로 유명한데, 천재음악가 쇼팽을 비롯해 들라크루아, 에디트 피아프, 짐 모리슨, 오스카 와일드, 이사도라 덩컨, 알퐁스 도테, 이브 몽땅, 모딜리아니 등 전 세계인들의 사랑을 받았던 작가, 화가, 가수, 배우 등이 잠들어 있다. 묘지 입구는 총 5개가 있으며, 약 135만 평에 달하는 드넓은 부지에 묘지가 조성되어 있으므로 안내지도를 참고해서 둘러보는 것이 좋다.

구글맵 48.861467, 2.393331 P.131 D
홈페이지 www.pere-lachaise.com
운영 08:00~18:00(토 08:30~, 일·공휴일 09:00~ / 11~3월 중순 ~17:30), 마감 15분 전까지 입장 가능, 입장료 무료
위치 메트로 2호선 Philippe Auguste 역 또는 2·3호선 Pere Lachaise 역에서 도보 10분

1. 워낙 면적이 넓으니 입구에서 안내지도를 받아 가고 싶은 곳만 골라서 둘러보도록 하자.

2. 폴란드 작곡가이자 피아니스트인 쇼팽 Fryderyk Franciszek Chopin의 무덤. 쇼팽의 유언에 따라 심장은 조국 폴란드 바르샤바의 성 십자가 성당에, 몸은 이곳에 안치되어 있다.

3.4. 1960년대를 대표하는 미국 록밴드 도어스(The Doors)의 멤버였던 짐 모리슨 Jim Morrison 의 무덤. 그의 무덤 주위에는 팬들이 붙여 놓은 껌으로 가득한 나무와 꽃이 놓여 있다.

5. 아일랜드 시인이자 소설가인 오스카 와일드 Oscar Wilde 의 무덤. 묘비석의 입술부터 발끝까지 립스틱 자국이 가득하다. 지금은 립스틱으로 인한 묘비석의 부식을 막기 위해 유리벽을 쳐 놓았다.

Cafe & Restaurant

랑데부 데자미 Au Rendez Vous des Amis

값싸고 맛있는 식사와 와인을 즐기고 싶다면

마레 지구 골목 안에 있는 현지인 맛집으로 관광명소와는 살짝 떨어져 있지만 비교적 조용하고 여유롭게 식사를 즐길 수 있다. 샐러드, 치즈를 비롯해 스테이크, 오믈렛, 파스타, 샌드위치, 햄버거 등 다양한 식사메뉴를 즐길 수 있으며, 요일별로 '스페셜 메뉴 Daily Special Menu'를 선보인다. 특히 이곳에서는 프랑스식 육회인 '타르타르 steak tartare'를 즐길 수 있는데, 타르타르는 날고기에 달걀과 소스에 버무려 먹는 프랑스 부르고뉴 지방의 음식을 말한다. 프랑스 요리 이외에도 와인과 맥주가 다양하게 준비되어 있어 여러 가지 메뉴를 한 번에 즐길 수 있으며, 브레이크 타임 없이 아침부터 새벽까지 운영하기 때문에 시간에 구애받지 않고 찾을 수 있어 편리하다.

구 글 맵 48.857914, 2.357207 P.130 E
홈페이지 aurendezvousdesamis.com
운 영 09:00~24:00
예 산 메인요리 €15~
위 치 메트로 1·11호선 Hôtel de Ville역에서 도보 2분. 또는 파리 시청 도보 8분

프래그망 Fragments

파리지앵 아지트로 사랑받는 브런치 카페. 관광객들보다는 현지인들이 즐겨 찾는다. 토스트, 샌드위치, 빵, 오믈렛 등 브런치 메뉴는 물론 당근 케이크, 카푸치노, 에스프레소 등 다양한 디저트와 커피도 즐길 수 있다.

구글맵 48.858005, 2.367452 / 운영 07:00~19:00 / 예산 메인요리 브런치 €10~
위치 보주 광장에서 도보 5분. 메트로 8호선 Chemin Vert역에서 도보 1분 (MAP.130 F)

르 프티 마르셰 Le Petit Marche

TV 프로그램 〈원나잇푸드트립〉에 나왔던 프렌치 레스토랑 중 하나로 한국인 관광객들이 즐겨 찾는다. 오리와 비프스테이크가 인기메뉴. 서비스에 대해서는 호불호가 갈림.

구글맵 48.857291, 2.366042 / 홈페이지 www.lepetitmarche.eu / 운영 12:00~15:00, 19:00~23:45
예산 메인요리 €18~ / 위치 보주 광장에서 도보 4분. 메트로 8호선 Chemin Vert역에서 도보 3분 (MAP.130 F)

쉐 자누 Chez Janou

현지인들은 물론 한국인 관광객들도 즐겨 찾는 곳. 프랑스 야채수프인 라따뚜이를 비롯해 달팽이 요리, 오리 스테이크, 관자 리조또 등 다양한 메뉴를 즐길 수 있다. TV 프로그램 〈원나잇푸드트립〉에도 나왔던 곳.

구글맵 48.856743, 2.367223 / 홈페이지 www.chezjanou.com
운영 12:00~15:00, 19:00~24:00(토·일 12:00~24:00) / 예산 메인요리 €18~(영어 메뉴판 없음)
위치 보주 광장에서 도보 3분. 메트로 8호선 Chemin Vert역에서 도보 2분 (MAP.130 F)

브레즈 카페 Breizh Café

프랑스 인기 갈레트&크레페 전문점. 크레페 Crépes가 밀가루로 만든 부드러운 부침개라면, 갈레트 Galettes는 메밀가루로 만든 바삭한 부침개를 말한다. 주로 치즈나 햄, 달걀, 버섯 등을 넣어 먹으며 식사용과 디저트용으로 나뉜다.

구글맵 48.860642, 2.361798 / 홈페이지 breizhcafe.com/fr / 운영 10:00~23:00
예산 메인요리 크레페 €5~15 / 위치 피카소 미술관에서 도보 3분 (MAP.130 F)

루브르 & 오페라

Louvre & Opéra

미술 애호가들의 필수코스!

세계 3대 미술관 중 하나인 루브르 박물관은 에펠탑과 더불어 파리 여행에서 절대 빼놓으면 안 되는 대표명소! 근처에 오랑주리 미술관, 오르세 미술관, 퐁피두 센터 국립현대미술관, 귀스타브 모로 박물관이 있어 전 세계 미술 애호가들의 발길이 연일 이어진다. 미술관 산책을 마치고 파리지앵처럼 여유로운 휴식을 즐기고 싶다면 튈르리 정원이나 왕궁 정원에 가도 좋다.

오페라 가르니에
Palais Garnier
P.176
마들렌 성당
L'église de la Madeleine
P.177
방돔 광장
Place Vendôme
P.170
콩코르드 광장
Place de la Concorde
P.204
튈르리 정원
Jardin des Tuileries
P.150
오랑주리 미술관
Musée de l'Orangerie
P.148
카루젤 개선문
Carrousel Arc de Triomphe
P.151
루브르 박물관
Musée du Louvre
P.152
오르세 미술관
Musée d'Orsay
P.214
프랭탕 P.382
Printemps
갤러리 라파예트 P.381
Galeries Lafayette
포숑 본점
Fauchon
P.184
스타벅스(파리 1호점
Starbucks
P.183
라뒤레 파리스 로열
Ladurée Paris Royale
P.185
P.185
앙젤리나
ANGELINA
포 반 꾸온
Pho Bahn Cuo
P.182
르 카페 마를리
Le Cafe Marly
P.183
바토뷔스
Saint-Augustin
Haussmann Saint-Lazare
Havre-Caumartin
Chaussée d'Antin-La Fayette
Auber
Madeleine
Opéra
Quatre Septembre
Concorde
Pyramides
Tuileries
Palais Royal Musée du Louvre
Musée d'Orsay
Assemblée Nationale
Place Vendôme
Place de la Concorde
Boulevard Haussmann
Boulevard Malesherbes
Boulevard de la Madeleine
Rue de Rivoli
Rue Saint-Honoré
Avenue de l'Opéra
Rue de la Paix
Rue des Capucines
Rue de Castiglione
Rue du Mont-Thabor
Rue Royale
Rue Scribe
Rue Auber
Rue Tronchet
Rue Boissy d'Anglas
Rue d'Anjou
Rue de Lille
Rue de l'Université
Quai Anatole France
Quai des Tuileries
Quai François Mitterrande
Quai Voltaire
Port des Tuileries
Port de Solférino
Port du Louvre
Voie Georges Pompidou
Pont du Carrousel
Pont Royal
Boulevard Saint-Germain

루브르 & 오페라 주변 지도
Louvre & Opéra
Le Peletier
P.167
파사주 베두
Passage Verdeau
파사주 주프루아
Passage Jouffroy
P.167
Grands Boulevards
Richelieu - Drouot
Boulevard Montmartes
파사주 데 파노라마
Passage des Panoramas
P.166
Bonne Nouvelle
Strasbourg-Saint-Denis
Bourse
Rue de Rechelieu
Rue Montmartre
Sentier
Rue Reaumur
P.168
갤러리 비비엔
Galerie Vivienne
왕궁 정원(팔레 루아얄)
Palais Royal
P.169
Rue du Louvre
Rue Etienne Marcel
Réaumur Sebastopol
스토레
Stohrer
P.184
파사주 뒤 그랑세르
Passage du Grand Cerf
P.168
Rue de Turbigo
잇푸도
Ippudo
Étienne Marcel
Les Halles
R.aux Ours
Rue du Grenier Saint-Lazare
Rambuteau
포럼데알
Forum des Halles
P.180
Rue des Bons-Enfants
Rue Saint-Honoré
Rue Pierre Lescot
RER
Châtelet-Les Halls
퐁피두 센터
Centre Georges Pompidou
P.171
Louvre - Rivoli
Rue de Rivoli
Rue des Halles
Voirie Souterraine des Halles
Rue Beaubourg
Port du Louvre
Quai du Louvre
Pont Neuf

오랑주리 미술관 Musée de l'Orangerie

모네의 <수련> 연작이 있는 곳

오랑주리는 오렌지 온실이라는 의미. 튈르리 정원 온실 건물을 개조해 만든 작은 미술관으로 1927년 개관하였다. 인상파에서 1930년대까지의 근대회화를 전시하고 있으며, 특히 1914~1926년까지 그린 모네 Claude Monet의 대작인 〈수련 Les Nymphéas〉 연작을 위해 지어진 미술관으로 유명하다. 하얀 벽면을 가득 메우고 있는 〈수련〉 전시실은 모네의 요구에 따라 제작된 특별 전시실로 빛의 세기에 따라 다른 분위기의 수련을 감상할 수 있도록 전시실 전체에 자연광이 들도록 만들었다. 모네의 작품 이외에도 르누아르, 세잔, 마티스, 모딜리아니, 피카소 등 144점의 작품을 소장하고 있는 폴 기욤-장 발테르 컬렉션 La Collection Jean Walter-Paul Guillaume도 감상할 수 있다.

구 글 맵 48.863810, 2.322662 P.146 i 뮤지엄패스
홈페이지 www.musee-orangerie.fr
운 영 09:00~18:00 **휴관** 화요일, 5/1, 7/14 오전, 12/25
입 장 료 일반 €9, 만18~25세 €6.5
통합권(오랑주리+오르세) €16, 매월 첫째 주 일요일 무료입장
위 치 1·8·12호선 Concorde 역에서 도보 2분

1. 〈수련 Les Nymphéas〉 (1914~1926)_클로드 모네 Claude Monet
모네가 12년에 걸쳐 그린 대작으로 세로 2m, 가로 91m에 달하는 대형 그림 8점이 2개의 타원형 전시실에 전시되어 있다.

2. 〈피아노 치는 소녀들 Jeunes filles au piano〉(1892)_오귀스트 르누아르 Auguste Renoir

3. 〈사과와 비스킷 Pommes et biscuits〉 (1879~1880)_폴 세잔 Paul Cézanne

4. 〈인형을 들고 있는 아이 L'Enfant à la poupée〉(1892)_앙리 루소 Henri Rousseau

튈르리 정원 Jardin des Tuileries

파리지앵처럼 산책을 즐기고 싶다면

콩코르드 광장과 루브르 박물관 사이에 있는 드넓은 정원으로 도심 속 정원이라고는 믿기지 않을 정도로 탁 트인 시야를 자랑한다. 튈르리 정원은 1564년 조성된 왕실 정원이었으나 1664년 베르사유 궁전의 정원을 설계한 루이 14세 때의 수석 정원사 앙드레 르노트르가 재정비한 후 1667년부터 일반에 공개되어 파리 시민들의 휴식공간으로 많은 사랑을 받고 있다. 정원 곳곳에는 아름다운 꽃과 나무, 조각상, 대분수, 인공호수가 조성되어 있어 산책을 즐기기에 좋다. 공원 내에는 오랑주리 미술관, 주 드 폼 국립미술관이 들어서 있으며 매년 6월 말~8월 말에는 회전목마, 범퍼카, 관람차, 솜사탕 등이 들어서는 이동식 놀이공원으로 변신한다. 루브르 박물관과 튈르리 공원 사이에는 카루젤 개선문이 서 있다.

구 글 맵 48.863633, 2.327258 P.146 i
운 영 07:00~21:00(6~8월 ~23:00, 10~3월 ~19:30), 입장 무료
위 치 루브르 박물관과 콩코르드 광장 사이, 메트로 1호선 Tuileries역 또는 1·8·12호선 Concorde역에서 도보 3분

카루젤 개선문 Carrousel Arc de Triomphe

작지만 고풍스러운 개선문

루브르 박물관과 튈르리 공원 사이에 서 있는 개선문. 높이 14.6m, 너비 19.5m로 샹젤리제의 개선문보다 크기는 작지만, 분홍빛이 감도는 기둥이 장식되어 있어 더 여성스럽고 고풍스러운 느낌을 준다. 나폴레옹 1세가 아우스터리츠 d'Austerlitz 전쟁에서의 승리를 기념하기 위해 1807년 건립을 시작해 1809년 완성되었다. 하지만 완성된 개선문이 너무 작아 실망한 나폴레옹은 샹젤리제 거리에 50m 높이의 거대한 개선문을 하나 더 세웠다고 한다. 파리에는 카루젤 개선문, 샹젤리제의 개선문, 라데팡스의 신 개선문이 있는데, 3개의 개선문 모두가 일직선상에 있다. 개선문 꼭대기에는 나폴레옹이 베네치아에서 약탈해 온 4마리의 황금빛 말이 장식되어 있었으나 프랑스 정부가 베네치아로 돌려주었고, 1815년 여신이 마차를 이끄는 지금의 청동상으로 바뀌었다.

구글맵 48.861763, 2.332912 P.146 J

위치 메트로 1·7호선 Palais-Royal - Musée du Louvre역에서 도보 2분.
루브르 박물관과 튈르리 공원 사이

루브르 박물관 Musée du Louvre

에펠탑과 더불어 파리 최고의 명소

레오나르도 다빈치의 〈모나리자〉가 전시되어 있는 곳으로 유명한 루브르 박물관은 파리에 왔다면 꼭 들러야 할 명소로 영화 〈다빈치 코드〉의 첫 장면에 등장하기도 했다. 세계 3대 미술관 중 하나이지만, 전시 규모나 소장품 면에서는 세계 최고를 자랑한다. 원래 루브르 박물관은 12세기 말 건립된 왕실 궁전이었으나, 베르사유로 왕궁이 이전한 뒤 왕실 소장품 전시공간으로 사용되다 1793년부터 일반에 공개하는 박물관으로 이용되었다. 이후 나폴레옹이 이탈리아, 이집트, 그리스에서 전리품으로 가져온 수많은 보물을 전시하고 증·개축을 거치면서 1852년 나폴레옹 3세 때 지금의 모습을 갖추게 되었다. 역대 왕들의 수집품과 전 세계에서 약탈해온 전리품을 포함하여 고대부터 19세기 중반까지 40만 점 이상의 회화·조각·예술품을 소장·전시하고 있다.

구글맵	48.861050, 2.335862 P.146 J 뮤지엄패스
홈페이지	www.louvre.fr
운영	09:00~18:00(수·금요일 ~21:45), 마감 30분 전까지 입장 가능
휴관	화요일, 1/1, 5/1, 5/8, 12/25
입장료	일반 €15, 오디오 가이드 €5, 온라인 티켓 €17
무료입장	만18세 미만, 만 18~25세 매주 금요일 18시 이후, 10~3월의 첫째 주 일요일, 7/14일
위치	메트로 1·7호선 Palais-Royal - Musée du Louvre역에서 도보 3분.

유리 피라미드 Pyramide

루브르 박물관 하면 떠오르는 모습은 단연 유리 피라미드일 것이다. 루브르 박물관 정문 입구로 사용되고 있는 유리 피라미드는 혁명 200주년을 기념해 1989년 중국계 미국인 이오 밍 페이 Leoh Ming Pei가 완공했다. 루브르 건물의 웅장함과 달리 현대적이고 가벼운 이미지 때문에 완공 당시에는 논란이 많았지만, 지금은 루브르 박물관의 상징적인 존재로 많은 이들의 사랑을 받고 있다. 길이 220m, 폭 110m의 대형 유리 피라미드는 1983년 프랑수아 미테랑 Francois Mitterrand 대통령의 '그랑 프로제 Grands Projets' 사업의 일환으로 루브르 박물관 앞마당에 만들어졌다. 유리 피라미드 지하 2층 나폴레옹 홀에는 매표소, 티켓 자동발매기, 안내데스크, 물품보관소, 서점, 식당, 카페 등의 편의시설이 모여있다.

루브르 박물관 이용팁

1. 루브르 박물관은 입구가 4개?

루브르 박물관의 입구는 중앙 입구인 유리 피라미드 이외에도 4곳의 입구가 더 있다. 관광객 대부분이 ① 유리 피라미드를 통해 입장하기 때문에 1시간 이상 줄 서는 일은 기본. 뮤지엄 패스 소지자는 ③ 파사쥬 리슐리외 Passage Richelieu 입구를 통해 입장하면 대기 시간을 절약할 수 있다.

2. 프랑스는 1층이 0층?

프랑스의 층수 표기법은 우리나라 기준과 다르니 알아두자. 프랑스의 0층은 우리나라 1층을 의미하며 RDC (Rez-de-Chaussee) 로 표기한다. 프랑스의 1층은 우리나라 2층이며 1er étage로 표기, 프랑스의 2층은 우리나라 3층이며 2ème étage로 표기한다.

3. 내가 찾던 작품이 사라졌어요?

일부 작품은 내부 공사, 복원, 대여, 특별 전시 등의 이유로 전시실에 없거나 위치가 변경될 수 있으니 방문 당일 안내 데스크에 마련된 한국어 안내도를 기준으로 코스를 정하는 것이 좋다.

루브르 박물관을 슬기롭게 관람하는 방법

1. 방문은 되도록 이른 아침이나 야간 개장시간에

세계적인 명소 루브르 박물관을 찾는 관광객들은 아침부터 저녁까지 끊이질 않는다. 성수기나 무료입장 가능한 날에는 1~2시간 줄을 서야 하므로, 줄 서는 시간을 절약하고 싶다면 되도록 오픈 시간 이전에 방문하는 것이 좋다. 또는 수요일과 금요일의 야간 개장시간을 이용하는 것도 방법. 평소보다 방문객이 적어 비교적 여유롭게 돌아볼 수 있고, 루브르의 아름다운 야경까지 감상할 수 있다.

2. 뮤지엄 패스 또는 온라인 티켓을 준비하자.

성수기나 주말에는 티켓을 사기 위해 1시간 이상 줄을 서는 것이 보통. 뮤지엄 패스를 소지할 경우 티켓을 사기 위한 줄을 서지 않아도 되기 때문에 대기시간을 단축할 수 있다. 뮤지엄 패스가 없을 경우 온라인에서 미리 티켓을 예매해 두는 것이 좋다. 단, 온라인 예매 시 현장구매 시보다 2유로 더 비싸다. (현장 티켓 €15, 온라인 티켓 €17)

3. 겉옷이나 백팩은 물품 보관함에 맡기자.

가볍고 편안한 관람을 위해서 유리 피라미드 지하 2층 중앙 안내데스크 옆에 마련된 라커룸에 겉옷이나 백팩 등을 보관하도록 하자. 보관함 크기가 작아 캐리어는 보관 불가하다.

4. 관람 전 동선을 미리 파악하자.

루브르 박물관에 전시된 모든 작품을 감상하려면 일주일이 걸려도 모자랄 정도로 규모가 방대하다. 효율적인 관람을 위해서는 자신이 관심 있는 부문만 골라 감상하는 것이 좋다. 안내데스크에 있는 한국어 지도를 받아 보고 싶은 작품이 있는 곳의 층수와 전시실 번호를 먼저 파악하고 움직이도록 하자.

5. 가이드 서비스를 적극 활용하자.

작품별 자세한 설명을 듣고 싶다면 한국어 오디오 가이드를 이용해보자. 박물관에 마련된 닌텐도 3DS 오디오 가이드 서비스를 이용(매표소나 자동판매기에서 오디오 가이드 대여권 구매 후 오디오 가이드 부스에서 대여)하거나 스마트폰에서 유료 앱 〈루브르:나의 관람〉을 다운로드하는 방법, 각 여행사에서 실시하는 가이드 투어를 신청하는 방법 등이 있다.

6. 박물관 관람 도중 출출하다면

루브르 박물관 내에는 디저트 카페로 유명한 앙젤리나 Angelina, 유리 피라미드를 바라보며 식사와 휴식을 즐길 수 있는 카페 겸 레스토랑 마를리 Le Cafe Marly (p183), 베이커리, 푸드코트, 테이크아웃 매장 등이 들어서 있어 식사를 해결하기에 좋다. 사람이 많거나 가격대가 부담된다면 루브르 박물관 외부에 있는 카페나 레스토랑을 이용하는 것도 좋다. 박물관 티켓 소지 시 당일에 한해 언제든지 재입장이 가능하니 메트로역 근처에 있는 레스토랑이나 카페, 패스트푸드점을 이용한 후 재입장 하면 된다.

루브르 전시관 소개

루브르 박물관은 크게 리슐리외관 Richelieu, 쉴리관 Sully, 드농관 Denon 3개의 전시관으로 나뉘며, 지하 2층(나폴레옹 홀), 지하 1층, 0층(우리나라 기준 1층), 1층, 2층까지 총 5개 층, 3개 전시관에 걸쳐 작품을 전시하고 있다. 세 전시관의 이름은 프랑스의 역사적 인물의 이름을 각각 붙인 것이다. 역대 왕들의 수집품과 전 세계에서 약탈해 온 전리품을 포함하여 고대부터 19세기 중반까지 40만 점 이상의 회화·조각·예술품을 소장하고 있다.

-2 지하 2층 나폴레옹 홀 Hall Napoléon

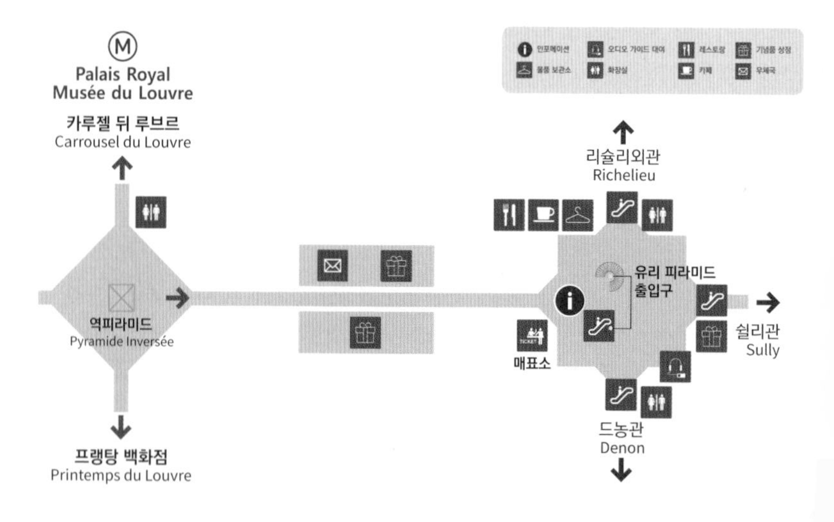

- 리슐리외관 Richelieu

루이 13세를 도와 프랑스를 근대국가로 발전시키는 데 공헌한 리슐리외 Richelieu 재상의 이름을 따서 지었다. 고대 유물과 유럽의 회화가 주로 전시되어 있다. 주요 작품에는 0층의 〈함무라비 법전〉, 1층의 〈나폴레옹 3세의 아파트〉, 2층의 렘브란트의 전시실 등이 있다.

- 쉴리관 Sully

16세기 말과 17세기 초 프랑스의 재정 장관을 지낸 쉴리 Sully 공작의 이름을 따서 지었다. 고대 이집트, 고대 그리스로마의 조각작품과 프랑스 회화가 주로 전시되어 있다. 주요 작품에는 지하 1층의 루브르 지하 유적지와 0층의 〈밀로의 비너스〉, 2층의 〈피에로 질〉〈목욕하는 여인〉 등이 있다.

- 드농관 Denon

1802년 나폴레옹 1세에 의해 루브르 초대관장이 된 드농의 이름을 따서 지었다. 그리스 로마 시대부터 이탈리아 르네상스, 프랑스 회화가 주로 전시되어 있으며 1층 전시실이 가장 유명하다. 주요 작품에는 1층의 〈모나리자〉, 〈사모트라케의 니케〉, 〈민중을 이끄는 자유의 여신〉, 〈메두사호의 뗏목〉 등이 있다.

-1 지하 1층 각 관의 출입구가 있는 곳
Entresol

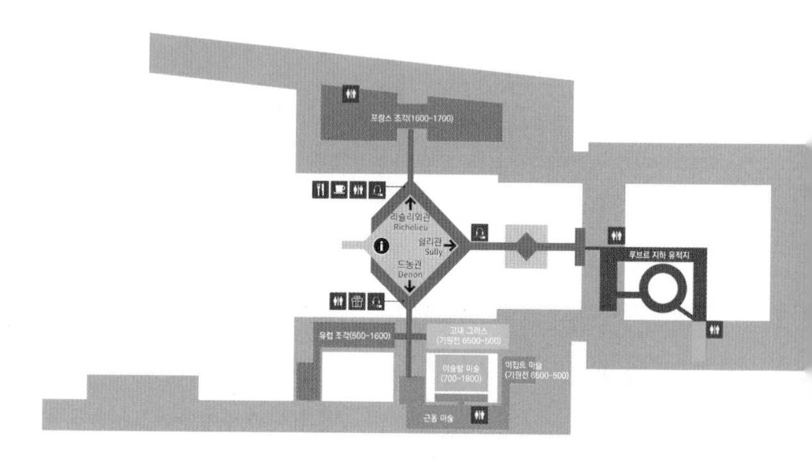

-0 0층 아름다운 조각들을 만날 수 있는 곳
Rez-de-Chaussée

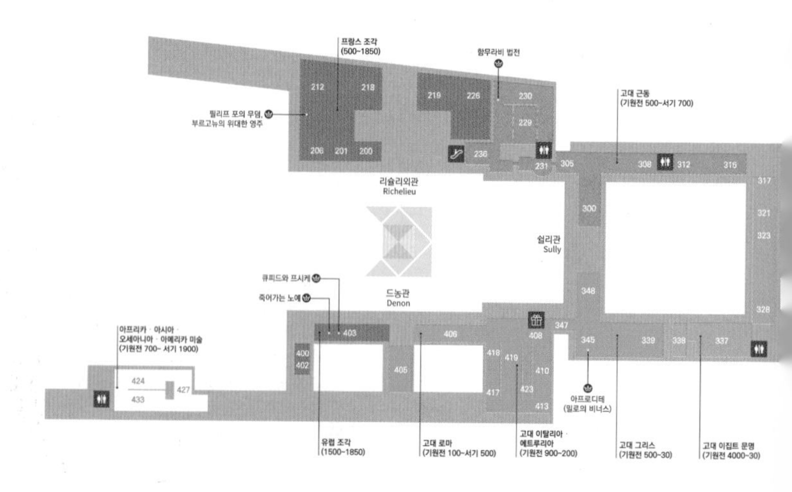

+1 1층 화려한 나폴레옹의 아파트 와 모나리자가 있는 곳
1er Étage

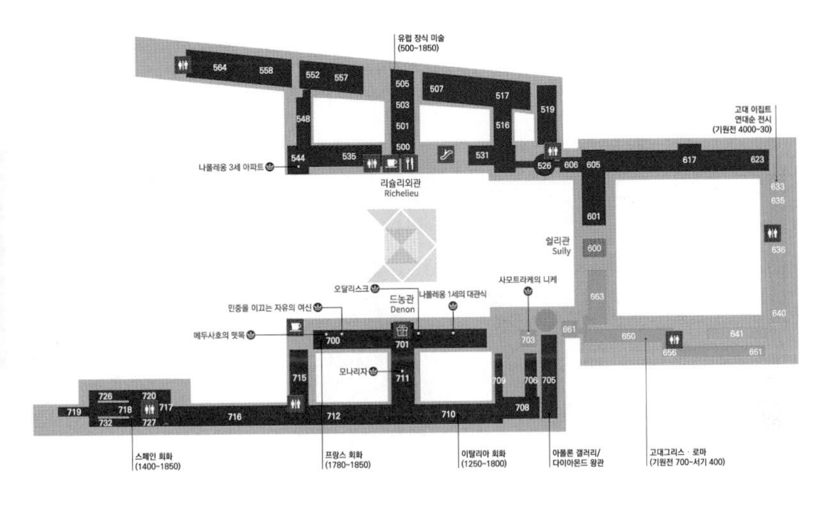

+2 2층 유럽의 회화 작품들을 만날 수 있는 곳
2e Étage

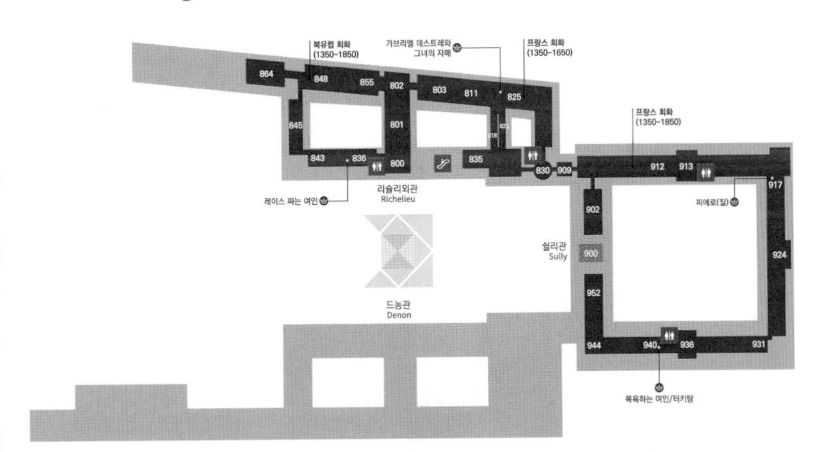

루브르 박물관 주요작품소개

지하 1층 Entresol -고대 그리스, 이집트, 이슬람의 유물과 조각상 전시

루브르 지하 유적지 Louvre Médiéval

개조 공사 중에 발견된 루브르 지하 유적지로 13~14세기 파리시를 둘러싸고 있던 성채 유적의 흔적을 비롯해 루브르 궁전의 모형 등이 전시되어 있다.

0층 Rez-de-Chaussée - 기원전~고대 로마 그리스의 조각상 전시

카노바, 〈큐피드와 프시케 L'Amour et Psyché 〉 (1793)_드농관 0층

이탈리아 신고전주의 조각가 안토니오 카노바(Antonio Canova, 1757~1822)의 작품. 프시케와 큐피드(에로스)의 신화를 테마로 한 작품. 지하세계에서 비너스에게 전달해 달라고 부탁받은 상자를 열어본 죄로 깊은 잠에 빠진 프시케를 키스로 깨우는 큐피드의 모습을 형상화했다.

미켈란젤로, 〈죽어가는 노예 L'esclave mourant (Captif) 〉 (1513~1516) _ 드농관 0층

이탈리아의 화가·조각가·건축가인 미켈란젤로(Michelangelo di Lodovico Buonarroti Simoni, 1475~1564)의 작품. 이 작품은 바티칸 성당의 〈천지창조〉를 완성하고 그다음 해에 만든 대리석 작품으로 결박되어 고통스러워하는 노예의 모습을 형상화했다.

작자미상, 〈아프로디테 Aphrodite /밀로의 비너스 Vénus de Milo> (BC 2세기 경) _ 쉴리관 0층

완벽한 균형미와 우아한 자태로 비너스상 중에서 가장 아름답다는 평을 받는 작품으로 1820년, 에게해의 밀로스섬에서 밭갈이하던 농부에 의해 우연히 발견되어 〈밀로의 비너스〉로도 불린다. 미의 여신이자 큐피드의 어머니인 아프로디테(비너스)를 묘사했다.

작자미상, 〈필리프 포의 무덤, 부르고뉴의 위대한 영주 Tombeau de Philippe Pot, grand sénéchal de Bourgogne〉 (1428 ~1493)_리슐리외관 0층

부르고뉴의 공작 필리프 포의 석관. 기사 복장을 한 채 누워있는 필리프 포의 무덤을 옮기는 8인의 모습을 섬세하게 표현하였다.

1층 1er étage -고대 그리스, 로마, 이집트의 작품, 13~19세기 유럽 회화 전시

〈사모트라케의 니케 La Victoire de Samothrace〉 (BC 190년경) _드농관 1층 계단실

헬레니즘 조각의 대표 걸작으로 1863년 에게해의 사모트라케 섬에서 발견되었다. 승리의 여신 니케가 뱃머리에 내려앉으려는 순간의 모습을 형상화한 작품으로, 날개를 펼치고 있는 모습과 바람에 휘날리는 옷자락을 생동감 있게 표현하였다.

들라크루아, 〈민중을 이끄는 자유의 여신 Le 28 Juillet : La Liberté guidant le peuple〉 (1831)_드농관 1층

19세기 프랑스 낭만주의를 대표하는 화가 외젠 들라크루아(Eugène DELACROIX, 1798~1863)의 대표작으로 부제는'1830년 7월 28일'. 프랑스 혁명 이후 전제정치를 시도하던 샤를 10세의 왕정복고에 반기를 든 민중들의 '1830년 7월 혁명'을 그린 작품이다.

제리코, 〈메두사호의 뗏목 Le Radeau de la Mèduse (1819)〉 _드농관 1층

프랑스 낭만파 화가 제리코 (Jean Louis André Théodore Géricault, 1719~1824)의 대표작품으로 1816년에 일어난 실화를 소재로 한 그림이다. 극한 상황에 처한 인간의 이기심을 인물의 표정과 동적인 구도, 명암, 색채 등으로 생생하게 표현한 작품으로 낭만주의 걸작 중 하나로 손꼽힌다.

레오나르도 다 빈치, 〈모나리자 Mona Lisa〉 (1503~1506)_드농관 1층

르네상스 시대 이탈리아를 대표하는 천재적 미술가·과학자·기술자·사상가인 레오나르도 다 빈치(Leonardo da Vinci, 1452~1519)의 대표적인 작품. 전 세계의 초상화 가운데 가장 유명한 이 작품 속의 주인공은 피렌체의 부호 프란체스코 델 조콘도의 아내 리사 게라르디니 Lisa Gherardini 로 알려져 있지만 확실하지는 않다. 다빈치는 자신의 시선과 모델의 시선을 정확히 일직선상에 놓아, 어느 각도에서 그림을 보더라도 모나리자와 마주하는 듯한 느낌을 받는다.

자크 루이 다비드, 〈나폴레옹 1세의 대관식 Le Sacre ou le Couronnement〉 (1806~1807)_드농관 1층

나폴레옹에게 등용된 왕립 화가 쟈크 루이 다비드 (Jacques-Louis David, 1748~1852)의 작품으로 1804년 노트르담 대성당에서 거행된 나폴레옹의 대관식을 그렸다. 그림 제목과 달리 그림에서는 나폴레옹이 무릎을 꿇고 있는 왕후 조제핀에게 왕관을 씌워주는 모습이 묘사되어 있다.

앵그르, 〈오달리스크 La Grande Odalisque〉 (1814) _드농관 1층

여성 누드를 즐겨 그린 19세기 프랑스 고전주의 대표 화가 장 오귀스트 도미니크 앵그르(Jean-Auguste-Dominique Ingres, 1780~1867)의 대표작. 얼굴과 목의 연결, 허리의 길이, 다리의 위치 등이 해부학적으로는 맞지 않지만 여성의 고전적인 아름다움을 표현한 작품으로 손꼽힌다.

2층 2e étage -14~19세기 유럽 회화 전시

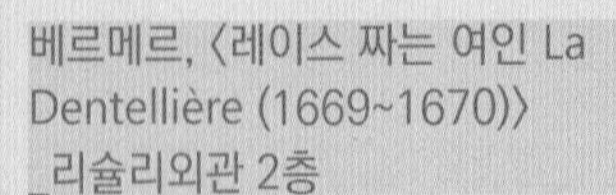

베르메르, 〈레이스 짜는 여인 La Dentellière (1669~1670)〉 _리슐리외관 2층

〈진주 귀걸이를 한 소녀〉로 유명한 네덜란드 태생의 화가 요하네스 베르메르(Johannes Vermeer, 1632~1675)의 작품. 베르메르는 일상적인 가사를 하는 여성들의 모습을 즐겨 그렸다.

퐁텐블로파, 〈가브리엘 데스트레와 그녀의 자매 Portrait présumé de Gabrielle d'Estrées et de sa soeur la duchesse de Villars 〉 (1594) _리슐리외관 2층

바람둥이로 유명했던 앙리 4세의 애인인 가브리엘 데스트레와 그녀의 자매로 추정되는 인물의 초상화다. 프랑스에서는 여성의 가슴을 만져보고 임신 여부를 판단했는데, 가슴을 잡고 있는 모습이 가브리엘의 임신을 암시하는 것으로 해석된다.

바토, 〈피에로(질) Pierrot, dit autrefois 'Gilles'〉 (1718~1719) _쉴리관 2층

18세기 프랑스 로코코 미술 양식을 대표하는 화가 장 앙투안 바토 (Jean-Antoine Watteau, 1684~1721)는 당시 유행하던 이탈리아 희극과 궁정 생활 등을 주로 그렸다. 사람들에게 즐거움을 주면서도 속으로는 슬픔을 삼켜야 하는 피에로의 비애를 나타냈다.

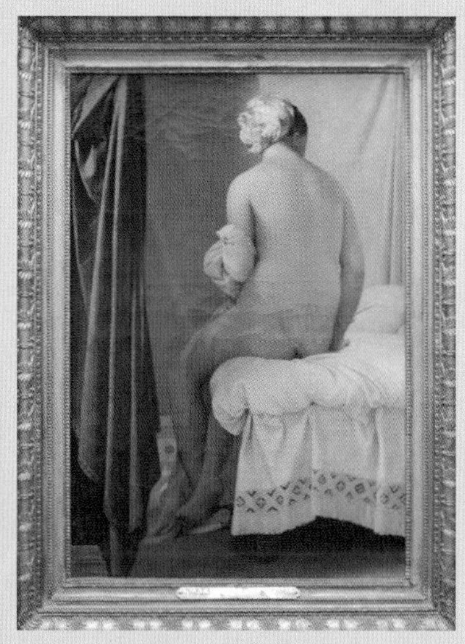

앵그르, 〈목욕하는 여인 La Baigneuse〉(1808)_ 쉴리관 2층

19세기 프랑스 고전주의를 대표하는 화가 장 오귀스트 도미니크 앵그르(Jean-Auguste-Dominique Ingres, 1780~1867)는 초상화, 역사화, 여성 누드를 주제로 한 그림을 주로 그렸으며 오달리스크를 주제로 여러 작품을 남겼다. 앵그르의 대표적인 작품으로는 〈목욕하는 여인 La Baigneuse (1808)〉_ 쉴리관 2층, 〈오달리스크 La Grande Odalisque (1814)〉_드농관 1층, 〈터키탕 Le Bain turc (1862)〉_쉴리관 2층 등이 있다.

과거 루브르 궁전의 화려한 모습을 간직한 나폴레옹 3세의 거처 _ 리슐리외관 1층

파사주 데 파노라마
©OTCP-Marc-Bertrand

파사주 passage

시간이 멈춘 듯한 로맨틱한 골목

모자이크로 된 대리석 바닥, 가스등, 화려하고 고풍스러운 내부. 시간이 멈춘듯한 느낌을 전해주는 이곳은 19세기에 큰 인기를 얻었던 쇼핑몰 골목 파사주다. 당시 고풍스러우면서도 세련된 쇼핑몰로 큰 인기를 누리던 파사주는 현대식 쇼핑몰인 백화점의 등장으로 차츰 인기를 잃었지만 1980년대 관광부흥 정책으로 살아나 파리의 로맨틱한 골목으로 다시금 인기를 되찾고 있다. 건물 사이에 철골과 유리로 만든 지붕이 얹혀 있는 아케이드로 비나 눈이 와도 날씨에 구애받지 않고 자유롭게 쇼핑과 식사를 즐길 수 있다. 현재 20여 개의 파사주가 운영 중이며 각 파사주 내에는 빈티지숍, 인테리어 소품숍, 서점, 와인숍, 카페, 레스토랑 등이 들어서 있다. 시선이 멈추는 곳으로 발길이 머무르는 곳으로 천천히 걸어가 보자. 천장 유리가 아름답기로 유명한 파사주 주프루아가 가장 인기 있다.

파사주 데 파노라마 (Passage des Panoramas)

운 영 06:00 ~ 24:00 P.147 C
위 치 메트로 8·9호선 Grands Boulevards 역에서 도보 1분

파사주 주프루아 (Passage Jouffroy)

운　　영　08:30~19:30(일 10:00~19:00) P.147 C

위　　치　메트로 8·9호선 Grands Boulevards 역에서 도보 1분

파사주 베두 (Passage Verdeau)

운　　영　07:30~21:00 P.147 C

위　　치　메트로 8·9호선 Grands Boulevards 역에서 도보 3분

갤러리 비비엔 (Galerie Vivienne)

운　　영 08:30~20:30 일요일 휴무 P.147 G

위　　치 메트로3호선 Bourse 역에서 도보 4분

파사주 뒤 그랑세르 (Passage du Grand Cerf)

운　　영 08:30~20:00 일요일 휴무 P.147 H

위　　치 메트로 4호선 Étienne Marcel 역에서 도보 2분

왕궁 정원(팔레 루아얄) Palais Royal

휴식을 즐기기에 좋은 도심 속 공원

루브르 북쪽에 있는 도심 속 공원으로 산책과 휴식을 즐기는 파리지앵의 여유로운 일상을 감상할 수 있다. 원래 루이 13세를 도와 프랑스 근대국가 발전에 이바지했던 재상 리슐리외의 저택이었으나 리슐리외가 죽은 뒤 왕가로 편입되고, 루이 14세가 거주하면서 왕궁으로 불리게 되었다. 정원 내에는 헌책방, 갤러리, 골동품점, 카페와 레스토랑 등이 들어서 있어 시민들의 휴식처로 많은 사랑을 받고 있다. 정원 앞 광장에는 각기 다른 높낮이로 세워져 있는 블랙앤화이트 줄무늬 원기둥 260개와 스테인리스 공 10개로 만든 분수 조형물 등 유명예술가들의 작품이 세워져 있어 멋진 사진을 남기기에도 좋다. 팔레 루아얄 입구에는 프랑스 고전극을 상연하는 프랑스 국립극장 코메디 프랑세즈 La Comédie Française 가 있다.

구 글 맵 48.865045, 2.337772 P.147 G
운 영 07:00~23:00(4~5월 ~22:15, 9월 ~21:30, 10~3월 ~20:30), 입장 무료
위 치 메트로 1·7 Palais Royal Musée du Louvre역에서 도보 2분.
루브르 박물관에서 리슐리외관 방향으로 나와 도보 2분.

방돔 광장 Place Vendôme

명품 숍이 모여있는 팔각형 모양의 광장

고급 주택가와 함께 조성된 광장으로 1702년 루이 14세의 명으로 만들어졌다. 이 지역의 영주였던 앙리 4세의 서자인 방돔 공작의 이름을 따서 방돔 광장이라 불린다. 원래 광장 한가운데에는 루이 14세 기마상이 있었으나 프랑스 혁명 당시 파괴되고 그 자리에는 1805년 아우스터리츠 d'Austerlitz 전투의 승리를 기념하여 나폴레옹이 세운 원기둥 모양의 기념비가 서 있다. 이 기념비는 높이 44m의 청동기념비로 전쟁에서 빼앗은 대포를 녹여 주조한 것으로, 로마 황제 트라야누스의 승전 기념탑 Trajan's Column을 본 따 만들었다고 한다. 방돔 광장 주변을 둘러싼 고풍스러운 건물에는 샤넬, 루이뷔통 등 명품 브랜드와 귀금속 매장, 리츠 호텔 본점 등이 들어서 있다. 리츠 호텔 광장 건너편에는 쇼팽이 말년을 보낸 집이 있으며, 집 외벽 석판에 기념 문구가 새겨져 있다. (주소 12 Place Vendôme, 내부는 출입금지)

구 글 맵 48.867471, 2.329443 P.146 F
위 치 메트로 1호선 Tuileries 역에서 도보 5분. 또는 메트로 3·7·8 Opéra역에서 도보 10분. 오페라 가르니에와 튈르리 정원에서 도보 7분.

퐁피두 센터 Centre Georges Pompidou

안과 밖이 뒤바뀐 독특한 외관

파이프와 철골이 밖으로 드러나 있는 독특한 외관으로 유명한 건물로 영국 유명 건축가 리처드 로저스 와 이탈리아 건축가 렌조 피아노의 설계로 1977년 완공되었다. 건물을 지을 당시 대통령이었던 조르쥬 퐁피두의 이름을 따 퐁피두 센터라고 불린다. 개관 당시에는 마치 공사가 끝나지 않은 듯 배수관, 가스관 등이 건물 밖으로 드러난 모습이 흉물스럽다고 비난을 받았으나, 지금은 20세기 현대 건축물의 상징적인 존재로 자리 잡아 매년 800만 명 이상이 찾는 명소가 되었다. 내부에는 국립현대미술관을 비롯해 영화관, 도서관·디자인 숍 등 각종 문화센터가 들어서 있다. 특히 5층 전망대에서는 파리의 파노라마 풍경을 감상할 수 있으며, 6층 레스토랑에서는 파리 시내를 내려다보며 식사를 즐길 수 있다.

구 글 맵 48.860691, 2.352256 P.147 L 뮤지엄패스
홈페이지 www.centrepompidou.fr
운 영 11:00~21:00(목요일~23:00), **휴관** 화요일, 5/1
입 장 료 일반 €11~14(전시에 따라 다름), 전망대 €5
위 치 메트로 11호선 Rambuteau 역에서 도보 4분 또는 1·4·7·11·14호선 Châtelet 역에서 도보 8분

- 국립현대미술관 Musee National d' Art Moderne

유럽 최대규모의 현대미술관

퐁피두 센터 4~5층에 자리한 현대미술관으로 유럽 최대규모의 모던 및 컨템포러리 아트 컬렉션을 자랑한다. 1818년에 개관한 뤽상부르 미술관 Musée du Luxembourg 의 컬렉션을 이관하고, 프랑스 정부가 구매한 프랑스 예술가들의 작품을 보관할 목적으로 1947년 개관하였다. 20세기와 21세기 미술사를 대표하는 거장들과 현대 미술계에서 독보적인 존재감을 드러내는 예술가들의 작품을 한 번에 관람할 수 있는 세계 유일의 박물관이다. 디자인, 건축, 사진, 뉴 미디어 분야의 작품 10만여 점을 소장하고 있으며, 전시작품은 크게 2개로 1905년부터 1960년까지, 1960년대부터 현재까지로 나눠 전시하고 있다. 피카소, 마티스, 칸딘스키, 샤갈, 미로, 달리, 워홀, 몬드리안 등 20세기 초부터 가장 최근 현대 작가들의 작품까지 만날 수 있다.

※ 퐁피두 센터 입장 시 유의사항

퐁피두 센터 입장 시 50x20x40cm 보다 큰 가방을 가지고 들어갈 수 없다. 또한 현대미술관 입장시 배낭은 가지고 들어갈 수 없으므로 0층 물품보관소에 맡기고 입장해야 한다. (뮤지엄패스 사용가능. 특별전은 별도구입. 구입시 뮤지엄패스로 할인 가능)

국립 현대 미술관 주요작품소개

마르크 샤갈, 〈에펠탑의 신랑 신부 Les mariés de la tour Eiffel〉 (1938~1939)

러시아 출신의 화가이자 판화가인 마르크 샤갈 (Marc Chagall, 1887~1985)의 작품. 동화 같은 그림을 주로 그린 샤갈은 인간의 꿈과 그리움, 사랑과 낭만, 환희와 슬픔 등을 눈부신 색채로 표현해 색채의 마법사로 불린다.

앙리 마티스, 〈루마니아풍 블라우스를 입은 여인 La Blouse Roumaine〉 (1940)

야수파의 대표 화가로 불리는 앙리 마티스 (Henri Matisse, 1869~1954) 의 작품. 마티스는 사실적인 묘사보다는 강렬한 원색의 대비를 살린 개성적인 작품을 주로 남겼다.

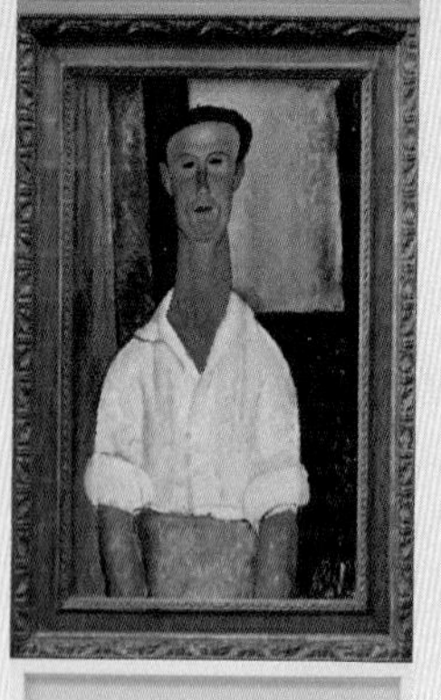

아메데오 모딜리아니, 〈가스통 모돗 Gaston Modot〉 (1918)

이탈리아 명문에서 태어나 피렌체와 베네치아 미술학교에서 그림을 배우고 파리 몽마르트르, 몽파르나스에서 활동한 아메데오 모딜리아니 (Amedeo Modigliani 1884~1920)의 작품. 인물 초상화와 나부화를 주로 그렸으며, 인체의 우아한 곡선과 긴 목을 기진 여성상과 남성상, 우수에 잠긴 표정을 그림에 담았다. 이 초상화 속 인물은 프랑스 배우이자 감독인 가스통 모돗이다.

피에트 몬드리안, 〈빨강, 파랑, 하양의 구성 Composition en rouge, bleu et blanc II〉 (1937)

칸딘스키와 더불어 추상예술의 선구자로 불리는 피에트 몬드리안 (Piet Mondrian, 1872~1944)의 작품. 빨강, 파랑 등 원색의 직사각형 면과 흰색, 검은색 면과 선만으로 이루어진 기하학적인 추상이 작품의 주된 모티프이며, 그의 작품은 20세기 미술과 건축, 패션 등 예술계 전반에 많은 영향을 주었다.

오페라 가르니에 (팔레 가르니에) Palais Garnier

소설 <오페라의 유령>의 배경이 된 곳

고풍스럽고 아름다운 외관이 눈에 띄는 오페라 극장으로 나폴레옹 3세의 명으로 1862년에 착공해 1875년 완공되었다. 디자인 공모전에서 선정된 건축가 샤를 가르니에 Charles Garnier의 이름을 따 오페라 가르니에라는 이름으로 불리게 되었다. 특히 이곳은 영화와 연극, 뮤지컬로 만들어져 지금까지도 많은 사랑을 받고 있는 가스통 르루 Gaston Leroux의 소설 〈오페라의 유령, The Phantom of the Opera (1910)〉의 배경이 된 곳으로 유명하다. 극장 안으로 들어서면 화려한 샹들리에와 웅장한 대계단, 샤갈의 천장화 〈꿈의 꽃다발〉, 드가의 발레 스케치 작품 등을 감상할 수 있다. 꼭 공연을 감상하지 않더라도 화려하고 아름다운 건물 내부를 감상하는 것만으로도 의미가 있으니 한번 가보자. 오페라보다는 발레공연이 주를 이루며, 공연정보 및 자세한 정보는 홈페이지에서 확인할 수 있다.

구 글 맵 48.872044, 2.331613 P.146 B
홈페이지 www.operadeparis.fr
운 영 10:00~17:00, **휴관** 1/1, 5/1, 특별행사 시 부정기 휴무(홈페이지에서 확인)
입 장 료 일반 €12~14, 만12~25세 €8, 한국어 오디오 가이드 €5
위 치 메트로 3·7·8호선 Opera역 또는 RER A선 Auber역 하차

마들렌 성당 L'église de la Madeleine

그리스 신전을 닮은 성당

마들렌 광장 가운데에 있는 가톨릭 성당으로 코린트 양식의 기둥이 그리스의 신전을 연상케 한다. 루이 15세가 그리스의 파르테논 신전을 본떠 짓기 시작했으나 프랑스 대혁명과 공사 취소 등 3번의 공사 중단과 재개를 반복하다 1845년 완공되었다. 마들렌은 성서의 '막달라 마리아'를 의미하며, 성당 내부로 들어서면 제단 뒤에 있는 '마리아 막달레나의 승천' 조각이 눈에 띈다. 성당 정면 입구 윗부분에는 앙리 르메르의 〈최후의 심판〉이라는 부조 작품이, 거대한 청동 문에는 〈구약성서〉에 나오는 십계명이 새겨져 있다. 성당에서는 무료 음악회를 비롯한 다양한 연주회가 종종 열리니 관심이 있다면 성당 입구에 있는 안내문을 참고해 방문해 보자.

구 글 맵 48.870072, 2.324561 P.146 A
홈페이지 www.eglise-lamadeleine.com
운 영 09:30~19:00, 입장료 무료
위 치 메트로 8·12·14호선 Madeleine역에서 도보 3분. 오페라 가르니에와 콩코르드 광장 사이

귀스타브 모로 박물관 입구

귀스타브 모로 박물관
Musée Gustave Moreau

강렬하고 신비로운 그림을 만날 수 있는 곳

프랑스 상징주의의 선구자로 불리는 귀스타브 모로의 작품과 기념품들을 전시해 놓은 박물관으로 1895년에 개관하였다. 마티스의 스승이었던 귀스타브 모로(1826-1898)는 프랑스의 상징주의 화가로 화려한 기교로 강렬하면서도 신비로운 작품을 많이 남겼다. 주로 성서나 고대 그리스 신화 등에 나오는 인물과 일화를 주제로 그림을 많이 그렸다. 귀스타브 모로는 1826년 건축가의 아들로 태어나 미술 대학을 졸업하고 22세 때부터 그림을 그렸다. 1898년 파리에서 암으로 사망했으며, 사망 후 유언에 따라 그가 그린 모든 작품을 나라에 기증하고, 자신이 살던 집과 아틀리에를 박물관으로 개관하였다. 박물관 내부에는 모로가 남긴 8000여 점의 작품 이외에도 그림 도구, 가구 등이 전시되어 있다.

구 글 맵 48.877913, 2.334578 P.268 i 뮤지엄패스
홈페이지 en.musee-moreau.fr
운 영 10:00~12:45, 14:00~17:15 (금·토·일 10:00~17:15), 화요일 휴관
입 장 료 일반 €6, 만18~25세 €4
위 치 메트로 12호선 Trinité - d'Estienne d'Orves 역에서 도보 4분

포럼데알 Forum des Halles

쇼핑과 식사를 한 번에 즐길 수 있는 대형 쇼핑몰

루브르 박물관과 퐁피두 센터 사이에 있는 대형 쇼핑몰로 액세서리, 화장품, 의류, 스포츠웨어 등 130여 개의 패션 브랜드 상점과 20여 개의 레스토랑, 극장, 약국, 슈퍼마켓 등이 들어서 있어 파리의 젊은이들은 물론 관광객들로 발 디딜 틈이 없다. 원래 1970년대에 만들어진 낙후된 쇼핑센터였으나 최근 리모델링을 거쳐 유리와 철골로 장식된 깨끗하고 현대적인 모습의 쇼핑센터로 탈바꿈했으며, 메트로 역과 연결되어 있어 접근성도 좋은 편이다. 입점되어 있는 주요 브랜드로는 어린이는 물론 어른들에게도 많은 사랑을 받고 있는 레고 LEGO를 비롯해 프랑스의 대표적인 화장품&향수 전문매장인 세포라 SEPHORA, 핸드크림, 화장품, 바디용품 등으로 유명한 록시땅 L'OCCITANE, 스포츠 브랜드 등이 있다.

구글맵 48.862024, 2.346428 P.147 L
홈페이지 forumdeshalles.com
운영 10:00~20:30, 일요일 11:00~19:00
위치 메트로 4호선 Les Halles 또는 메트로 1·4·7·11·14호선 Châtelet역 하차. 또는 RER ABD선 Châtelet - Les Halles역 하차. 퐁피두 센터에서 도보 6분

Cafe & Restaurant

포 반 꾸온 14 Pho Bahn Cuon 14

뜨끈한 쌀국수가 먹고 싶다면

파리의 유명 쌀국수 전문점으로 식사시간대에는 긴 줄이 늘어서 있다. 오랜 시간 우려내 진하면서도 깔끔한 국물 맛을 즐길 수 있으며, 특히 쌀국수 한 그릇 가격이 €10 정도이기 때문에 물가가 비싼 파리에서 비교적 저렴하게 식사를 해결할 수 있어 많은 이들이 찾는다. 유럽의 음식이 지겨워질 때쯤이나 비가 온 날, 추운 겨울 뜨끈한 국물 생각난다면 한번 가보도록 하자. 메뉴판에 영어설명과 음식 사진이 들어가 있어 주문하기에 어렵지 않다. 완자와 소고기 등이 들어간 소고기 쌀국수 (퍼 보 phở bò)가 대표메뉴. 베트남식 튀김 만두인 짜조도 맛볼 수 있다. 육수는 고수 향이 약한 편이므로 입맛에 맞게 고수 등을 더 넣어 먹으면 된다.

구 글 맵 48.865341, 2.336073 P.146 F
운 영 11:00~22:30, 일요일 휴무
예 산 €10~
위 치 메트로 7·14호선 Pyramides역에서 도보 3분. 팔레 루아얄에서 도보 3분

르 카페 마를리 Le Cafe Marly

루브르 박물관 리슐리외관 안에 있는 카페 겸 레스토랑. 테라스에서 루브르 박물관의 유리 피라미드를 바라보며 식사와 차를 즐길 수 있어 인기가 높다. 가격대는 매우 높은 편이지만 멋진 뷰를 감상할 수 있다.

구글맵 48.861680, 2.335685 / 홈페이지 cafe-marly.com/fr / 운영 08:00~24:30, 연중무휴
예산 런치 커피 €6~, 디저트 €13~ / 위치 메트로 1·7 Palais Royal - Musée du Louvre 역에서 도보 1분. 루브르 박물관 안뜰 유리 피라미드를 등지고 카루젤 개선문을 바라보면 오른편에 있다. (MAP.146 J)

스타벅스 Starbucks

스타벅스 파리 1호점으로 세계에서 가장 아름다운 매장 중 하나로 손꼽힌다. 전 세계 여느 스타벅스 매장과 메뉴는 같지만 화려한 천장화와 샹들리에로 꾸며진 파리 매장만의 독특한 분위기를 즐길 수 있다.

구글맵 48.870730, 2.333530 / 운영 07:30~21:00 (토 08:30~22:00, 일 08:30~21:00)
예산 커피 €3.5~ / 위치 메트로 3·7·8 Opéra역에서 도보 1분 (MAP.146 B)

포숑 본점 Fauchon

1886년 문을 연 포숑의 본점으로 마들렌 광장에 자리 잡고 있다. 마카롱과 에클레르 등 고급 베이커리를 파는 곳으로 유명하지만 원래는 차와 향신료 등 식료품을 판매하는 상점이다. 매장은 크게 차와 식사를 할 수 있는 레스토랑과 베이커리, 차, 향신료 등 판매점으로 나뉘어 있다.

구글맵 48.870851, 2.325595 / 홈페이지 www.fauchon.com / 운영 월~토요일 07:00~22:30, 일요일 휴무
위치 메트로 8·12·14호선 Madeleine역 Place de la Madeleine 출구에서 도보 1분 (MAP.146 A)

스토레 Stohrer

1730년에 오픈한 파리에서 가장 오래된 제과점으로 300년 역사를 자랑한다. 영국 여왕 엘리자베스 여왕이 즐겨 찾은 곳으로도 유명하다. 인기메뉴는 여왕이 좋아했던 메뉴인 '바바 BABA'와 에클레어'. 아기자기하고 알록달록 예쁜 디저트가 먹고 싶다면 한번 들러보자.

구글맵 48.865297, 2.346824 / 홈페이지 www.stohrer.fr / 운영 07:30~20:30, 연중무휴
위치 메트로 4호선 Les Halles역에서 도보 8분 (MAP.147 H)

앙젤리나 ANGELINA

튈르리 공원 건너편에 위치한 디저트 카페로 1903년에 문을 열었다. 고풍스러운 실내에서 달콤한 디저트를 즐길 수 있는 곳으로 코코 샤넬도 즐겨 찾았다고 한다. 특히 몽블랑 Mont Blanc을 처음 선보인 곳으로 유명한데, 몽블랑은 진한 단맛의 밤 퓌레가 실타래처럼 올려진 케이크로 달달함의 극치를 보여준다.

구글맵 48.865137, 2.328492 / 홈페이지 www.angelina-paris.fr / 운영 07:30~19:00(토·일 08:30~19:30)
예산 몽블랑 €7 / 위치 메트로 1호선 Tuileries 역에서 도보 2분 (MAP.146 E)

라뒤레 파리스 로열 Ladurée Paris Royale

마들렌 성당 근처의 디저트 & 브런치 카페. 1862년에 문을 연 마카롱 전문점으로 파리 시내 곳곳에 매장을 두고 있다. 마카롱 이외에도 크루아상, 케이크, 샌드위치, 다양한 차 종류를 즐길 수 있다.

구글맵 48.868510, 2.323655 / 홈페이지 www.laduree.fr / 운영 08:00~20:00 (일 09:00~19:00)
예산 미니 마카롱 1개당 €2.1~ / 위치 메트로 8·12·14호선 Madeleine역에서 도보 3분 (MAP.146 E)

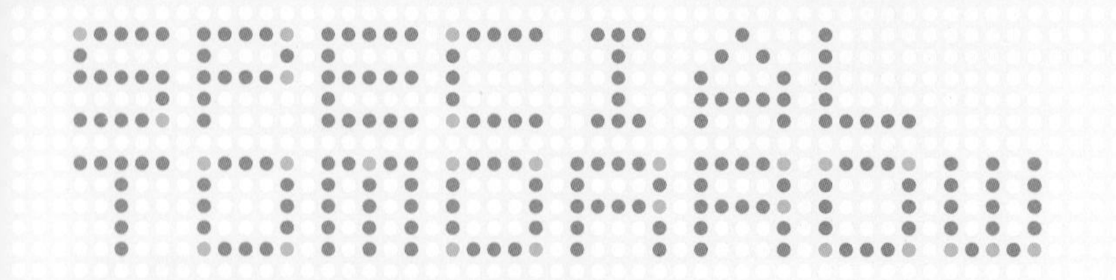

빵도 고기도 더는 못 먹겠다!!!

따신 밥, 뜨끈한 국물을 다오!

아시아 음식이 그립다면

빵과 기름진 음식에 지쳤다면!! 뜨끈한 국물과 매콤한 음식이 그립다면!! 고향의 음식으로 지친 몸과 마음을 달래보자. 다행스럽게도 전 세계 관광객들이 모이는 관광명소인 루브르 박물관 근처에는 한국, 일본, 중국, 베트남 요리 전문점이 모여있어 입맛대로 취향대로 골라 먹을 수 있다. 메뉴는 김치찌개, 순두부찌개, 쌀국수, 우동, 라멘, 돈가스 등 한식 요리에서 일본, 베트남, 중국 요리까지 다양하다. 본토에서 먹는 맛에 비하면 조금 아쉬운 맛이지만, 아쉬움을 달래기에는 충분하다. 프랑스 요리보다 가격도 저렴해 관광객은 물론 현지인, 유학생들이 즐겨 찾는다.

1 잔치 JanTchi_한식당
김치찌개, 된장찌개, 비빔밥, 잡채, 떡볶이 등
운영 12:00~14:45, 19:00~20:30, 일요일 휴무
예산 메뉴 하나 당 12~14€

2 귀빈 Guibine_한식당
순두부찌개, 김치찌개, 된장찌개, 제육볶음 등
운영 12:00~14:30, 19:00~22:30
예산 김치찌개(밥, 반찬 포함) 16€

3 국일관 Restaurant Kook Il Kwan_한식당
김치찌개정식, 된장찌개정식, 닭불고기정식 등
운영 12:00~14:30, 19:00~22:30, 일요일 휴무
예산 김치찌개(밥, 반찬 포함) 16€

4 항아리 Restaurant Hang A Ri_한식당
김치찌개, 대구매운탕, 불고기정식, 갈비정식 등
운영 12:00~14:30, 16:30~22:30
예산 김치찌개(밥, 반찬 포함) 18€

5 쿠니토라야 Restaurant Kunitoraya_일식당
우동, 덮밥, 텐푸라, 오니기리 등
운영 12:15~14:30, 19:30~22:30, 월요일 휴무
예산 우동 10€~, 덮밥 15€~

6 삿포로 Sapporo_일식당
라멘, 덮밥, 교자 등
운영 11:30~22:30
예산 10€~15€

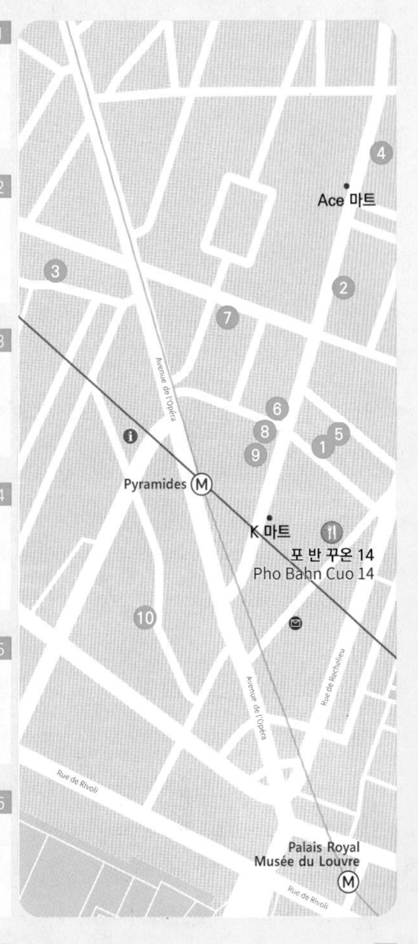

7 하카타 코텐 Hakata Choten_일식당
라멘, 교자 등
운영 12:00~15:00, 18:00~22:00
예산 라멘 12€~

8 아키Aki_일식당
오코노미야키, 우동, 덮밥, 소바 등
운영 운영11:30~22:45, 일요일 휴무
예산 우동 9.5€~

9 야스베 Yasube_일식당
꼬치구이, 생선구이, 사시미, 소바 등
운영 12:00~14:30, 19:00~22:30
예산 꼬치구이 개당 4€~

10 사누키야 Sanukiya_일식당
우동, 덮밥 등
운영 11:30~22:00
예산 우동 10€~, 덮밥 15€~

샹젤리제 거리

Champs-Élysées

"오 샹젤리제~ 오 샹젤리제~"

파리하면 가장 먼저 떠오르는 노래다. 파리 여행을 꿈꾼 이들이라면 누구나 한 번쯤 샹젤리제 거리를 거닐며 이 노래를 흥얼거려보고 싶었을 것이다. 개선문에서 콩코드 광장까지 이어진 샹젤리제 거리는 세계 패션과 문화의 중심지인 파리를 가장 잘 표현해 주는 장소이기도 하다. 대로를 따라 늘어서 있는 가로수길을 거닐며 화려한 파리의 분위기를 만끽해보자.

에투알 개선문
Arc de Triomphe
P.192
Charles de Gaulle-Étoile
Avenue des Champs-Élysées
George V
샹젤리제 거리
Av. des Champs-Élysées
P.196
P.208 라뒤레
Ladurée
미스고(일식당)
Miss Kô
P.209
레옹 드 브뤼셀
Léon de Bruxelles
P.207
파이브 가이즈
Five Guys
P.208
르 흘레 드 랑트흐코트
Le Relais de l'Entrecôte
P.206
Kléber
Iéna
Alma - Marceau
Pont de l'Alma
바토 무슈
Bateaux Mouches
P.239
콰이 브랜리 박물관
Musée Quai Branly
P.239
바토 파리지엥
Bateaux Parisiens
바토뷔스 P.240
Avenue Marceau
Avenue George V
Avenue d'Iéna
Avenue Kléber
Avenue Foch
Avenue Victor Hugo
Avenue Hoche
Avenue de Friedland
Avenue du Président Wilson
Avenue de New-York
Port Debilly
Passerelle Debilly
Pont de l'Alma
Port de la Conférence
Port du Gros-Caillou
Quai d'Orsay
Quai Branly
Avenue Rapp
Avenue Bosquet
Rue de l'Université
Avenue de la Bourdonnais
Cours Albert 1 ER
Rue Jean Goujon
Ave. Montaigne
Rue François 1ER
Rue Pierre Charron
Rue Marbeuf
Rue Washington
Rue de Berri
Rue du Ponthieu
Rue Lincoln
Rue Vernet
Rue de Bassano
Rue Galilée
Rue Clément Marot
Rue de la Trémoille
R. Chambiges
Rue de Marignan
Pl. Amiral de Grasse
Pl. d'Iéna
Pl. de l'Alma
Pl. de la Résistance
Place Charles de Gaulle
Rue du Faubourg Saint-
A
B
E
F
I
J

샹젤리제 거리 주변 지도
Champs-Élysées
Saint-Augustin
Place Saint-Augusin
Miromesnil
Saint-Philippe-du-Roule
순(한식당)
Soon
P.209
바비큐(한식당)
rean Barbecue
P.209
엘리제 궁전
Le Palais de L'Élysée
마들렌 성당
L'église de la Madeleine
Franklin D. Roosevelt
Champs Élysées Clemenceau
그랑팔레
Grand Palais
P.202
프티팔레
Petit Palais
P.202
Concorde
콩코르드 광장
Place de la Concorde
P.204
Place de la Concorde
알렉상드르 3세교
Pont Alexandre III
P.203
바토뷔스
오랑주리 미술관
Musée de l'Orangerie
P.148
Invalides
부르봉 궁전
Palais Bourbon
Invalides
Assemblée Nationale
100m
Boulevard Haussmann
Rue de Courcelles
Rue La Boétie
Rue du Colisée
Avenue Gabriel
Avenue de Marigny
Rue du Faubourg Saint-Honoré
Rue de l'Élysée
Rue des Saussaies
Rue de Surène
Rue de la Ville-l'Evèque
Rue Montalivet
Rue Royale
Allée Marcel Proust
Avenue des Champs-Élysées
Ave. Winston Churchill
Avenue Edward Tuck
Cours La Reine
Port des Champs-Élysées
Port de Solférino
Quai d'Orsay
Quai des Tuileries
Port des Tuileries
Quai Anatole France
Boulevard Saint-Germain
Rue de Lille
Rue de l'Université
Rue Saint-Dominique
Rue Fabert
Avenue du Maréchal Gallieni
Rue Robert Esnault-Pelterie
Avenue Franklin Delano Roosevelt
Square de Berlin
Ave. de Selves
Rue d'Anjou
Rue Paquier
Rue de l'Arcade
Boulevard Malesherbes
Cité du Retiro
Rue Boissy-d'Anglas
Rue d'Aguesseau
Rue de Duras
Ave. Matignon
Rue du Cirque
Rue Jean Mermoz
Rue du Ponthieu
Place. de la Madeleine
Rue Saint-Florentin
Boulevard de La-Tour-Maubourg

개선문(에투알 개선문) Arc de Triomphe

파리를 대표하는 웅장한 랜드마크

파리에 있는 3개의 개선문 중 하나로 아우스터리츠 d'Austerlitz 전쟁의 승리를 기념하기 위해 1806년 나폴레옹의 명으로 짓기 시작했다. 1936년 로마의 콘스탄티누스 개선문을 모방한 높이 50m, 폭 45m의 거대한 개선문이 완공되었으나, 안타깝게도 나폴레옹은 완공을 보지 못한 채 생을 마감했다. 개선문은 샤를 드골 광장 Place Charles de Gaulle 가운데에 자리 잡고 있으며, 광장을 중심으로 12개의 도로가 방사형으로 펼쳐져 있는 모습이 별과 같다고 해서 에투알 광장(Place de l'Étoile, 별의 광장)이라고도 불린다. 개선문 외벽에는 전쟁의 승리를 기념하는 다양한 부조가 새겨져 있으며, 각 전투의 이름과 참전 용사, 장군들의 이름도 새겨져 있다.

구 글 맵 48.873798, 2.295030 P.190 A
홈페이지 www.paris-arc-de-triomphe.fr/en
위 치 메트로 1·2·6호선 또는 RER A선 Charles-de-Gaulle-Etoile 역에 1번 출구로 나오면 개선문 지하 통로로 연결. 계단을 따라 올라오면 웅장한 개선문이 보인다.

화려하면서도 웅장한 개선문 야경

- 개선문 전망대

탁 트인 파리의 경치를 한눈에 담고 싶다면

개선문을 찾아야 할 또 다른 이유 중의 하나는 바로 개선문 전망대! 파리 시내를 한눈에 담을 수 있는 최고의 전망대이지만, 개선문과 샹젤리제 거리를 여러 번 와 본 사람 중에도 개선문 꼭대기까지 올라가 본 사람은 생각보다 많지 않다. 50m 높이의 전망대에 다다르려면 비싼 입장료를 내고, 284개의 계단을 10분이나 올라가야 하지만, 막상 올라 가 보면 그간의 수고가 아깝지 않을 정도로 탁 트인 파리 시내를 조망할 수 있다. 개선문을 중심으로 사방으로 뻗은 12개의 도로와 에펠탑, 샹젤리제 거리, 몽마르트르 언덕, 그리고 저 멀리 라데팡스까지 360도로 펼쳐진 파리의 시원한 전경을 감상할 수 있다. 특히 해 질 무렵이나 에펠탑이 불을 밝히는 시간에 맞춰 오른다면 더욱 환상적인 전경을 감상할 수 있다. 전망대 아래층에는 나폴레옹의 장례식, 무명용사의 매장 등 개선문 관련 자료를 전시해 놓은 박물관이 있다.

홈페이지 www.paris-arc-de-triomphe.fr/en 뮤지엄패스
운　영 10:00~23:00 (10~3월 ~22:30)
휴　관 1/1, 5/1, 5/8 오전, 7/14 오전, 11/11 오전, 12/25
입장료 일반 €12, 만18~25세 €9

CONTINUÉ EN 1823 AVEC UNE DÉDICACE NOUVELLE
A ÉTÉ ACHEVÉ EN 1836
PAR LE ROI LOUIS PHILIPPE PREMIER

샹젤리제 거리 Av. des Champs-Élysées

파리에서 가장 화려한 거리

전 세계의 명품 브랜드가 모여있는 샹젤리제 거리는 그야말로 쇼핑의 천국이다. 콩코르드 광장에서 개선문까지 이어지는 길이 1.9km의 넓은 대로 양쪽에는 가로수가 늘어서 있고, 거리를 따라 세계적인 명품 브랜드숍은 물론 고급 자동차·화장품 플래그쉽 스토어, 고급호텔과 레스토랑과 노천카페가 즐비하다. 꼭 쇼핑하지 않더라도 화려한 거리를 따라 구경하며 걷기만 해도 '여기가 파리구나' 하는 느낌이 들 정도로 파리의 분위기를 만끽할 수 있다. 매년 7월 14일 프랑스 혁명 기념일에는 개선문에서 콩코르드 광장까지 군사행진이 이어진다. 겨울에는 거리 가득 조명이 밝혀지고 크리스마스 마켓까지 들어서 화려함을 더한다.

※샹젤리제라는 이름은 그리스 신화 속 영웅들이 죽은 뒤에 간다는 축복의 땅을 의미하는 '엘리시움 Elisium'에서 유래되었으며, 샹젤리제는 '엘리시움의 들판'이라는 뜻이다.

구글맵	48.871719, 2.301811 P.190 B
운영	10:00~19:00 (상점마다 다름)
위치	메트로 1·8·12호선 Concorde 역부터 1·2·6호선 Charles de Gaulle Etoile 역까지 어느 역에서 내려도 샹젤리제 거리와 연결된다.

가로수에 장식된 조명들이 아름다운 샹젤리제 거리를 더욱 더 화려하게 빛내고 있다.

Special Tomorrow

파리! 명품 쇼퍼홀릭의 천국

쇼퍼홀릭을 유혹하는 파리의 쇼핑거리

파리를 대표하는 명품거리는 단연 샹젤리제이지만, 사실 명품 브랜드숍은 샹젤리제 거리보다 몽테뉴 거리에 더 많이 모여있다. 몽테뉴 거리에 지점이 없으면 명품이 아니라는 말이 있을 정도로 몽테뉴 거리에는 고급 패션 브랜드 매장이 죽 늘어서 있다.
전 세계의 명품 브랜드가 모여있는 쇼핑의 천국 파리에서는 한국보다 제품도 다양하고 가격도 저렴해 쇼핑의 유혹을 뿌리치기가 힘든 것 사실이다. 특히 매년 2번 실시되는 세일 기간과 환율이 떨어지는 때를 잘 맞춰 가면 훨씬 더 할인된 가격으로 구입할 수 있다.

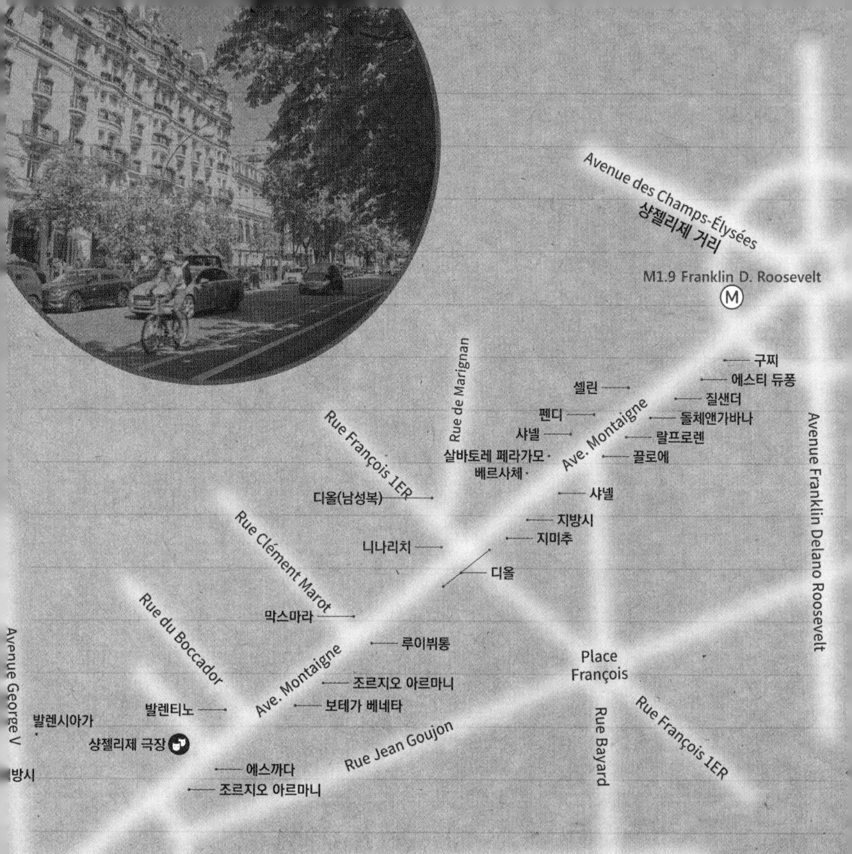

몽테뉴 거리 Avenue Montaigne

전 세계의 명품 브랜드가 모여있는 파리 최고의 명품거리. 샤넬, 디올 본점, 지방시, 발렌티노, 막스마라, 구찌, 끌로에, 지미추, 프라다, 조르지오 아르마니 등 전 세계 명품 브랜드가 모여 있다.

리도 Lido de Paris

1946년 문을 연 파리 최대규모의 카바레로 화려하고 수준 높은 쇼를 감상할 수 있다. 공연 티켓 요금은 음료와 식사여부, 좌석 등에 따라 달라진다.
홈페이지www.lido.fr
운영 19:00~02:00
티켓요금 €90~400

퍼블릭 드러그 스토어 Publics Drugstore

개선문 근처에 있는 복합상업시설로 카페, 레스토랑, 영화관, 서점, 약국 등이 들어서 있다. 조엘 로뷔숑의 레스토랑 '라틀리에 드 조엘 로뷔숑 L'Atelier Etoile de Joël Robuchon'도 있다.
홈페이지 www.publicisdrugstore.com
운영 08:00~02:00 (일 09:00~19:00)

샹젤리제 거리 Av. des Champs-Élysées

파리를 대표하는 쇼핑거리로 루이뷔통 본점, 샤넬, 까르띠에, 세포라, 디즈니 스토어, 자라, 아베크롬비 등 명품 브랜드는 물론 다양한 패션 브랜드 상점과 고급 레스토랑 등이 모여있다.

※프랑스에서 명품 구입 시 유의사항

우리나라 면세 금액은 $600이 기준이므로 $600을 넘겨서 물건을 구입할 경우 관세를 내야 한다. 자진 신고하지 않고 세관에 적발될 경우 기본 관세에 벌금까지 추가로 내야 하니 명품 등을 구매했다면 자진 신고하는 것이 좋다. 현지에서 구매한 가격에 택스리펀까지 받으면, 관세를 내더라도 한국에서 사는 것보다 대부분 저렴하다. (일부 품목 제외) 해외에서 카드로 $600 이상 구입 시 자동으로 세관에 신고가 되고, 프랑스를 포함한 유럽 국가에서 오는 비행기의 경우 세관 검사가 까다로운 편이니 유의하도록 하자.

세일! 세일!! 세일!!!

프랑스에서는 매년 여름과 겨울 두 번에 걸쳐 국가적인 차원에서 세일이 실시되며, 세일기간에는 프랑스 전국이 'SOLDES(=SALE 세일)'라고 적힌 빨간색 깃발로 뒤덮인다. 루이뷔통, 샤넬 등 일부 명품 브랜드를 제외한 프랑스 전국의 명품매장과 백화점, 대형 쇼핑몰, 아웃렛, 벼룩시장, 부티크 등에서 30~70%에 달하는 바겐세일에 들어간다. 하지만 분위기에 취해 덥석 충동구매하기보다는 꼼꼼히 비교한 뒤 구매하는 것이 좋다. 평소에 사고 싶었던 제품의 한국가격을 미리 파악해 놓은 뒤, 현지구입가격+택스리펀+관세($600 이상일 경우) 등을 고려하여 우리나라에서의 판매가격과 비교해 본 뒤 구매를 하도록 하자.

세포라 SEPHORA

프랑스의 대표적인 화장품&향수 전문매장으로 샹젤리제 거리 지점이 가장 규모가 크다. 약 250개 브랜드의 화장품과 다양한 종류의 향수를 만날 수 있다. 단, 일부 제품은 백화점이나 국내 면세점보다 비싸니 꼼꼼하게 가격 비교 후에 구매하는 것이 좋다.

운영 10:00~23:30

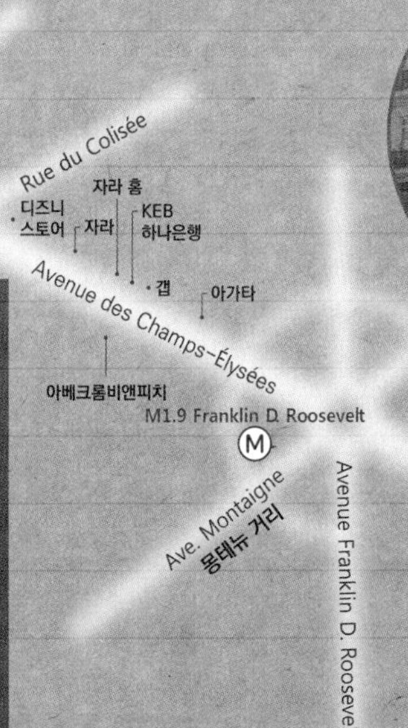

루이뷔통 본점 Louis Vuitton

수많은 관광객으로 언제나 북적거리는 루이뷔통 본점. 매장이 너무 붐빈다면 몽테뉴 지점으로 가보자.

운영 10:00~20:00(일 11:00~19:00), 1/1, 5/1, 12/25 휴무

프티팔레 정원 옆에 놓여진 윈스턴 처칠의 동상 Winston Churchil

그랑팔레, 프티팔레 Grand Palais, Petit Palais

다양한 문화예술행사가 열리는 곳

콩코르드 광장으로 향하는 샹젤리제 거리 끝에서는 서로 마주 보고 있는 아름다운 궁전이 있다. 오른쪽이 건물이 그랑팔레이고, 왼쪽이 프티팔레이다. 에펠탑, 알렉상드르 3세 다리와 함께 1900년 만국박람회 개최를 위해 건축되었다. 유리로 된 둥근 천장이 인상적인 그랑팔레는 공연장, 대형 홀, 박물관 등이 들어선 복합문화 공간으로 사용되고 있으며, 그랑팔레와 마주 보고 있는 프티팔레는 파리 시립미술관으로 사용되고 있다. 프티팔레에서는 고대부터 현대까지의 유물과 공예품, 가구, 예술품을 비롯해 들라크루아, 렘브란트, 모네, 세잔 등 17세기 이후 회화도 전시하고 있다. 두 곳 모두 다양한 예술행사가 열리고 행사마다 운영시간과 입장료가 다르므로 홈페이지에서 일정을 확인한 후 방문하는 것이 좋다.

구글맵 그랑팔레 48.866135, 2.312460 프티팔레 48.866078, 2.314607 P.191 G
홈페이지 그랑팔레 www.grandpalais.fr / 프티팔레 www.petitpalais.paris.fr
운영 그랑팔레 10:00~20:00(수~22:00), 화요일 휴무
프티팔레 10:00~18:00(특별전 진행시 금~21:00), 월·공휴일 휴무
입장료 그랑팔레-전시내용에 따라 다름. 프티팔레-상설전 무료
위치 메트로 1·13호선 Champs-Élysées Clemenceau역에서 도보 2분

몽소 공원 Parc Monceau

개선문 근처에 있는 18세기 영국식 공원으로 휴식을 즐기기에 좋다. 조각상을 비롯해 그리스식 기둥, 피라미드, 중국식 요새 등을 본떠 만든 다양한 조형물이 곳곳에 배치되어 있어 독특하면서도 이국적인 분위기를 풍긴다.

구글맵 48.879675, 2.309038 / 운영 07:00~22:00
위치 메트로 2호선 Monceau역 바로 앞. (MAP.80)

알렉상드르 3세교 Pont Alexandre III

센강에서 가장 화려하고 아름다운 다리로 1900년 프랑스-러시아 동맹을 기념해 세워졌다. 다리 양 끝 4개의 기둥 위를 장식하고 있는 황금빛 조각상과 가로등이 화려함과 운치를 더한다. 다리 자체도 아름답지만, 이곳에서 바라보는 강 건너의 풍경이 멋스럽다.

구글맵 48.863921, 2.313570 / 위치 메트로 8·13호선 또는 RER C선 Invalides 역에서 하차.
그랑팔레와 앵발리드의 중간에 위치. (MAP.191 K)

콩코르드 광장 Place de la Concorde

파리의 역사를 품고 있는 곳

샹젤리제 거리 끝, 개선문과 루브르 박물관 사이에 있는 광장으로 파리 여행에서 한 번은 꼭 들르게 되는 곳이다. 콩코르드 광장은 파리의 역사가 담긴 곳으로 광장 한가운데에는 높이 23m 높이의 돌기둥인 오벨리스크가 서 있고 양쪽으로는 바티칸 성 베드로 광장 분수를 본떠 만든 분수대가 서 있다. 1755년 루이 15세의 기마상을 설치하기 위해 처음 만들어져 '루이 15세 광장'으로 불렸으나 프랑스 혁명 당시, 루이 15세 기마상이 철거되고 단두대가 설치되면서 혁명광장이라고 개칭되었다. 당시 설치된 단두대에서 루이 16세와 마리 앙투아네트 등 귀족을 비롯해 1000여 명 이상이 처형되었으며, 이후 여러 차례 이름이 바뀌다가 1830년 7월 혁명 이후부터 화합을 의미하는 콩코르드 광장으로 불리게 되었다. 루이 15세의 기마상이 있던 광장 한가운데에는 이집트 룩소르 신전에서 가져온 오벨리스크가 서 있다.

구글맵 48.865505, 2.321125 P.191 H
위치 메트로 1·8·12호선 Concorde 역에서 하차

라 데팡스 La Défense

신 개선문이 있는 곳

개선문 전망대에 오르면 멀리 보이는 거대한 빌딩 숲이 바로 라 데팡스. 행정구역상 파리는 아니지만 개선문에서 불과 8km밖에 떨어져 있지 않은 파리의 부도심이다. 1958년 파리시의 포화상태를 해소하기 위해 파리 북서쪽에 조성된 유럽 최대 상업지구로, 프랑스 국내 기업은 물론 다국적 기업들의 본사와 국제기구 등이 들어서 있다. 라 데팡스에는 차도와 선로를 건물 밑으로 설치해 교통 체증과 공해가 없도록 하였으며, 거대한 신 개선문을 비롯해 〈엄지손가락〉, 〈두 사람〉, 〈붉은 거미〉 등 다양한 조형물이 곳곳에 설치되어 있으며, 대형 쇼핑몰, 영화관, 대형마트 등이 들어선 쇼핑타운이 형성되어 있다. 폭 108m, 높이 110m의 신 개선문(그랑다르슈 Grand Arche) 은 1989년 프랑스 혁명 200주년을 기념하기 위해 세워졌으며 꼭대기 전망대에 오르면 일직선상에 놓인 개선문이 보인다.

구 글 맵 48.892668, 2.2361136
홈페이지 www.lagrandearche.fr
운 영 10:00~19:00
입 장 료 일반 €15, 학생 €10, 만3~18세 €7
위 치 메트로 1호선 또는 RER A선 La Defense-Grande Arche 역에서 하차

르 흘레 드 랑트흐코트
Le Relais de l'Entrecôte

스테이크와 와인을 즐기고 싶다면

샹젤리제의 인기 스테이크 전문점. 독특한 소스의 등심 스테이크와 다양한 와인을 즐길 수 있다. 관광객들에게 입소문이 난 뒤로는 오픈 전부터 길게 줄이 늘어서 있으며, 특히 TV 프로그램 〈원나잇푸드트립〉에 방영된 뒤로 한국인 관광객들에게 더 유명해졌다. 메뉴는 스테이크 하나뿐이라 따로 주문하지 않아도 되며 굽기만 '레어/미디엄/웰던' 중 선택하면 된다. 스테이크는 두 번에 걸쳐 서빙되며, 절반이 먼저 나오고 거의 다 먹어 갈 때쯤 나머지 절반이 나온다. 사이드 메뉴로 나오는 감자튀김은 무제한으로 제공되며 물을 포함한 음료와 디저트는 별도로 계산된다. 겨자처럼 톡 쏘는 소스 때문에 맛에 대해서는 호불호가 있으며, 손님이 많은 시간대에는 친절한 서비스를 기대하지 않는 것이 좋다.

구 글 맵 48.868231, 2.302765 P.190 F
홈페이지 www.relaisentrecote.fr
운 영 12:00~14:30, 19:00~23:30
예 산 스테이크 €26.5, 물과 음료는 별도
위 치 메트로 1·9 Franklin D. Roosevelt역에서 도보 8분

레옹 드 브뤼셀 Léon de Bruxelles

다양한 홍합요리를 즐기고 싶다면

벨기에의 유명한 홍합요리 전문 체인점 레옹 Léon 의 파리 지점으로 루이뷔통 본점 근처에 있어 찾기가 쉽다. 우리에게 홍합요리란 포장마차에서 볼 수 있는 홍합탕과 짬뽕 위에 올라가는 홍합 등 친근한 서민 음식이지만, 유럽에서의 홍합요리는 고급요리에 속하는 편이다. 레옹에서는 치즈와 토마토 토핑 등을 올려 오븐에 구워낸 요리와 홍합살을 넣은 파스타, 홍합 스테이크, 토마토 홍합탕 등 홍합을 재료로 한 다채로운 요리를 즐길 수 있다. 바게트와 감자튀김은 무제한으로 제공된다. 아무래도 샹젤리제 거리에 있다 보니 음식대비 가격대는 비싼 편이다. 뛰어난 맛을 자랑하지는 않지만 벨기에 홍합요리가 궁금하다면 가볼 만하다. 오페라 가르니에, 생제르맹데프레 성당, 바스티유, 몽파르나스 근처에도 매장이 있다.

구 글 맵 48.870400, 2.304294 P.190 B
홈페이지 www.leon-de-bruxelles.fr
운 영 11:45~24:00 (금·토·공휴일~ 25:00), 연중무휴
예 산 메인요리 €20~
위 치 메트로 1호선 George V 역에서 도보 2분

파이브 가이즈 Five Guys

샹젤리제 거리에 있는 패스트푸드 전문점으로 미국식 버거, 핫도그, 샌드위치, 감자튀김 등을 즐길 수 있다. 밤늦게까지 문을 열고 물가가 비싼 샹젤리제 거리에서 무난한 식사를 즐길 수 있어 많은 이들이 찾는다. 주문 시 양상추, 토마토 등 토핑을 추가하지 않으면 고기와 빵만 나오니 참고할 것.

구글맵 48.870016, 2.305544 / 홈페이지 www.fiveguys.fr / 운영 11:00~25:00
예산 버거+음료 €15~ / 위치 메트로 1호선 George V역에서 도보 6분 (MAP.190 B)

라뒤레 Ladurée

1862년에 문을 연 마카롱 전문점으로 파리식 마카롱을 처음 개발한 곳이다. 전 세계에서 가장 유명한 마카롱을 맛보기 위해 찾아온 수많은 관광객으로 언제나 발 디딜 틈이 없다. 마카롱 이외에도 크루아상, 케이크 등을 비롯해 기념품도 판매한다.

구글맵 48.870823, 2.303062 / 홈페이지 www.laduree.fr / 운영 07:30~23:00 (토·공휴일 전날 ~24:00, 일~22:00)
예산 미니 마카롱 1개당 €2.1~ / 위치 메트로 1호선 George V역에서 도보 4분 (MAP.190 B)

샹젤리제 거리의 한식/일식 레스토랑

순 Soon

샹젤리제 근처의 유일한 정통 한식당으로 〈꽃보다 할배〉에 나온 뒤로 더욱 유명해졌다. 순두부찌개, 한국식 양념치킨, 돌솥비빔밥, 삼겹살 등 다양한 한식 메뉴를 즐길 수 있다. 방문 전 예약 필수.

구글맵	48.870846, 2.311711 P.191 C
홈페이지	www.restaurantsoon.com
운영	12:00~14:30, 19:00~22:30
전화	+33 1 42 25 04 72
예산	런치세트 €17~
위치	메트로 1·9호선 Franklin D. Roosevelt역에서 도보 5분

코리안 바비큐 Korean Barbecue

이름은 코리안 바비큐이지만 정통 한식 요리는 아니고 일식과 접목된 퓨전 아시아 요리를 선보인다. 비빔밥, 불고기, 교자, 스시 등이 나오는 코스요리를 즐길 수 있다. 한국인보다는 외국인들을 위한 퓨전음식점이다.

구글맵	48.870206, 2.310808 P.191 C
운영	12:00~14:30,19:00~23:00
예산	코스요리 €22~
위치	메트로 1·9호선 Franklin D. Roosevelt 역에서 도보 4분

미스 고 Miss Kô

간판이름은 미스 고이지만 한식 메뉴는 없고 퓨전 일식 메뉴만 선보인다. 스시, 스시롤, 타다키, 버거류 등 식사류와 맥주, 와인, 칵테일 등을 즐길 수 있다. 가격대는 비싼 편.

구글맵	48.870917, 2.300534 P.190 B
홈페이지	www.miss-ko.com
운영	12:00~26:00
예산	메인요리 €22.5~
위치	메트로 1호선 George V 역에서 도보 1분

오르세 & 앵발리드 & 에펠탑

Musée d’Orsay & Invalides & Tour Eiffel

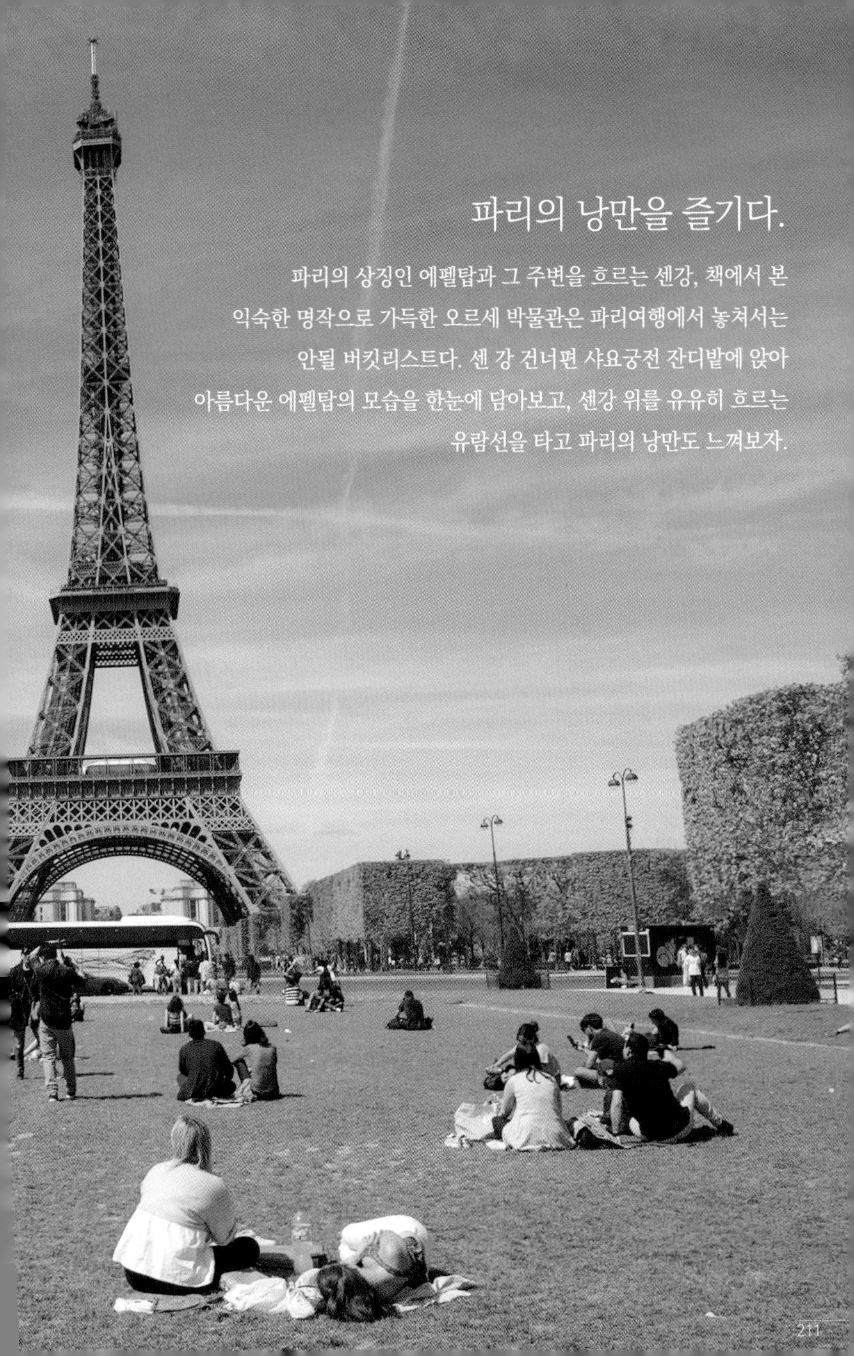

파리의 낭만을 즐기다.

파리의 상징인 에펠탑과 그 주변을 흐르는 센강, 책에서 본 익숙한 명작으로 가득한 오르세 박물관은 파리여행에서 놓쳐서는 안될 버킷리스트다. 센 강 건너편 샤요궁전 잔디밭에 앉아 아름다운 에펠탑의 모습을 한눈에 담아보고, 센강 위를 유유히 흐르는 유람선을 타고 파리의 낭만도 느껴보자.

오르세 & 에펠탑 주변 지도
Musée d'Orsay & Tour Eiffel
Boissière
Iéna
Alma - Marceau
샤요 궁전
Palais de Chaillot
P.237
무슈블루
Monsieur Bleu
P.243
바토 무슈
Bateaux Mouches
P.239
Pont de l'Alma
코이 브랜리 박물관
Musée Quai Branly
P.239
바토 파리지앵
Bateaux Parisiens
바토뷔스
P.240
P.242
라 퐁텐 드 막스
La fontaine de Mars
쉐 라미 장
Chez L'AmiJea
P.243
비스트로 생 도미니크
Bistro Saint-Dominique
P.242
에펠탑
Tour Eiffel
P.228
Champ de Mars-Tour Eiffel
Bir-Hakeim
École Milita
평화의 벽
Le Mur Pour La Paix
군사학교
École Militaire
Dupleix
La Motte Picquet Grenelle
100m

Champs Élysées Clemenceau
Concorde
그랑팔레
Grand Palais
P.202
프티팔레
Petit Palais
P.202
콩코르드 광장
Place de la Concorde
P.204
알렉상드르 3세교
Pont Alexandre III
P.203
바토뷔스
오랑주리 미술관
Musée de l'Orangerie
P.148
튈르리 정원
Jardin des Tuileries
P.150
Invalides
부르봉 궁전
Palais Bourbon
Invalides
Musée d'Orsay
Assemblée Nationale
오르세 미술관
Musée d'Orsay
P.214
La Tour-Maubourg
Solférino
Varenne
로댕 미술관
Musée Rodin
P.222
앵발리드(군사 박물관)
Les Invalides
P.224
Rue du Bac
Saint-François-Xavier
Vaneau

오르세 미술관 Musée d'Orsay

단 하나의 미술관만 간다면 무조건 여기로

파리 여행에서 박물관과 미술관 중 단 한 군데만 간다면 루브르보다 오르세에 가보자. 루브르 박물관, 퐁피두 센터와 함께 파리 3대 미술관으로 꼽히는 오르세 미술관은 루브르 박물관에 비해 명성은 덜하지만 책과 TV에서 많이 보던 친숙한 작품들이 주로 전시되어 있어 방문 만족도가 더 높기 때문. 오르세 미술관은 원래 1900년 파리 만국박람회를 기념하여 지은 기차역으로 오를레앙 철도의 종착역이었다. 실제 기차역을 개조해 만들어 건물 곳곳에서 기차 역사의 분위기가 느껴진다. 1986년 미술관으로 개관하였으며 1848년부터 1914년까지의 회화·조각·사진·공예 등 서양 미술작품을 소장·전시하고 있다. 마네·르누아르·드가·모네·세잔·고흐 등 인상파 화가들의 작품이 주를 이룬다. 관람시간은 대략 2~3시간 정도 소요.

구글맵 48.859975, 2.326567 P.213 H 뮤지엄패스

홈페이지 www.musee-orsay.fr

운영 09:30~18:00(목~21:45), 마감 1시간전까지 입장가능

휴관 월요일, 5/1, 12/25

입장료 일반 €14, 만 18~25세 €11, 오디오 가이드 €5, 통합권(오르세+오랑주리) €18 /무료입장 만18세 미만, 매월 첫째 주 일요일 무료입장

위치 메트로 12호선 Solférino 역에서 도보 4분. 또는 RER C선 Musee d'Orsay 역에서 도보 1분. 또는 버스 24·63·68·69·83·84·94번 이용

오르세 미술관을 슬기롭게 관람하는 방법

1. 뮤지엄 패스 또는 온라인 티켓을 준비하자.

성수기나 주말에는 입장하기 위해 1시간 정도 줄을 서는 것이 보통이다. 하지만 뮤지엄 패스를 소지할 경우 티켓을 사기 위한 줄을 서지 않아도 되기 때문에 대기시간을 단축할 수 있다. 뮤지엄 패스가 없을 경우 온라인에서 미리 티켓을 예매해 두는 것이 좋다. 단, 온라인 예매 시 현장구매 시보다 조금 더 비싸다. (현장 티켓 €12, 온라인 티켓 €13.5) 오랑주리 미술관도 함께 관람하려면 통합권을 구매하는 것이 더 저렴하다. (오르세+오랑주리 통합권 €16, 3개월간 유효)

※티켓이 없으면 Entrance A 로, 티켓이나 뮤지엄패스 등이 있으면 Entrance C 로 입장하면 된다.

2. 겉옷이나 백팩은 물품 보관함에 맡기자.

가볍고 편안한 관람을 위해서 겉옷이나 백팩 등은 휴대품 보관소에 보관하도록 하자. 신분증 소지 시 유모차나 휠체어도 대여할 수 있다. 큰 짐은 보관 불가.

3. 관람 전 동선을 미리 파악하자.

오르세 박물관의 명작은 정해진 위치에 전시된 경우가 보통이지만 일부 작품의 경우 복원, 특별전, 해외 전시를 위한 작품대여 등의 이유로 자리가 바뀌거나 비어 있는 때도 있다. 효율적인 관람을 위해서는 방문 당일 안내 데스크에 마련된 안내도를 기준으로 코스를 정하는 것이 좋다.

4. 가이드 서비스를 적극 활용하자.

작품별 자세한 설명을 듣고 싶다면 가이드 서비스를 이용해보자. 한국어는 없지만 박물관에 마련된 오디오 가이드 서비스를 이용해 300점 이상의 작품설명을 들을 수 있다. 또는 각 여행사에서 실시하는 오르세 가이드 투어를 신청하거나 유로 자전거나라에서 제공하는 스마트폰 무료 앱 '오르세 미술관 가이드'에서 간단한 작품소개를 이용할 수도 있다.

5. 관람 도중 출출하다면

오르세 미술관 2층과 5층에는 프랑스 요리를 즐길 수 있는 레스토랑과 카페가 있어 관람 도중에도 식사와 휴식을 즐길 수 있다. 1900년에 개점해 역사적 기념물로 등재된 오르세 호텔 레스토랑에서 프렌치요리를 즐길 수 있으며, 카페 캄파나 Café Campana, 카페 드 룩스 Café de l'Ours에서 식사와 디저트, 음료 등을 즐길 수 있다. 특히 5층 카페 캄파나에는 카페 한쪽 벽면에 커다란 시계가 장식되어 있어 더 운치 있다.

0층 Rez-de-chaussée

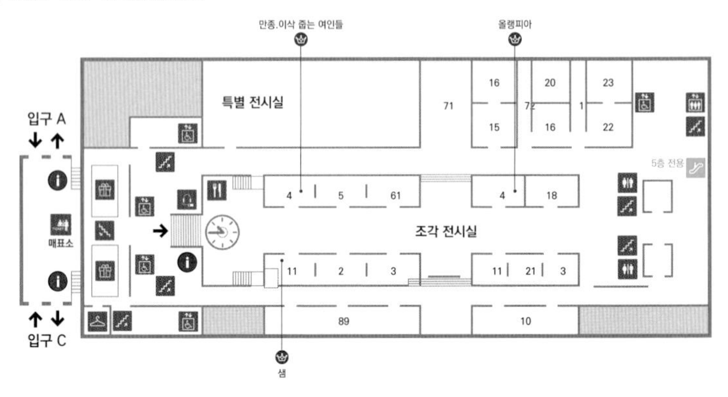

2층 Niveau médian

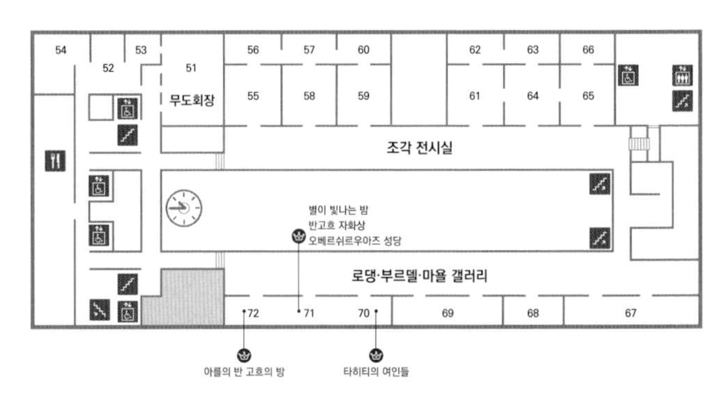

5층 Niveau supérieur

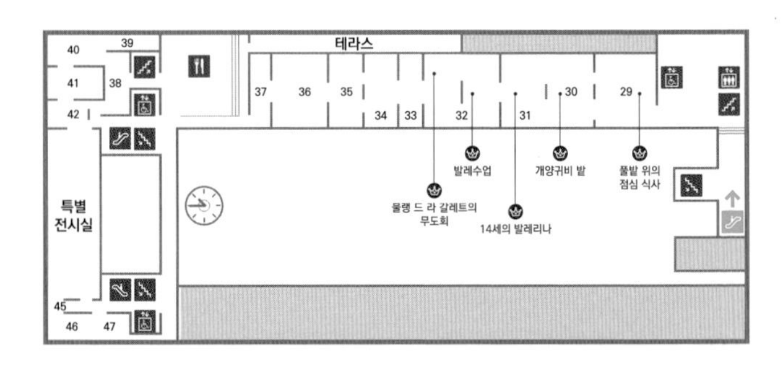

오르세 미술관 주요작품소개

0층 Rez-de-chaussée

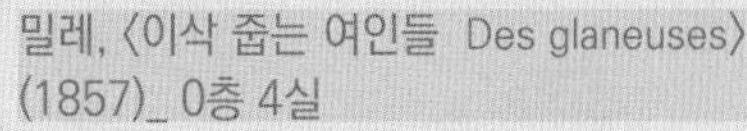

밀레, 〈이삭 줍는 여인들 Des glaneuses〉 (1857)_ 0층 4실

19세기 프랑스를 대표하는 사실주의 화가 장 프랑수아 밀레(Jean-François Millet, 1814~1875)의 걸작. 농부의 아들로 태어난 밀레는 농촌을 배경으로 한 그림을 주로 그렸으며, 풍경보다는 실제 농민들의 삶을 묘사하였다. 이 작품에서는 추수가 끝난 벌판에서 이삭을 줍는 아낙의 모습을 묘사했다.

밀레, 〈만종 L'Angélus〉 (1857)〉 _ 0층 4실

해 질 녘 무렵 수확한 감자를 바구니에 담고 기도를 드리는 부부의 모습을 담았다. 바구니 안에 죽은 아이가 잠들어 있었고 이를 애도하는 모습을 그렸다는 주장도 있다.

앵그르, 〈샘 La Source〉 (1856) _ 0층 1실

19세기 프랑스 고전주의 화가 장 오귀스트 도미니크 앵그르(Jean-Auguste-Dominique Ingres, 1780~1867)의 대표작 중 하나. 앵그르는 초상화, 역사화, 여성 누드를 주제로 한 그림을 주로 그렸으며 여인의 육체를 아름다운 선으로 표현하였다.

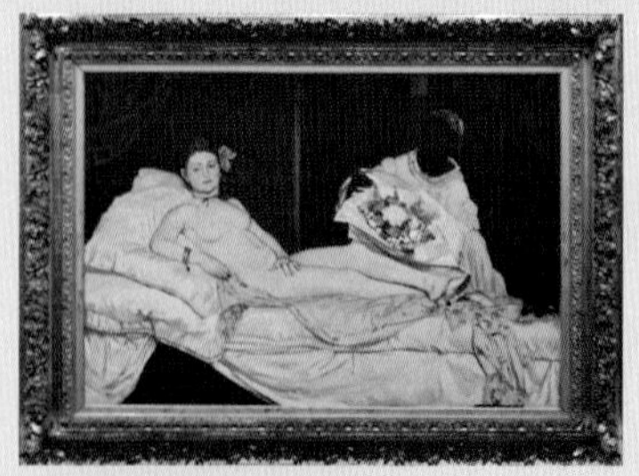

마네, 〈올랭피아 Olympia〉(1863) _ 0층 14실

인상주의의 아버지로 불리는 에두아르 마네 (Edouard Manet, 1832~1883)의 작품으로 이탈리아 화가 티치아노의 〈우르비노의 비너스 The Venus of Urbino〉(1538) 라는 작품에서 영감을 받아 그렸다. 여신이 아닌 실존하는 창녀의 누드를 그려 온갖 혹평을 받았다.

마네, 〈피리부는 소년 Le fifre〉 (1866)_ 0층

마네의 걸작 중 하나로 스페인 화가 벨라스케스의 초상화 작품의 영향을 받았다고 전해진다. 피리를 부는 소년의 모습을 그린 것 같지만 〈올랭피아〉에 모델로 나오는 여인과 동일인이라는 설이 있다. 특별전, 해외 전시를 위한 작품대여 등의 이유로 종종 자리를 비운다.

2층 Niveau médian - 빈센트 반 고흐 Vincent Van Gogh

한국인들이 사랑하는 화가 빈센트 반 고흐(1853~1890)는 후기 인상주의의 대표적인 화가로 다양한 걸작을 남겼다. 네덜란드 출신 화가이지만 주로 남프랑스에서 작품활동을 했으며 화가 고갱, 친동생 테오와 가깝게 지냈다. 두껍게 칠한 물감, 강렬한 색채와 붓 터치로 잘 알려진 반 고흐는 생전에는 화가로서 인정받지 못하다가 사후에 이름이 알려졌으며, 면도칼로 자신의 귀를 자르는 등 심각한 정신 질환으로 많은 고통을 겪었다. 1888년 파리 생활에 지친 고흐는 프랑스 남부 아를 지방으로 이사해 그곳에서 〈해바라기〉, 〈아를 포룸 광장의 카페 테라스〉, 〈별이 빛나는 밤〉 등 다수의 걸작을 남겼으며, 1890년 프랑스 북부 전원마을 오베르쉬르우아즈에서 생의 마지막 70일을 보내며 〈오베르쉬르우아즈 성당〉을 비롯해 80여 점의 작품을 남겼다. 반 고흐는 오베르의 벌판에서 권총을 쏘아 37세의 나이에 생을 마감했으

며 동생 테오와 함께 오베르의 공동묘지에 묻혀있다. 오르세 미술관에는 반 고흐의 대표작 20여 점이 전시되어 있다.

반 고흐, 〈아를의 별이 빛나는 밤 La nuit étoilée〉(1888)〉_ 2층 71실

반 고흐의 걸작 중 하나로 무수히 빛나는 밤하늘의 별빛과 조명이 빛나는 론강의 밤 풍경을 강렬한 터치로 그렸다. 반 고흐는 프랑스 남부 아를 지방의 아름다운 밤 풍경을 무척 좋아했다고 한다.

반 고흐, 〈아를의 반 고흐의 방 La chambre de Van Gogh à Arles〉 (1889)_ 2층 72실

반 고흐는 〈반 고흐의 방〉이라는 이름으로 세 작품을 남겼는데 하나는 암스테르담의 반 고흐 미술관에, 하나는 시카고 미술관에, 하나는 이곳에 전시되어 있다.

반 고흐, 〈자화상 Portrait de l'artiste〉(1889) _ 2층 71실

렘브란트, 고야와 마찬가지로 반 고흐는 자신을 모델로 그림을 자주 그렸다. 반 고흐는 거울에 비친 자신의 모습을 비판적으로 관찰하며 10년간 43점이나 되는 자화상을 남겼다. 이 작품에서는 수척해진 얼굴과 불안한 눈빛을 엿볼 수 있다.

〈오베르쉬르우아즈 성당, L'église d'Auvers-sur-Oise, vue du chevet〉(1890)_2층 71실

반 고흐는 프랑스 북부의 전원마을인 오베르쉬르우아즈에 살면서 마을 풍경을 주로 그렸다. 생의 마지막 70일을 지냈던 오베르에서의 그린 작품들에는 왠지 모를 슬픔이 배어 있다.

2층 Niveau médian

고갱, 〈타히티의 여인들 Femmes de Tahiti ou Sur la plage〉 (1891)_ 2층 70실

반 고흐, 세잔과 함께 후기 인상주의를 이끈 폴 고갱(Paul Gauguin, 1848~1903)의 대표작. 문명에서 벗어나 소박한 생활을 꿈꾸던 고갱은 프랑스의 식민지였던 남태평양의 원시 섬 타히티로 떠나 그곳에서 생활하며 이국적이고 신비한 그림을 많이 남겼다. 대담한 구도와 강렬한 색채, 진한 윤곽선이 인상적이다.

로댕, 〈지옥의 문 La Porte de l'Enfer〉 (1880~1917)_2층 로댕 테라스

현대 조각의 아버지로 불리는 오귀스트 로댕(Auguste Rodin, 1840~1917)의 걸작으로 단테 〈신곡〉의 '지옥편'을 테마로 한 작품으로 지옥에서 형벌을 받고 있는 사람들의 고통스러운 모습을 묘사하고 있다.

5층 Niveau supérieur

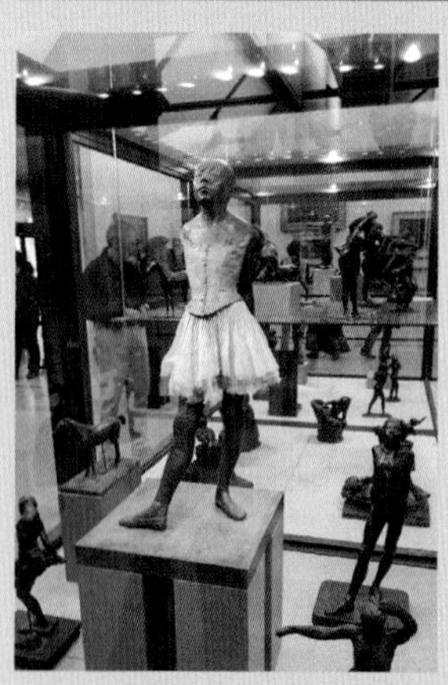

드가, 〈14세의 발레리나 Petite danseuse de quatorze ans〉(1921~1931) _5층 31실

부유한 은행가 집안에서 태어나 법률을 공부하다 화가의 길로 들어선 에드가 드가(Edgar Degas, 1834~1917)는 회화에서뿐만 아니라 조각에서도 뛰어난 재능을 보였다. 〈14세의 발레리나〉는 시력이 나빠져 그림을 포기하고 조각작품에 몰두하던 시기에 제작한 조각품으로, 1881년 출품 당시 조각에 발레복 상·하의, 스타킹, 신발, 리본 등을 착용해 많은 논란이 있었다. 1881년 왁스로 제작된 드가의 원작은 현재 워싱턴 국립 미술관에 소장되어 있으며, 오르세 박물관에 있는 작품은 드가의 사후에 제작된 청동조각품 22점의 작품 중 하나이다. 드가는 생전에 작품이 청동으로 만들어지는 것을 원하지 않았으나 드가가 세상을 떠난 뒤 가족들의 결정으로 청동으로 주조되었다. 이 작품은 1931년부터 1971년까지 루브르 박물관에 전시되어 있다가 1986년 오르세 박물관이 개관하면서 이곳에 전시되었다.

드가 〈발레 수업 La classe de danse〉(1873~1876)_5층 32실

부유한 은행가 집안에서 태어나 법률을 공부하다 화가의 길로 들어선 에드가 드가는 어린 발레리나의 모습을 많이 그렸다. 인물 동작을 순간적으로 포착해 섬세하고 사실적으로 묘사한 것이 특징이다.

르누아르, 〈물랭 드 라 갈레트의 무도회 Bal du moulin de la Galette〉 (1876)_5층 32실

물감 살 돈이 없을 정도로 가난한 집안에서 태어난 르누아르는 1862년부터 화가의 길로 들어섰다. 화사하고 따뜻한 분위기의 여성을 모델로 한 그림을 주로 그렸다. 19세기 말 파리의 젊은 연인들이 즐겨 찾던 무도회장 '물랭 드 라 갈레트(p.281)'의 모습을 담았다.

마네, 〈풀밭 위의 점심식사 Le dejeuner sur l' herbe〉 (1863)_5층 29실

마네의 대표작 중 하나. 1866년 살롱전에 출품했다가 거절당한 작품 중 하나이다. 〈올랭피아〉에도 등장하는 모델인 창녀와 당대 지식인을 상징하는 차림의 신사들이 대낮에 피크닉을 즐기는 모습을 그려 당시 비평가들에게 격렬한 비난을 받았다.

모네, 〈개양귀비 밭 Coquelicots(1873)〉 _ 5층 30실

인상주의 대표 화가 클로드 모네(Claude Monet, 1840~1926)의 작품으로 빨간 개양귀비 꽃이 가득한 들판과 파란 하늘, 하얀 구름이 어우러진 풍경을 담아냈다. 모네는 시간대와 계절, 빛에 따라 변하는 자연에서 받은 인상을 같은 제목의 연작으로 담아냈는데, 이 작품은 〈개양귀비 밭〉이라는 4개의 연작 중 하나이다.

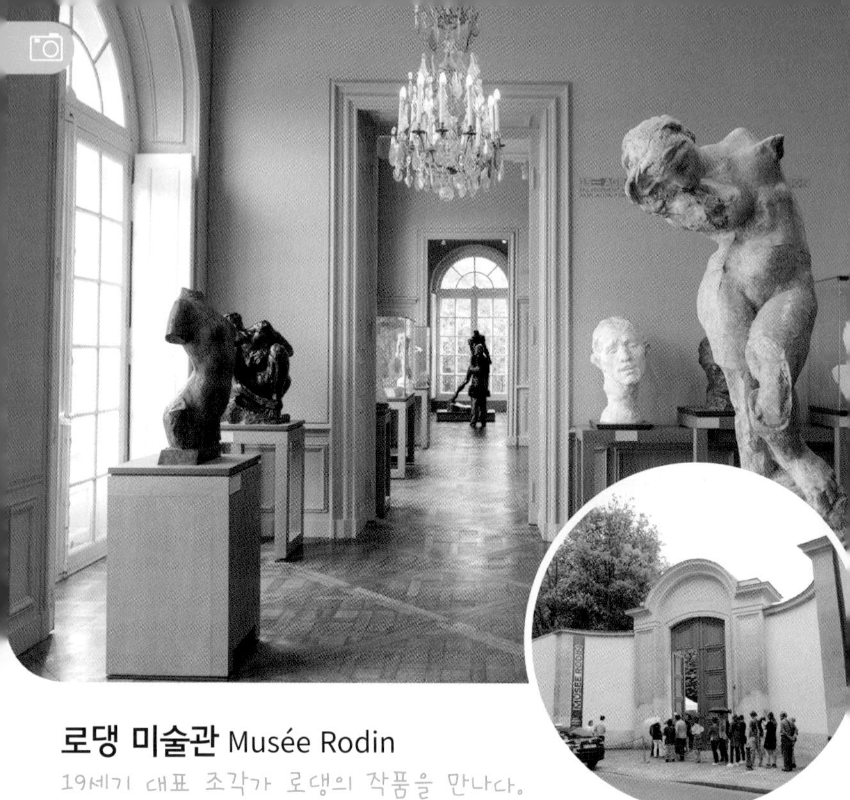

로댕 미술관 Musée Rodin

19세기 대표 조각가 로댕의 작품을 만나다.

현대 조각의 아버지로 불리는 19세기 최고의 조각가 오귀스트 로댕(Auguste Rodin, 1840~1917)이 말년에 살던 저택인 '오텔 비롱 L'Hôtel Biron'을 미술관으로 꾸민 곳이다. 로댕은 프랑스 정부에 전 재산을 기증하기로 약속하고 죽을 때까지 이곳에 살았으며, 로댕이 세상을 떠난 뒤 미술관으로 운영되고 있다. 로댕의 작품 6천여 점을 소장 및 전시하고 있으며, 로댕의 작품 이외에 카미유 클로델, 모네, 르누아르, 반 고흐의 작품도 볼 수 있다. 약 3만m^2 (약 9000평)에 이르는 아름다운 정원에는 로댕의 대표작인 〈지옥의 문〉, 〈생각하는 사람〉, 〈칼레의 시민들〉 등이 전시되어 있으며, 녹음이 우거져 있어 여유롭게 산책을 즐기기에도 좋다. 영화 〈미드나잇 인 파리〉에서 로댕과 그의 연인 카미유 클로델에 관한 대화를 나누는 장면에 등장하기도 했다.

구글맵 48.855321, 2.315836 P.213 G 뮤지엄패스
홈페이지 www.musee-rodin.fr
운영 10:00~18:30 (마감 30분 전까지 입장가능), 휴관 월요일, 1/1, 5/1, 12/25
입장료 일반 €12, 만 18~25세 €9, 오디오 가이드 €6
위치 메트로 13호선 Varenne역에서 도보 2분.

명예의 안뜰 Main Courtyard, artillery collections

앵발리드 (군사 박물관) Les Invalides(Musée de l'Armé)

게임을 좋아하거나 역사에 관심이 많다면

1670년 루이 14세의 지시로 건설된 군사복합시설로 전투에서 부상 당한 군인들의 치료와 회복을 위한 병원시설, 작업장, 퇴역군인을 위한 요양소 등을 갖춘 대규모 복지시설이다. 앵발리드는 1905년부터 군사 박물관으로 이용되고 있으며, 건물 안으로 들어가면 바로 보이는 명예의 안뜰에는 대포 60개가 늘어서 있으며, 그 옆으로 군사 박물관 Musee de l'Armee 보인다. 군사 박물관은 다시 중세 무기 박물관, 현대사 박물관(제 1·2차 세계대전), 샤를 드골 기념관, 군사 입체모형 박물관, 생 루이 데 앵발리드 성당, 돔 성당 등 7개의 시설로 나뉘어 선사시대부터 현대까지의 각종 전쟁 무기와 갑옷, 깃발, 그림 등을 테마별로 전시하고 있다. 프랑스 군대의 역사를 보여주는 다양한 자료가 전시되어 있어 단체 견학을 온 현지 학생들의 모습도 자주 볼 수 있다.

구 글 맵 48.857167, 2.312820 P.213 G 뮤지엄패스
홈페이지 www.musee-armee.fr
운 영 10:00~18:00 (11~3월 ~17:00)
휴 관 1/1, 5/1, 12/25
입 장 료 일반 €12, 만 18~25세 무료입장(단, temporary exhibition 관람 시 €5)
위 치 메트로 8호선 La Tour-Maubourg역에서 도보 4분

돔 성당, 나폴레옹의 묘 Dôme des Invalides, tomb of Napoleon I

황금빛 돔이 눈에 띄는 돔 성당에는 나폴레옹 1세의 묘가 안치되어 있으며 나폴레옹이 직접 사용하던 검과 군복 등 유품도 전시되어 있다. 나폴레옹의 아내 조세핀을 비롯한 나폴레옹 일가의 무덤과 프랑스의 전쟁 영웅들의 무덤도 안치되어 있다.

중세 무기 박물관 old armour and weapons, 13th~17th

13세기부터 17세기까지의 유럽의 주요 무기와 갑옷 등을 시대순으로 전시하고 있다.

현대사 박물관 (제1·2차 세계대전) Contemporary department, the Two World Wars 1871-1945

현대사 박물관에서는 제1차, 2차 세계대전 시기에 프랑스 군대에서 사용했던 무기와 군복 등을 비롯해 군인들이 일상에서 사용하던 물품, 편지, 자동차 등 다양한 자료를 전시하고 있다

에펠탑 Tour Eiffel

로맨틱한 파리의 상징을 만나다.

파리의 상징 에펠탑은 노트르담 대성당, 루브르 박물관과 더불어 파리에서 가장 유명한 관광 명소 중 하나이다. 에펠탑은 프랑스 대혁명 100주년을 기념하여 1889년 개최된 파리 만국박람회를 기념하기 위해 세운 높이 324m의 철탑으로 귀스타브 에펠 Gustave Eiffel이 설계하였다. 초기에는 철골을 드러낸 외관이 '괴물'처럼 흉물스러워 파리의 경관을 해친다는 이유로 소설가 모파상, 에밀 졸라 등 많은 예술가들과 지식인들의 반대에 부딪혔으나 지금은 전 세계인의 사랑을 받는 파리의 상징물이 되었다. '철의 여인'이라고도 불리는 에펠탑 제작에는 총 2만여 개의 전구와 1665개의 계단, 205만 개의 리벳 못이 사용되었으며, 무게만 1만 톤이 넘는 것으로 추정된다. 에펠탑은 낮에 바라보는 모습만으로도 충분히 멋지지만 조명을 받아 반짝이는 밤의 모습도 무척 아름답다.

구 글 맵 48.858390, 2.294484 P.212 E
홈페이지 www.tour-eiffel.fr
위 치 메트로 6호선 Bir-Hakeim 역에서 도보 10분. 또는 메트로6 · 9호선 Trocadéro · 8호선 Ecole militaire역에서 도보 15분. 또는 RER C선 Champ de Mars-Tour Eiffel 역에서 도보 7분. 또는 버스 42, 69, 72, 82, 87번 이용

-에펠탑 전망대

파리에서 가장 높은 건축물 중 하나인 에펠탑은 높이 324m의 철제 구조물로 총 3층으로 이루어져 있으며, 2층과 3층에 전망대가 있다. 2층까지는 엘리베이터 또는 계단으로 오를 수 있으며 3층은 엘리베이터로만 올라갈 수 있다. 2층 전망대까지 계단으로만 오르는 티켓의 경우 입장료가 많이 저렴하지만 0층부터 704개의 계단을 올라가야 하는 수고를 해야 한다. 1층에는 에펠탑의 건축 과정과 일화 등을 사진과 영상자료로 보여주는 박물관이 마련되어 있으며 2층에는 에펠탑을 보며 식사를 즐길 수 있는 레스토랑이 자리하고 있다. 3층 전망대에서는 샤요 궁, 사크레쾨르 대성당, 개선문, 몽파르나스 타워까지 360°로 펼쳐지는 파리의 전경을 감상할 수 있다.

구분	일반	만 12~24세	만 4~11세
0~2층 엘리베이터	€ 16.3	€ 8.1	€ 4.1
0~3층 엘리베이터	€ 25.5	€ 12.7	€ 6.4
0~2층 계단	€ 10.2	€ 5.1	€ 2.5
0~2층 계단+2~3층 엘리베이터	€ 19.4	€ 9.7	€ 4.9

※계단, 엘리베이터 이용 층수에 따라 요금이 달라지니 티켓구입시 유의하도록 하자!

운　영 6월 중순~8월 말, 09:00~24:45, 그외기간 09:30~23:45(계단 ~18:30), 날씨와 입장객 수에 따라 변동있음. 7/14일 09:00~14:00

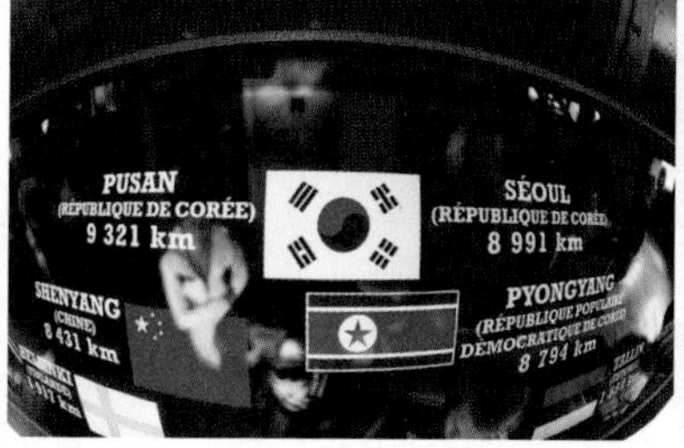

PUSAN
(RÉPUBLIQUE DE CORÉE)
9 321 km
SÉOUL
(RÉPUBLIQUE DE CORÉE)
8 991 km
SHENYANG
(CHINE)
PYONGYANG
8 794 km

SPECIAL

도대체 거기가 어디야!

에펠탑 인생사진은 여기에서!

에펠탑 전망 제대로 즐기기

에펠탑과 가장 가까운 곳, 에펠탑을 배경으로 멋진 사진을 남길 수 있는 곳, 에펠탑을 가장 멋지게 감상할 수 있는 곳은 바로 샤요 궁 앞의 트로카데로 정원과 파리 군사학교 앞의 마르스 광장이다. 드넓은 잔디밭에는 에펠탑을 배경으로 인생 사진을 남기려는 관광객들과 에펠탑을 바라보며 피크닉을 즐기려는 이들, 애견과 함께 산책과 휴식을 즐기러 나온 파리지앵, 에펠탑 야경을 즐기러 나온 연인들로 가득하다.

샤요 궁전 앞 트로카데로 정원 Jardins du Trocadéro

에펠탑 북쪽 샤요 궁 앞에 조성된 정원으로 에펠탑의 모습을 가장 아름답게 담을 수 있는 포토스팟으로 유명하다.

마르스 광장 (샹 드 마르스) Champ de Mars

에펠탑 근처 파리 군사학교 앞에 위치한 광장으로 여름밤에는 에펠탑의 야경을 즐기려는 인파로 가득하다.

평화의 벽 Le Mur Pour La Paix

마르스 광장 끝에는 '평화'라는 단어가 49개국 언어로 새겨진 평화의 벽이 있다. 평화의 벽과 에펠탑을 한 프레임 안에 담아 사진을 찍을 수 있다

또 다른 느낌의 에펠탑 뷰 포인트!

드빌리 인도고 Passerelle Debilly

보행자 전용 다리인 드빌리 인도교는 한적하고 뷰가 좋아 관광객들의 포토 스폿으로 사랑 받는 곳이다.

마르스 광장 초입 잔디 밭

광장 중앙 부근 보다 관광객도 적고 에탑펠을 보며 피크닉도 즐길 수 있는 숨겨진 장소다.

유니베시띠 가 Rue de l'Université

주택가 건물 사이로 보이는 에펠탑이 이색적인 풍경을 만들어 내는 장소다.

GUESS

혁명 기념일 에펠탑 불꽃놀이

매년 7월 14일 혁명 기념일에는 파리 시내 곳곳에서 이벤트가 펼쳐진다. 개선문 거리에서는 퍼레이드가 진행되고, 에어쇼, 불꽃놀이 축제 등이 열린다. 특히 에펠탑에서는 음악과 불꽃놀이 쇼가 펼쳐지는데 에펠탑 불꽃놀이를 감상하기 가장 좋은 명소인 마르스 광장에는 낮부터 불꽃놀이 행사를 즐기려는 인파로 붐빈다. 에펠탑 불꽃놀이는 밤 11시부터 시작되지만 초저녁부터 에펠탑 밑에 마련된 공연장에서 다양한 행사가 진행되어 일찍 가지 않으면 좋은 자리를 맡기가 힘들다.

불꽃놀이 관람시 유의사항

-늦은 시간에 불꽃놀이가 시작되니 되도록 일행과 같이 움직이는 것이 좋고, 사람들이 많으니 소지품 관리에 유의하는 것이 좋다.

-일단 자리를 잡았다면 이동하기가 쉽지 않으니 간식거리와 돗자리 등을 미리 준비하고, 쌀쌀한 날씨에 대비해 카디건 등을 챙겨가는 것이 좋다.

-불꽃놀이가 끝난 다음에는 메트로와 버스 등을 이용하기가 힘드니 숙소로 이동하는 교통수단도 미리 생각해두는 것이 좋다.

샤요 궁전 Palais de Chaillot

에펠탑을 배경으로 멋진 사진을 남기고 싶다면

에펠탑 북쪽 센강 건너편에 위치한 샤요 궁전은 에펠탑의 모습을 가장 아름답게 담을 수 있는 포토스팟으로 유명하다. 원래 이 자리에는 트로카데로 Trocadéro 라는 이름의 궁전이 있었으나 1937년, 파리 만국박람회를 기념하여 그 자리 위에 다시 지은 건물이 샤요 궁전이다. 궁전 앞 광장에는 트로카데로 정원과 대형분수, 잔디밭이 길게 조성되어 있어 휴식과 피크닉을 즐기는 시민들, 에펠탑을 배경으로 사진을 남기려는 관광객들, 에펠탑의 아름다운 야경을 즐기려는 이들로 종일 붐빈다. 샤요 궁전 안에는 해양박물관 Musée de la Marine, 인류박물관 Musée de l'Homme, 건축문화재단지 Cité de l'architecture et du patrimoine, 수족관 L'Aquarium de Paris, 레스토랑 등의 시설이 들어서 있다.

구글맵 48.862369, 2.288104 P.212 A 뮤지엄패스
홈페이지 건축·문화 유산단지 www.citedelarchitecture.fr / 인류박물관 www.museedelhomme.fr / 해양박물관 www.musee-marine.fr/paris
운영 10:00~18:00 (박물관마다 다름), 각 홈페이지 참조
입장료 일반 €8~10(박물관마다 다름)
위치 메트로 6·9호선 Trocadéro 역에서 도보 2분, 에펠탑에서 도보 15분

낭만에 대하여!

유람선을 타고 즐기는 로맨틱 파리!

파리 시내를 유유히 흐르는 센 강의 낭만을 느껴보자.

파리의 낭만을 만끽하고 싶다면, 파리의 명소를 색다르게 즐기고 싶다면, 파리의 로맨틱한 야경을 편하게 감상하고 싶다면 유람선을 타보자. 약 1시간 정도 운항하며 오르세 미술관, 루브르 박물관, 노트르담 대성당, 에펠탑 등 파리의 주요명소를 지난다. 센 강 위를 흐르는 유람선 운항 회사는 많이 있지만 그중에서도 바토 파리지앵, 바토무슈, 바토뷔스가 가장 대중적이다. 바토무슈와 바토 파리지앵은 한국어 안내 서비스가 제공되어 많은 한국인 관광객들이 이용하며, 바토뷔스는 시티투어버스처럼 원하는 곳에서 승하차를 할 수 있는 유람선이다. 일반 유람선 이외에도 브런치·런치(주말공휴일), 디너 크루즈(매일)를 운영하며 크루즈 종류에 따라 루트, 소요시간, 요금이 달라진다. 크루즈를 타고 야경을 감상하기에 좋은 시간대는 여름철은 21:00이후, 겨울철은 18:00이후이다.

바토 무슈 Bateaux Mouches

바토 무슈 Bateaux Mouches

한국어 관광객이 주로 이용하는 유람선 중 하나로 단체 관광객이 많이 이용한다. 지붕과 창문이 없는 야외좌석이 있어 인기가 많다. 한인 민박, 국내 여행사 등에서 할인 티켓 구매가 가능하다. 한국어 안내 서비스 제공.

구글맵	48.864039, 2.305937 P.212 B
홈페이지	www.bateaux-mouches.fr/ko (한국어)
운영	4~9월 10:00~22:30(30분 간격), 10~3월 11:00~21:20(40분 간격, 주말에는 10:15편 추가)/소요시간 약 1시간 10분
요금	일반 유람선 €14, 런치 €60, 디너 €75~325
선착장	에펠탑 맞은 편 알마 다리 Pont de l'Alma 아래 (Port de la Conference)
위치	메트로 9호선 Alma Marceau 역에서 선착장까지 도보 5분. 버스 28·42·49·63·72·80··83·92번 이용

바토 파리지앵 Bateaux Parisiens

바토 파리지앵 Bateaux Parisiens

센 강을 지나는 대표 유람선 중 하나로 1956년부터 운항을 시작했다. 바토무슈보다 조금 더 깔끔하고 고급스러운 분위기이며 선착장은 에펠탑 근처와 노트르담 대성당 근처에 있다. 한국어 안내 서비스 제공.

구글맵	48.860402, 2.293566 P.212 E
홈페이지	www.bateauxparisiens.com (영어)
운영	4~9월 10:00~22:30(30분 간격), 10~3월 10:30~22:00(1~2시간 간격) 노트르담 노선은 3월말~11월초에만 운영/ 소요시간 약 1시간
요금	일반 유람선 €15, 런치€59~89, 디너 €69~595
선착장	에펠탑 근처 이에나 다리 Pont d' lena 옆 선착장 (Pont de la Bourdonnais) 또는 노트르담 옆(Quai de Montebello)
위치	메트로 6호선 Bir-Hakeim 역 또는 RER C선 Champ de Mars-Tour Eiffel 역에서 선착장까지 도보 10분. 버스 42·92번 이용

바토뷔스 Batobus ©www.batobus.com

바토뷔스 Batobus

센 강 주변의 파리명소를 연결하는 수상버스. 시티투어버스처럼 1~3일권을 구매하면 유효기간 동안 원하는 곳에서 자유롭게 승하차가 가능하다. 에펠탑, 샹젤리제, 오르세 미술관, 루브르 박물관, 생제르맹데프레, 노트르담 대성당 등 파리 주요명소를 지나기 때문에 대체교통수단으로도 이용할 수 있다. 티켓은 배 선착장이나 관광안내소에서 구매가능하며, 승차할 때마다 티켓을 보여줘야 하니 잘 보관하자.

홈페이지	www.batobus.com
운 영	10:00~19:30(계절·요일·시즌에 따라 달라짐) 25~40분 간격운행
소요시간	약 1시간 40분(한바퀴 승선시)
요 금	1일권 €17, 2일권 €19 (나비고 소지자는 €6 할인), 버스 통합권 2일권 €47, 3일권 €51
위 치	센 강변 8개의 선착장 중 가까운 선착장에서 승선. '바토뷔스 Batobus' 표지판을 따라 가면 선착장이 나온다.

Restaurant

©www.fontainedemars.com

라 퐁텐 드 막스 La fontaine de Mars

1908년 문을 연 레스토랑으로 오바마 대통령이 방문했던 곳으로 유명하다. 다양한 프랑스 가정식 요리와 와인을 즐길 수 있다. 음식이 아주 천천히 나오는 편이니 시간적 여유가 있는 사람들에게만 추천. 맛과 서비스는 좋지만 가격대는 비싼 편이다. 예약 후 방문하는 것이 좋다.

구글맵 48.858426, 2.302566 / 홈페이지 www.fontainedemars.com / 운영 12:00~15:00, 19:30~23:00
예산 메인요리 €27~ / 위치 에펠탑에서 도보 15분 (MAP.212 F)

비스트로 생 도미니크 Bistro Saint-Dominique

라 퐁텐 드 막스 바로 옆에 위치한 레스토랑으로 에펠탑 주변의 다른 식당에 비해 비교적 저렴한 가격대로 식사를 즐길 수 있다. 에스카르고, 푸아그라, 생선구이 등 다양한 프랑스 요리를 즐길 수 있다.

구글맵 48.858304, 2.302427 / 홈페이지 www.bistrostdominique.com / 운영 07:30~23:30
예산 메인요리 €18~ / 위치 에펠탑에서 도보 15분 (MAP.212 F)

© monsieurbleu.com

무슈블루 Monsieur Bleu

에펠탑 근처의 고급 레스토랑으로 특히 테라스 석에서는 에펠탑을 보며 식사를 즐길 수 있어 인기가 많다. 맛과 분위기가 좋지만 가격대는 비싼 편. 방문 시 드레스 코드를 맞추는 것이 좋다.

구글맵 48.863722, 2.296762 / 홈페이지 monsieurbleu.com / 운영 12:00~14:30, 17:00~23:00
예산 메인요리 €30~ / 위치 메트로 9호선 Monsieur Bleu에서 도보 6분. 에펠탑 건너편 (MAP.212 A)

©www.lamijean.fr

쉐 라미 장 Chez L'Ami Jean

에펠탑 근처에 위치한 고급 레스토랑. 가격대비 맛과 서비스가 좋기로 소문난 곳이다. 식당 규모에 비해 손님이 많은 편이니 예약 후 방문하는 것이 좋다. 가격대는 비싼 편.

구글맵 48.860331, 2.3060048 / 홈페이지 www.lamijean.fr / 운영 12:00~14:00, 19:00~23:00 / 일·월요일 휴무
예산 메인요리 €25~ / 위치 에펠탑에서 도보 15분 (MAP.212 F)

생제르맹데프레 & 몽파르나스

Saint-Germain des Prés & Montparnasse

20세기 초 파리의 예술가들이 즐겨 찾던 곳

들라크루아, 피카소, 마티스, 헤밍웨이 등 파리 유명 화가와 작가들이 즐겨 찾던 곳. 지금도 '레 뒤 마고', '카페 드 폴로르' 등 예술가들의 단골 카페가 거리 곳곳에 남아있어 당시의 분위기를 느낄 수 있다. 그밖에도 프랑스 요리, 바게트, 마카롱 등을 제대로 즐길 수 있는 전문점이 거리 곳곳에 자리하고 있어 먹는 재미도 빼놓을 수 없다

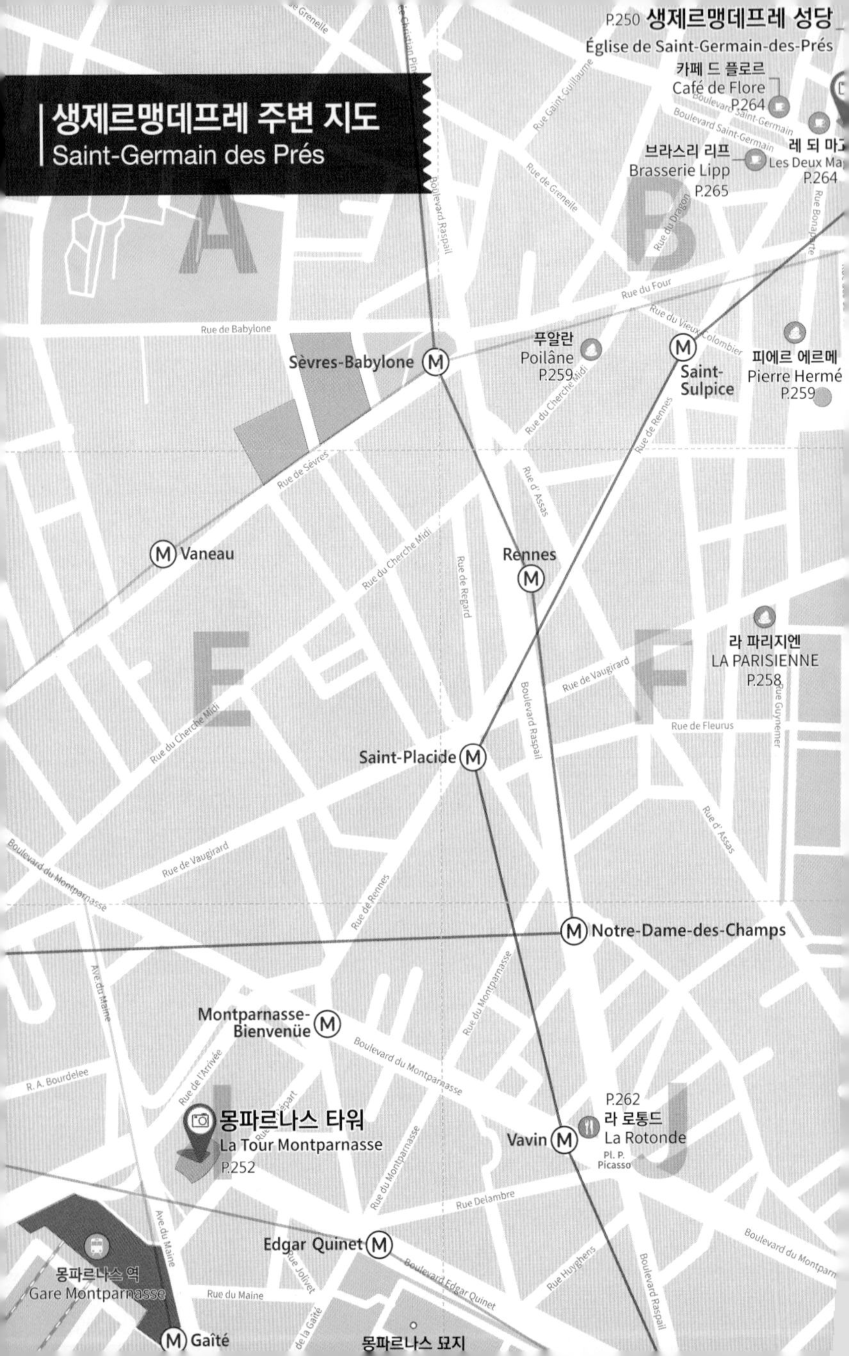

생제르맹데프레 주변 지도
Saint-Germain des Prés
P.250 생제르맹데프레 성당
Église de Saint-Germain-des-Prés
카페 드 플로르
Café de Flore
P.264
레 되 마고
Les Deux Ma
P.264
브라스리 리프
Brasserie Lipp
P.265
푸알란
Poilâne
P.259
피에르 에르메
Pierre Hermé
P.259
라 파리지엔
LA PARISIENNE
P.258
몽파르나스 타워
La Tour Montparnasse
P.252
P.262
라 로통드
La Rotonde
Pl. P. Picasso
몽파르나스 역
Gare Montparnasse
몽파르나스 묘지
Sèvres-Babylone
Saint-Sulpice
Vaneau
Rennes
Saint-Placide
Notre-Dame-des-Champs
Montparnasse-Bienvenüe
Vavin
Edgar Quinet
Gaîté
A
B
E
F
I
J
Rue de Babylone
Rue de Sèvres
Rue du Four
Rue du Vieux Colombier
Rue du Cherche Midi
Rue de Rennes
Rue d' Assas
Rue de Regard
Rue de Vaugirard
Rue de Fleurus
Rue Guynemer
Boulevard Raspail
Boulevard Saint-Germain
Rue Bonaparte
Rue du Dragon
Rue de Grenelle
Rue Saint-Guillaume
Boulevard du Montparnasse
Rue du Montparnasse
Ave.du Maine
R. A. Bourdelee
Rue de l'Arrivée
Rue Delambre
Rue Jolivet
Rue du Maine
Boulevard Edgar Quinet
Rue Huyghens
Rue de la Gaîté

시테섬
îLE de la Cité
P.106
피시 라 부아손리
Fish La Boissonnerie
P.257
Saint-Michel
리틀 브레즈
Little Breizh
P.258
르 프로코프
Le Procope
P.262
Mabillon
Place Saint-Michel
Saint-Michel Notre Dame
노트르담 대성당
Cathédrale Notre-Dame de Paris
P.112
Odéon
생 쉴피스 성당
Église Saint Sulpice
P.248
Cluny-La Sorbonne
Boulevard Saint-Germain
부일옹 라신
Bouillon Racine
P.262
폴리도르
Le Polidor
P.262
Maubert Mutualite
오데옹 극장
Odéon Theatre
소르본 대학
Université Paris-Sorbonne
P.119
뤽상부르 궁전
Palais du Luxembourg
Luxembourg
뤽상부르 정원
Jardin du Luxembourg
P.251
팡테옹
Panthéon
P.120
Rue Soufflot
Place du Panthéon
Rue Gay-Lussac
Rue Saint-Jacques
Boulevard Saint-Michel
Rue d'Ulm
Rue Lhomond
Rue Mouffetard
Rue Auguste Comte
Ave. de l'Observatoire
Rue Michelet
Rue du Val-de-Grâce
Rue Claude Bernard
100m
Port-Royal

생 쉴피스 성당 Église Saint Sulpice

소설 <다빈치 코드>에 등장한 곳

파리에서 노트르담 대성당 다음으로 큰 성당. <민중을 이끄는 자유의 여신>으로 잘 알려진 화가 외젠 들라크루아의 프레스코 벽화와 파리에서 가장 큰 파이프 오르간이 있는 성당으로 유명하다. 또한 댄 브라운의 소설 <다빈치 코드>에서 '성배의 비밀'이 숨겨진 장소로 등장해 문학 팬들의 발길도 끊임없이 이어진다. 성당 안으로 들어가면 한쪽 벽면에 들라크루아의 프레스코 벽화 <천사와 씨름하는 야곱>과 <수도원에서 쫓겨나는 헬리오도로스> 가 그려져 있으며, 들라크루아는 이 작품을 그리기 위해 파리 북부에서 이 근처로 이사를 했다고 한다. 성당 내에는 아름다운 음색을 자랑하는 파리에서 가장 큰 파이프 오르간이 놓여 있으며 종종 오르간 연주회가 열린다.

구 글 맵 48.851038, 2.335020 P.247 C
홈페이지 pss75.fr/saint-sulpice-paris
운 영 07:30~19:30 (미사진행 시 일부 입장제한)
입 장 료 무료
위 치 메트로 4호선 Saint-Sulpice역에서 도보 5분. 또는 메트로 10호선 Mabillon역에서 도보 2분

©www.musee-delacroix.fr

외젠 들라크루아 박물관 Musée national Eugène Delacroix

낭만주의 화가 들라크루아의 작품을 만나다

프랑스 낭만주의 화가 외젠 들라크루아(Eugène Delacroix, 1798~1863)가 말년에 살던 저택과 아틀리에를 개조해 만든 박물관. 들라크루아는 루브르 박물관에 전시된 〈민중을 이끄는 자유의 여신〉을 그린 화가로도 잘 알려져 있다. 19세기 중반 들라크루아는 생 쉴피스 성당의 벽화를 그리게 되었는데 좀 더 편하게 작업하기 위해 파리 북쪽에서 성당과 가까운 지금의 집으로 이사를 하게 되었다고 한다. 박물관 내에는 들라크루아가 생전에 사용하던 팔레트를 비롯해 자화상, 스케치, 판화 등 다양한 작품과 지인들의 개인 소장품과 작품들이 전시되어 있으며 들라크루아가 생전에 아끼던 작은 정원도 마련되어 있다. 볼거리가 풍부하지는 않지만 조용하게 작품 감상과 산책을 즐기기에 좋다.

구글맵 48.854467, 2.335585 뮤지엄패스
홈페이지 www.musee-delacroix.fr
운영 09:30~17:30 (매월 첫째 목요일~21:00), 마감 30분 전까지 입장가능
휴관 화요일, 1/1, 5/1, 12/25
입장료 €7, 루브르 박물관 통합권 €15
위치 메트로 4호선 Saint-Germain-des-Prés역에서 도보 5분. 생제르맹데프레 성당 도보 4분

생제르맹데프레 성당 Église de Saint-Germain-des-Prés

파리에서 가장 오래된 성당

생제르맹데프레 역 앞에 있는 성당으로 파리에서 가장 오래되었다. 558년 실드베르 1세가 창건한 수도원 부속 성당으로 순교자 생 뱅상의 유품을 보관하기 위해 건립되었으며, 8세기경에는 1만 7천 개의 수도원을 거느린 베네딕트 수도원의 거점 역할을 해왔다. 원래 11세기경 세워진 3개의 종탑이 있었으나 프랑스 대혁명 당시 감옥과 화약창고로 사용되면서 2개가 파괴되고 한 개만 남아 현재 프랑스에서 가장 오래된 종탑 중 하나로 손꼽힌다. 성당은 19세기 초 재건되어 지금의 모습을 갖추게 되었으며, 성당 내부에는 14세기에 제작된 대리석상 〈위로의 성모 마리아(1340년)〉와 철학자이자 수학자인 데카르트의 묘비가 있다. 매월 마지막 주 일요일에는 오르간 연주회가 열리고, 겨울철에는 성당 앞 광장에 크리스마스 마켓이 들어선다.

구글맵 48.853968, 2.334354 P.246 B
홈페이지 www.eglise-saintgermaindespres.fr
운영 08:30~20:00 (월요일 09:00~)
입장료 무료
위치 메트로 4호선 Saint-Germain-des-Prés역에서 도보 2분

뤽상부르 정원
Jardin du Luxembourg

평화로운 오후의 휴식을 즐기고 싶다면

도심 속에 위치한 드넓은 정원으로 곳곳의 벤치에서 책을 읽거나 낮잠을 자는 여유로운 파리지앵의 일상을 엿볼 수 있다. 뤽상부르 궁전에 딸린 정원으로 프랑스풍과 영국풍이 조화를 이루고 있으며, 드넓은 정원에 커다란 연못과 분수, 알록달록 꽃들로 장식된 아름다운 화단, 저명한 예술가의 조각상이 곳곳에 자리하고 있어 한가로이 산책을 즐기기에 좋다. 놀이터, 미끄럼틀, 회전목마 등 아이들을 위한 시설도 잘 마련되어 있으며, 커다란 연못 위에 작은 모형 돛단배를 띄워 노는 아이들의 모습도 종종 볼 수 있다. 커다란 볼거리는 없지만 여유로움을 만끽하며 힐링하고 싶다면 꼭 한번 가보자. 뤽상부르 궁전은 현재 프랑스 상원 의사당으로 사용되고 있다.

구글맵 48.846243, 2.337193 P.247 G

위치 RER B선 Luxembourg 역에서 하차. 또는 메트로 4·10호선 Odéon 역에서 도보 6분

©www.tourmontparr

몽파르나스 타워 La Tour Montparnasse

에펠탑이 담긴 파리의 전경을 한눈에

파리 남쪽에 우뚝 솟아있는 210m 높이의 검은색 빌딩으로 파리의 상징 에펠탑을 사진 한 장에 담을 수 있는 전망대가 있는 곳으로 유명하다. 55층까지는 일반 사무실로 사용하고 있으며, 1층부터 56층까지 38초 만에 오르는 초고속 엘리베이터를 타고 전망대에 오르면 탁 트인 파리 시내를 감상할 수 있다. 통유리로 된 실내 전망대와 야외 테라스에서 에펠탑을 중심으로 파리 시내 전체를 360° 파노라마 뷰로 감상할 수 있으며, 날씨 좋은 날에는 40km 밖까지 조망할 수 있다. 에펠탑에 올라 에펠탑 없는 파리를 조망하는 것보다 에펠탑이 담긴 파리의 전경을 바라보고 싶다면 이곳으로 가보자. 또한 56층에는 파리의 아름다운 야경을 바라보며 로맨틱한 식사와 칵테일을 즐길 수 있는 레스토랑과 바가 있어 인기다.

구글맵 48.842149, 2.321953 P.246 i
홈페이지 www.tourmontparnasse56.com
운영 09:30~23:30(10~3월 ~22:30), 연중무휴
입장료 일반 €18, 만 12~18세 및 학생 €15, 만4~11세 €9.5
위치 메트로 4·6·12·13호선 Montparnasse-Bienvenue 역에서 도보 3분

고물 속 보물 찾기!

파리의 벼룩시장 Marché aux puces!

손때묻은 고가구에서 최신 제품까지 만날 수 있는 곳

파리에는 방브 벼룩시장, 생 투앙 벼룩시장, 몽트뢰유 벼룩시장 등 3개의 벼룩시장이 있다. 벼룩시장은 19세기 말부터 등장한 시장으로 퓌스 puces는 프랑스어로 벼룩을 의미. 오랜 세월을 간직한 골동품에서 최신 제품까지 다양한 품목을 만날 수 있다. 손때묻은 고가구에서부터 오래된 책과 엽서, 우표 등 각종 수집품, 청동, 거울, 램프 등 고미술품, 직접 만든 인테리어 소품, 디자인 가구, 음반, 티스푼, 식기류, 수공예용품, 보석, 액세서리, 장난감, 의류, 신발, 군인용품 등 다양하고 신기한 제품들을 만날 수 있다. 가격대는 단돈 몇 유로에서 몇만 유로까지 다양하니 마음에 드는 물건이 있다면 잘 흥정해보자. 세상 어디에도 없는 나만의 아이템을 득템하고 싶다면 보물찾기하듯 천천히 둘러보며 구경해보자.

※ 가게나 소품을 카메라 등으로 허락 없이 촬영할 경우 불편해하는 상인들도 있으니 주의하는 것이 좋다.
※ 관광객이 많이 모이는 곳이라 소매치기 또한 많으니 소지품 관리에 신경 쓰도록 하자.

방브 벼룩시장 Marché aux puces de Vanves

생투앙 벼룩시장보다 규모는 작지만 다양한 앤틱가구와 소품이 많아 파리 현지인들이 즐겨 찾는다. 오후 2시까지 운영을 하지만 오후 1시쯤이면 서서히 정리를 시작하니 되도록 오전에 방문하는 것이 좋다.

구 글 맵 48.825111, 2.311110
운 영 토·일요일 07:00~14:00
위 치 메트로 13호선 Porte de Vanves역에서 Marché aux puces 표지판을 따라 도보 3분. 또는 버스 58, 95번 이용

©www.pucesparis.com

생 투앙 벼룩시장 Les Puces de Saint-Ouen

파리에서 가장 오래된 벼룩시장이자 16개의 시장이 한데 모여 있는 세계 최대 규모의 벼룩시장으로 전 세계 관광객들이 즐겨 찾는다. 앤티크 가구, 헌책, 장식품, 액세서리, 의류, 신발 등 다양한 제품을 만날 수 있어 구경하는 재미가 있다.

구 글 맵 48.901553, 2.343398
홈페이지 www.marcheauxpuces-saintouen.com
운 영 토 09:00~18:00, 일 10:00~18:00, 월 11:00~17:00, 화~금 휴무
위 치 메트로 4호선 Porte de Clignancourt 역에서 Marché aux puces 표지판을 따라 도보 10분

몽트뢰유 벼룩시장 Marché aux puces de la Porte de Montreuil

주로 아랍계나 아프리카계 상인들이 많아 다양한 나라의 빈티지 소품을 구경할 수 있다. 단 골동품보다는 생필품 위주의 제품들이 많아 벼룩시장의 운치는 덜하다.

구 글 맵 48.855687, 2.414766
운 영 토~월 07:00~19:30, 화~금 휴무
위 치 메트로 9호선 Porte de Montreuil역에서 도보 7분

Cafe · Restaurant
Bakery · Dessert

피시 라 부아손리 Fish La Boissonnerie

와인과 식사를 즐길 수 있는 지중해풍 레스토랑

생제르맹데프레 성당 근처에 위치한 해산물 전문 레스토랑으로 다양한 프랑스 요리와 와인을 즐길 수 있다. 물고기 모양의 모자이크로 장식된 외관에서 알 수 있듯 생선과 해산물 요리가 대표메뉴이지만, 돼지고기, 소고기, 닭고기 등을 이용한 다양한 육류메뉴도 즐길 수 있다. 제철재료를 사용하기 때문에 메뉴가 자주 바뀌며 입구에 메뉴를 붙여놓는다. 가격대는 비싼 편이지만 직원들의 서비스가 친절한 편이고, 관광객이 붐비지 않는 편안한 분위기에서 프랑스 요리와 와인을 즐기기에 좋다. 현지인들이 많이 찾는 저녁 시간대에는 예약을 하고 방문하는 것이 좋다. 매장 맞은편에는 이탈리아 샌드위치 전문점으로 유명한 코시 Cosi가 있고 그 옆으로 자매 레스토랑인 세미야 Semilla 가 있다.

구글맵 48.854187, 2.336954 P.247 C
홈페이지 www.fishlaboissonnerie.com
운영 12:30~14:30, 19:00~22:45
예산 메인요리 €20~
위치 메트로 4호선 Saint-Germain-des-Prés역에서 도보 3분

라 파리지엔 LA PARISIENNE

2016년 파리 최고의 바게트 빵집으로 선정된 곳. 껍질은 바삭하면서도 부드러운 속살의 바게트를 즐길 수 있다. 바게트 이외에도 케이크, 크루아상, 마카롱 등 다양한 빵 종류와 샌드위치를 즐길 수 있다.

구글맵 48.848242, 2.331433 / 홈페이지 www.boulangerielaparisienne.com / 운영 07:00~20:00, 수요일 휴무
예산 바게트 €1~ / 위치 메트로 4호선 Saint-Sulpice역에서 도보 6분 (MAP.246 F)

리틀 브레즈 Little Breizh

몽파르나스 근처에서 가장 인기 있는 크레페 맛집. 주로 치즈나 햄, 달걀, 버섯 등을 넣어 먹으며 메뉴는 식사용과 디저트용으로 나뉜다. 보통 브르타뉴 지방의 전통 사과주인 시드르 Cidres와 같이 먹는다. 식사 시간대에는 긴 줄이 늘어선다.

구글맵 48.853232, 2.337917 / 운영 12:00~14:15, 19:00~22:30, 일·월휴무
예산 식사용 크레페 €9.5~ / 위치 생제르맹데프레 성당에서 도보 4분 (MAP.247 C)

푸알랑 Poilâne

1932년 처음 문을 연 베이커리로 3대째 전통을 이어오고 있다. 밀가루와 천연효모, 소금만으로 반죽해 나무 화덕에서 직접 구워낸 쫀득하면서도 고소한 빵을 만날 수 있다. 살바도르 달리의 단골집으로도 알려져 있으며, 파리 고급식당의 식전 빵으로 이용될 정도로 명성이 높다.

구글맵 48.851328, 2.329010 / 홈페이지 www.poilane.com / 운영 07:00~20:30, 일요일 휴무
예산 €2~ / 위치 메트로 4호선 Saint-Sulpice 역에서 도보 4분 (MAP.246 B)

피에르 에르메 Pierre Hermé

라뒤레에 버금가는 인기를 누리고 있는 마카롱 전문점. 장미, 초콜릿, 바닐라, 귤, 재스민, 패션프루트 등 다양한 맛이 있으며 겉은 바삭하고, 속은 폭신하면서도 부드러운 마카롱을 즐길 수 있다.

구글맵 48.851537, 2.332770 / 홈페이지 www.pierreherme.com / 운영 10:00~19:00(금·토 ~22:00)
예산 마카롱 1개당 €2.1~, 박스포장요금 별도 / 위치 메트로 4호선 Saint-Sulpice역에서 도보 5분 (MAP.246 B)

미식 천국 프랑스~

파리에서 즐기는 달팽이 요리!!!

미식의 천국 프랑스에 왔다면 반드시 먹어봐야 할 달팽이 요리

세계 3대 음식 국가인 만큼 다양한 식문화를 자랑하는 프랑스에는 에스카르고(달팽이 요리), 푸아그라(거위 간 요리) 등 전통요리는 물론 치즈, 베이커리, 디저트, 와인 등 다양한 음식이 발달해 있다. 프랑스어로 달팽이를 뜻하는 에스카르고는 프랑스를 대표하는 요리 중 하나로 식용 달팽이로 만든 요리이다. 파리 시내 곳곳에는 달팽이 요리를 즐길 수 있는 레스토랑이 많이 있으니 달팽이 요리가 어떤 맛일지 궁금하다면 한번 들러보자

에스카르고 Escargot (달팽이 요리) 란 ?

에스카르고는 프랑스 부르고뉴 지방의 전통음식으로 전채요리(앙트레)로 즐겨 먹는 고급요리 중 하나이다. 지름 30~45mm 의 식용 달팽이를 마늘, 파슬리, 버터 등으로 양념해 오븐에 구워낸 요리로 단백질, 무기질, 비타민과 필수 불포화 지방산 함량이 높은 건강식으로 알려져 있다. 달팽이는 포도나무 잎을 좋아하기 때문에 와인으로 유명한 부르고뉴와 샹파뉴 지역의 달팽이가 최고의 식재료로 여겨진다.

달팽이 요리가 프랑스의 대표 요리가 된 이유는 뭘까?

오늘날 프랑스 고급 요리 중 하나인 에스카르고는 고대부터 고급 요리로 여겨왔다. BC 50년경에 이미 달팽이가 양식되었다는 기록이 있으며 고대 로마 시대부터 귀족들이 별미로 즐겼다고 한다. 달팽이 요리가 프랑스의 대표 음식으로 자리잡게 된 것은 19세기 초 프랑스의 유명 셰프였던 앙토냉 카렘(Antonin Carême, 1784~1833)이 러시아 황제의 저녁 만찬에 부르고뉴산 달팽이를 이용한 요리를 선보이면서부터라고. 앙토냉 카렘은 마늘, 허브, 버터를 이용한 새로운 방식의 달팽이 요리를 선보였는데 만찬에 참석한 사람들로부터 큰 호응을 얻게 되면서 세계적으로 유명해졌다.

생제르맹데프레에서 달팽이 요리(에스카르고)를 즐길 수 있는 레스토랑

-폴리도르 Le Polidor

1845년 문을 연 곳으로 헤밍웨이의 단골 레스토랑이자 영화 〈미드나잇 인 파리〉의 배경으로 유명세에 비해 맛은 보통이지만 세월을 간직한 고풍스러운 분위기로 영화팬들이 즐겨 찾는다. 에스카르고, 푸아그라, 그릴요리 등 다양한 메뉴를 즐길 수 있다.

구 글 맵 48.849839, 2.340225 P. 247 G
홈페이지 www.polidor.com
운 영 12:00~14:30, 19:00~24:30
예 산 메인요리 €13~, 므뉘(전채+메인요리+디저트) €22~ (현금만 결제 가능)
위 치 메트로 4·10호선 Odéon역에서 도보 5분

-부일옹 라신 Bouillon Racine

1906년부터 운영된 프렌치 레스토랑으로 TV 프로그램〈원나잇푸드트립〉에 소개되어 우리나라 관광객들도 즐겨 찾는다. 에스카르고를 비롯해 생선, 육류, 해산물로 조리한 다양한 프랑스 요리를 즐길 수 있다. 직원들이 친절한 편.

구 글 맵 48.850248, 2.342086 P. 247 G
홈페이지 www.bouillonracine.com
운 영 12:00~23:00
예 산 메인요리 €16~34, 므뉘(스타터+메인요리+디저트) €35
위 치 지하철 10호선 Cluny - La Sorbonne역에서 도보 3분

-라 로통드 La Rotonde

모딜리아니, 피카소, 마티스 등 예술가들이 즐겨 찾던 곳으로 분위기 있게 식사를 즐기기에 좋다. 식당 내부 곳곳에는 모딜리아니의 그림이 액자로 걸려있다. 아침 식사부터 밤늦게까지 다양한 식사메뉴와 와인을 선보인다. 가격대는 높은 편.

구 글 맵 48.842365, 2.329158 P. 246 J
홈페이지 www.rotondemuette.paris
운 영 07:00~25:00
예 산 메인요리 €23~79, 므뉘(스타터+메인요리+디저트) €46
위 치 지하철 10호선 Vavin역에서 1분

-르 프로코프 Le Procope

1686년 문을 연 프랑스 최초 카페로 고풍스러운 인테리어가 눈길을 끈다. 볼테르, 랭보, 빅토르 위고, 루소, 나폴레옹 등 프랑스의 문인과 정치인들이 즐겨 찾던 카페로, 카페 입구에는 10잔의 커피를 마시고 돈 대신 맡기고 갔다는 나폴레옹의 모자가 걸려있다.

구 글 맵 48.853049, 2.338844 P. 247 C
홈페이지 www.procope.com
운 영 11:45~24:00 (목·금·토~25:00)
예 산 메인요리 €22~38
위 치 메트로 4·10호선 Odéon역에서 도보 2분

SPECIAL
TOMORROW

파리의 일상을 즐기다!
예술가들이 사랑한 카페!

피카소와 헤밍웨이가 즐겨 찾던 아지트에 가다.

파리지앵 하면 가장 먼저 떠오르는 모습 중 하나가 바로 노천카페에 앉아 여유롭게 커피를 마시는 모습이다. 카페는 프랑스인들에게 빼놓을 수 없는 생활의 일부분이자 문화를 꽃피운 장소이다. 그저 차를 마시는 단순한 공간에서 한 걸음 더 나아가 예술적 영감과 정치적 견해를 나누는 지성과 문화의 중심지이기 때문이다. 생제르맹데프레 거리에는 19세기 말, 프랑스 대문호와 정치인, 철학가, 화가, 예술가들이 즐겨 찾던 카페와 브라스리가 모여있다. 지금은 유명세로 인해 당시의 분위기를 추억하기에는 다소 힘들지만 한적한 시간대에는 당시 예술가들의 단골 카페를 찾아 책을 읽고 글을 쓰는 이들도 종종 볼 수 있다. 시간적 여유가 된다면 잠시라도 파리의 카페문화에 젖어보는 것은 어떨까? 이름은 카페이지만 샐러드, 오믈렛, 샌드위치 등을 비롯해 식사류도 즐길 수 있다.

레 되 마고 Les Deux Magots

1884년 문을 카페로 피카소, 헤밍웨이, 샤르트르, 보부아르 등 파리의 문인과 예술가, 정치가들의 단골카페로 유명하다. 프랑스 현대문학의 발상지로 알려져 있으며, 1933년부터 '레 되 마고'라는 문학상을 제정하였으며 지금까지 문학가를 지원하고 있다.

구글맵 48.854060, 2.333104 / 홈페이지 www.lesdeuxmagots.fr / 운영 07:30~25:00
예산 음료 €4.8~, 오늘의 요리 €26~ / 위치 메트로 4호선 St. Germain des prés역에서 도보 2분 (MAP.246 B)

카페 드 플로르 Café de Flore

레 되 마고와 양대산맥을 이루는 카페로 1887년 문을 열었다. 샤르트르와 보부아르가 데이트를 즐겼던 곳이자 카뮈, 에디트 피아프 등 많은 예술가들의 아지트로 유명하다. 내부 가구와 장식 역시 당시의 모습을 그대로 유지하고 있어 지금도 많은 이들이 찾는다.

구글맵 48.854166, 2.332608 / 홈페이지 www.cafedeflore.fr / 운영 07:30~25:30
예산 음료 €6.8~, 샐러드·샌드위치 €20~ / 위치 메트로 4호선 St. Germain des prés역에서 도보 3분 (MAP.246 B)

브라스리 리프 Brasserie Lipp

1880년 문을 연 오랜 전통의 브라스리 Brasserie. 알베르 카뮈, 앙드레 지드, 헤밍웨이 등 파리의 문인과 예술가, 정치가들의 단골 술집으로 사랑받던 곳이다. 지금도 파리의 중년 신사들이 즐겨 찾는다.

구글맵 48.853763, 2.332475 / 홈페이지 www.brasserielipp.fr / 운영 09:00~24:45
예산 음료 음료 €5~, 메인요리 €19.5~42 / 위치 메트로 4호선 St. Germain des prés역에서 도보 3분 (MAP.246 B)

몽마르트르

Montmartre

예술가들의 흔적이 남아있는 곳,

파리의 낭만을 대표하는 몽마르트르 언덕은 과거에도, 현재도 예술가들의 아지트로 많은 사랑을 받고 있다. 반 고흐, 피카소, 모네는 춥고 배고프고 가난했던 시절, 몽마르트르의 카페에 모여 이야기를 나누고 시간을 보냈다고 한다. 거리 곳곳에 남아있는 예술가의 정취를 느끼며 몽마르트르 거리를 거닐어보자.

몽마르트르 묘지
Cimetière de Montmartre
P.279
오 라팡 아질
Au Lapin Agile
P.283
르 콩슐라
Le Consulat
P.282
르 물랭 드 라 갈레트
Le Moulin de la Galette
P.281
P.282 라 본 프랑케트
La Bonne Franquette
달리 박물관
Espace Montmartre Salvador Dalí
P.275
반 고흐의 집
Maison Vincent Van Gogh
P.277
P.277 세탁선
Le Bateau-Lavoir
르 그르니에 아 빵
Le Grenier à Pain
P.284
카페 데 되 물랭
Cafe des Deux Moulins
P.283
사랑해 벽
Le Mur Des Je t'aime
P.278
Abbesses
아베스 역
Abbesses
P.278
물랭 루즈
Moulin Rouge
P.276
추천 루트
Blanche
빵빵
Pain Pain
P.284
Boulevard de Clichy
Pigalle
Rue Caulaincourt
Rue Lepic
Rue Garreau
Rue des Abbesses
Rue Blanche
Rue de Douai
Rue Pierre Fontaine
Rue Jean-Baptiste Pigalle
Rue Victor Massé
Rue la Bruyère
Rue de Clichy
Rue Houdon
Rue Manuel
A
B
E
F
I
J
Saint-Georges
귀스타브 모로 박물관
Musée National Gustave Moreau
P.178

몽마르트르 주변 지도
Montmartre
사크레쾨르 대성당
Basilique du Sacre-Coeur
P.273
테르트르 광장
Place du Tertre
P.274
몽마르트르
Montmartre
P.270
Château Rouge
Barbès-Rochechouart
Anvers
Place Saint-Pierre
Rue Chappe
Rue de Steinkerque
Rue Dancourt
Boulevard de Rochechouart
Boulevard de la Chapelle
Rue de Clignancourt
Boulevard Barbès
Rue de Rochechouart
Rue du Faubourg Poissonnière
Boulevard de Magenta
Rue Condorcet
Rue de Maubeuge
Rue Rodier
Rue de Maubeuge
Rue du Faubourg Poissonnière
100m

몽마르트르 Montmartre

파리에서 가장 높은 언덕

130m 높이에 있는 몽마르트르 언덕은 평지가 주를 이루는 파리 시내에서 가장 높은 곳에 있어 탁 트인 파리의 전경을 감상하기에 더없이 좋다. 몽마르트르 정상에 우뚝 솟은 사크레쾨르 대성당 앞에서 바라보는 전망도 좋지만, 고흐, 달리, 피카소 등 유명화가들이 찾았던 카페를 비롯해 언젠가는 유명해질 꿈을 키우며 관광객들에게 그림을 파는 거리의 화가들과 곳곳에서 퍼포먼스를 펼치는 예술가들의 공연을 보고 있으면 근대 예술의 탄생지라는 말이 실감 난다. 몽마르트르에는 캉캉 춤으로 유명한 물랭 루즈를 비롯해 19세기 파리지앵들이 즐겨 찾던 풍차가 있는 무도회장, 에디트 피아프가 자주 찾던 카바레 등이 아직도 운영 중이다. 3세기 중반 프랑스의 수호성인 생드니가 몽마르트르에서 참수를 당해 '순교자의 언덕 Mont des Martyrs'라고도 불린다.

구글맵 48.886193, 2.343091 P.269 C
홈페이지 www.montmartre-guide.com
위치 메트로 12호선 Abbesses 역·2호선 Anvers 역에서 도보 10분 또는 푸니쿨라 Funiculaire를 타고 2분. 또는 버스 54·80번 이용 후 Montmartre 정류장에서 하차

늦은 오후를 즐기기 위해 야외 카페를 찾은 사람들

골목 사이로 모습을 드러낸 순백의 사크레쾨르 대성당

알아두면 유용한 몽마르트르 여행 팁

1. 몽마르트르로 가는 교통편은 여러 가지가 있다. 메트로 Abbesses 역이나 Anvers 역에서 걸어 올라갈 수도 있지만, 몸이 불편하거나 나이가 많은 어르신들은 사크레쾨르 대성당까지 한 번에 오를 수 있는 푸니쿨라를 이용하는 것도 좋은 방법이다. 또는 몽마르트르 골목골목을 누비는 미니버스나 꼬마 기차를 이용해보자.

2. 몽마르트르 주변은 여행객들을 대상으로 하는 소매치기와 사기꾼들이 많기로 악명 높으니 가방, 스마트폰 등 소지품 관리에 유의하자. 특히 걸어서 몽마르트르 언덕을 오를 때 일명 '팔찌단'으로 불리는 흑인 사기단에 유의할 것! 실로 만든 엉성한 팔찌를 무료라고 하면서 손목에 끈을 묶은 뒤에 다짜고짜 돈을 달라고 한다. 또는 갑자기 기부 서명을 요구한 뒤 돈을 요구하는 경우도 있다. 이럴 때는 그냥 무시하고 가던 길을 가는 것이 좋다.

3. 몽마르트르에서는 파리 시내보다는 조금 더 저렴하게 기념품을 구입할 수 있다. 열쇠고리, 자석, 에펠탑 모형, 엽서 등 다양한 기념품을 구입할 수 있다. 단, 기념품 구경에 정신이 팔린 동안 소매치기를 당할 수도 있으니 소지품 관리에 유의하자!!

사크레쾨르 대성당 Basilique du Sacre-Coeur

몽마르트르 상징

새하얀 돔이 멀리서도 눈에 띄는 사크레쾨르 대성당은 몽마르트르에서 빼놓을 수 없는 명소 중 하나이다. 1914년 완공된 로마-비잔틴 양식의 순백색 사원으로 성당 앞 계단에 앉아 파리의 전경을 내려다보거나, 거리 예술가들의 퍼포먼스와 공연을 바라보며 휴식을 취하는 사람들로 가득하다. 이 성당은 1871년 프로이센과의 전쟁에서 패한 프랑스 정부의 무능함에 반발한 파리의 노동자들이 사회주의 정부인 파리 코뮌을 수립했는데, 정부가 이를 진압하는 과정에서 시민 3만여 명이 사망하고 사회가 혼란스러워지자, 침체된 국민들의 사기 진작과 사회통합을 위해 설립한 성당이다. 전 국민이 모은 성금으로 1875년부터 짓기 시작해 40년이 지나 완공했다. 성당 내부는 거대한 천장 모자이크와 스테인드글라스로 화려하게 장식되어 있다.

구 글 맵 48.886723, 2.343113 P.269 C
홈페이지 www.sacre-coeur-montmartre.com
운 영 성당 06:00~22:30, 돔·지하묘실 09:00~17:00(변동있음)
입 장 료 성당 내부 무료, 돔·지하묘실 요금 별도
위 치 메트로 12호선 Abbesses 역 또는 2호선 Anvers 역에서 도보 10분.

테르트르 광장 Place du Tertre

예술가들의 아지트

몽마르트르 언덕 꼭대기에 있는 광장으로 '작은 언덕'이라는 뜻을 지녔다. 19세기 후반부터 반고흐, 피카소, 달리, 르누아르 등 유명화가들의 아지트로 많은 사랑을 받았던 테르트르 광장은 그림을 판매하는 사람, 초상화를 그려주는 거리의 화가, 그림을 구경하는 사람, 거리공연을 하는 음악가들로 언제나 북적인다. 또한 테르트르 광장 근처에는 달리 박물관(에스파스 달리), 피카소의 아틀리에가 있던 세탁선, 반 고흐가 2년간 머물렀던 집 등을 비롯해 르누아르, 피카소, 고흐 등 화가들의 그림에도 자주 등장했던 무도회장인 '르 물랑 드 라 갈레트'도 있어 예술을 좋아하는 팬들의 발길이 이어진다. 하지만 관광객이 많이 몰리면서 상업적으로 변한 거리의 모습에 안타까워하는 이들도 있다.

※캐리커처나 초상화를 그리는 가격은 €20~50정도이며, 화가에 따라 다르다.

구글맵 48.886512, 2.340805 P.269 C
위치 메트로 12호선 Abbesses 역 또는 2호선 Anvers 역에서 도보 10분
사크레쾨르 대성당에서 도보 4분

달리 박물관 (에스파스 달리)
Espace Montmartre Salvador Dalí

천재 화가 달리를 만나다!

스페인의 초현실주의 화가 살바도르 달리의 작품을 전시하고 있는 미술관으로 달리가 남긴 그림, 조각, 판화, 사진 등 300여 점의 작품이 전시되어 있다. 입구에 달리의 사진이 크게 걸려있고, 미술관에 들어서면 가장 먼저 달리의 대표작 '녹아내리는 시계' 가 눈에 띈다. 뾰족한 콧수염으로 유명한 살바도르 달리 (Salvador Dali, 1904~1989)는 스스로를 천재로 여겼으며, 놀라운 독창성과 기괴한 상상력을 통해 다양한 그림과 조각품, 디자인을 남겼다. 막대사탕 브랜드 추파춥스(ChupaChups)의 로고를 디자인한 것으로도 유명하다. 20세기를 대표하는 초현실주의 화가 달리는 살아서 최고의 그림값을 받았으며 1989년 폐렴으로 세상을 떠났다.

구 글 맵 48.886443, 2.339940 P.268 B
홈페이지 www.daliparis.com
운 영 10:00~18:30 (7~8월 ~20:30), 연중무휴
입 장 료 일반 €12, 만 8~26세 €9
위 치 위치 메트로 12 Abbesses 역에서 도보 8분

물랭 루즈 Moulin Rouge

빨간 풍차가 눈에 띄는 카바레

물랭 루즈는 프랑스어로 빨간 풍차라는 뜻. 1889년부터 몽마르트르의 유흥을 책임지던 전통 카바레로 지금도 매일 밤 춤과 노래, 서커스 등 화려한 공연이 펼쳐진다. 빠른 템포에 맞춰 치맛자락을 들고 춤추는 '캉캉 춤'이 탄생한 곳으로도 유명하며, 뮤지컬 영화 〈물랭 루즈 Moulin Rouge(2001)〉가 흥행하면서 전 세계적으로 알려지게 되었다. 저녁을 먹으면서 공연을 관람하거나 공연만 관람할 수 있으며, 관람 시 정장차림이 요구된다. 내용이 다소 선정적이기 때문에 미성년자는 볼 수 없지만, 공연을 보지 않더라도 빨간 풍차를 배경으로 사진을 남기려는 관광객들의 발길이 끊이지 않는다. 단, 주변에 성인용품점과 유흥가가 모여 있으니 밤늦게 혼자 다니지 않는 것이 좋다.

구글맵 48.884212, 2.332309 P.268 E
홈페이지 www.moulinrouge.fr
운영 19:00(디너쇼), 21:00, 23:00
입장료 €77~430 (음료·식사 포함여부, 시간대, 요일에 따라 다름)
위치 메트로 2호선 Blanche 역에서 도보 1분

반 고흐의 집
Maison Vincent Van Gogh

파란색 대문이 눈에 띄는 이곳은 반 고흐가 1886년부터 2년간 살았던 집이다. 대문 왼편의 작은 석판에는 1886~1888 반 고흐가 동생 테오가 함께 살았던 집이라고 적혀 있다. 지금은 일반 주택으로 사용되고 있어 내부출입은 불가하다.

구글맵 48.886560, 2.333973
위치 메트로 2호선 Blanche 역에서 도보 7분
(MAP.268 A)

세탁선
Le Bateau-Lavoir

건물이 18세기 센 강을 오가던 세탁선(洗濯船)을 닮았다는 뜻에서 붙여진 이름. 마티스, 피카소, 모딜리아니, 브라크 등 많은 예술가가 살던 곳이다. 피카소의 명작 〈아비뇽의 처녀들, 1907〉과 큐비즘이 탄생한 장소로도 유명하다. 1970년 화재로 건물 대부분이 소실되었으나 1978년 재건되었다.

구글맵 48.886025, 2.337604
위치 메트로 12호선 Abbesses 역에서 도보 4분
(MAP.268 B)

아베스 역 Abbesses

메트로 역 입구에 세워진 아르누보 장식으로 유명하다. 아베스 역은 20세기 초반 제작된 유리를 포함한 원본이 그대로 남아있는 단 2곳의 역 중 하나로, 특히 1900년 아르누보의 거장 기마르 Guimard가 디자인한 장식이 남아있는 곳으로 잘 알려져 있다.

구글맵 48.884439, 2.338653 / 위치 메트로 12호선 Abbesses 역 앞 (MAP. 268 F)

사랑해 벽 Le Mur Des Je t'aime

아베스 역에서 뒤로 돌면 보이는 작은 광장에는 일명 '사랑해 벽'이 있다.
전 세계 300여 개의 언어로 쓰인 "사랑해"라는 뜻이 담긴 문장 1000여 개가 벽면을 가득 메우고 있다.
한글로도 쓰여있어 포토스팟으로 많은 사랑을 받고 있다.

구글맵 48.884848, 2.338568 / 위치 메트로 12호선 Abbesses 역 바로 앞의 작은 광장 (MAP. 268 F)

몽마르트르 묘지 Cimetière de Montmartre

몽마르트르 언덕에 있는 묘지로 음악가 바흐, 화가 에드가 드가, 귀스타브 모로, 과학자 암페어, 소설가 스탕달 등 19~20세기를 빛낸 예술가들이 잠들어 있다. 이곳에 묻혀있던 에밀졸라는 팡테옹으로 이장되어 현재 묘비만 남아있다.

구글맵 48.887929, 2.329884 / 운영 08:00~18:00(토요일 08:30~, 일공휴일 09:00~), 겨울철~17:30
입장료 무료 / 위치 메트로2 호선 Blanche 역에서 도보 5분. 물랭 루즈에서 도보 5분 (MAP. 268 A)

©www.pucesparis.com

생 투앙 벼룩시장 Les Puces de Saint-Ouen

파리에서 가장 오래된 벼룩시장이자 세계 최대 규모의 벼룩시장으로 전 세계 관광객들이 즐겨 찾는다. 앤티크 가구, 헌책, 장식품, 액세서리, 의류, 신발 등 다양한 제품을 만날 수 있어 구경하는 재미가 있다.

구글맵 48.901553, 2.343398 / 홈페이지 www.pucesparis.com / 운영 토 09:00~18:00, 일 10:00~18:00, 월 10:00~17:00, 화~금 휴무 / 위치 메트로 4호선 Porte de Clignancourt 역에서 도보 10분

Cafe & Restaurant

르 물랭 드 라 갈레트 Le Moulin de la Galette

르누아르, 피카소, 반 고흐의 그림에 등장했던 곳

멋스러운 풍차가 있는 레스토랑으로 다양한 프렌치 요리를 즐길 수 있다. 특히 이곳은 르누아르의 그림 〈물랭 드 라 갈레트의 무도회, 1876 (p.221)〉에 등장하는 실제 장소로도 유명하다. 르 물랭 드 라 갈레트는 19세기 말경 파리지앵들이 즐겨 찾던 무도회장으로, 르누아르, 반 고흐, 피카소 등 당시 유명화가들의 그림 소재로도 많이 등장했다. 이 레스토랑에 있는 풍차는 17세기 몽마르트르 언덕에 실제 있던 방앗간의 풍차를 복원한 것이다.

르누아르, 1876년, 오르세 미술관

반 고흐, 1886년, 베를린 신국립미술관

피카소, 1890년, 뉴욕 구겐하임 미술관

구글맵 48.887419, 2.337133 P.268 B
홈페이지 www.lemoulindelagalette.fr
운영 12:00~23:00
예산 므뉘(스타터+메인요리+디저트) €31~
위치 메트로 12호선 Lamarck Caulaincourt 역에서 도보 4분

라 본 프랑케트 La Bonne Franquette

16세기에 지어진 건물에 자리한 카페로 고흐, 세잔, 모네 등 예술가들이 즐겨 찾던 곳으로 유명하다. 특히 반 고흐는 여기에서 〈몽마르트르의 카페 테라스 La Guinguette (1886)〉라는 작품을 그렸다. 다양한 프랑스 요리와 200여 종류의 와인을 즐길 수 있으며, 야외테라스 석이 있어 거리를 구경하며 휴식을 즐기기에 좋다.

구글맵 48.887200, 2.339822 / 홈페이지 www.labonnefranquette.com / 운영 12:00~14:30, 19:00~21:15
예산 므뉘(에피타이저+메인+디저트) €27~ , 런치 €19 / 위치 M12 Abbesses 역에서 도보 10분 (MAP. 268 B)

르 콩슐라 Le Consulat

라 본 프랑케트 바로 옆 코너에 있는 이곳 역시 반 고흐, 모네, 고갱 등이 즐겨 찾던 카페다.
코너에 위치해 찾기 거리를 오가는 관광객들이 많이 찾으며, 야외테라스에 앉아 휴식을 취하는 이들도 많다.
에스카르고, 홍합요리, 스테이크, 햄버거 등 다양한 요리를 즐길 수 있다.

구글맵 48.887048, 2.339929 / 운영 11:00~22:00
예산 런치 €22 / 위치 M12 Abbesses 역에서 도보 10분 (MAP. 268 B)

카페 데 되 물랭 Cafe des Deux Moulins

몽마르트르를 배경으로 한 영화 〈아멜리에(2001)〉의 촬영지로 유명한 곳. 카페 데 되 물랭은 '두 개의 풍차'라는 의미로 영화에서 여주인공 아멜리에가 일하던 카페로 등장했다. 가격대비 맛은 별로지만 영화의 팬이라면 가볼 만하다.

구글맵 48.884926, 2.333626 / 홈페이지 cafedesdeuxmoulins.fr / 운영 07:00~25:30
예산 메인요리 €15~ / 위치 메트로 2호선 Blanche 역에서 도보 3분 (MAP.268 E)

오 라팡 아질 Au Lapin Agile

라이브 샹송을 들을 수 있는 카바레로 피카소, 에디트 피아프가 즐겨 찾던 곳으로 유명하다. 입장료를 내고 들어가면 기본 음료 한잔이 무료로 제공되며, 샹송 가수들이 부르는 라이브 무대를 감상할 수 있다.

구글맵 48.888643, 2.339996 / 홈페이지 www.au-lapin-agile.com / 운영 21:00~25:00, 월요일 휴무 (MAP. 268 B)
예산 일반 €28, 만 25세 이하 학생 €20, 추가 음료 €3~ / 위치 메트로 12호선 Lamarck Caulaincourt 역에서 도보 4분

르 그르니에 아 빵 Le Grenier à Pain

2010년 파리 바게트 콩쿠르 Grand Prix de la Baguette에서 우승한 가게다. 프랑스 전통 바게트인 La Baguette de tradition이 대표 메뉴이지만 바게트 이외에도 케이크, 크루아상, 마카롱, 타르트 등 다양한 종류의 빵을 만날 수 있다.

구글맵 48.885332, 2.336736 / 홈페이지 www.legrenierapain.com / 운영 07:30~20:00, 화·수 휴무
예산 바게트 €1.15~ / 위치 메트로 12호선 Abbesses 역에서 도보 3분 (MAP. 268 B)

빵빵 Pain Pain

몽마르트르에서 유명한 빵집 중 하나로 파란색 외관이 눈에 띈다.
빵과 케이크, 타르트 등을 다양하게 즐길 수 있지만 그중에서도 바게트와 크루아상이 맛있기로 유명하다.
가게에 내부에 작은 테이블이 마련되어 있어 먹고 갈 수도 있다.

구글맵 48.883465, 2.339944 / 홈페이지 www.pain-pain.fr / 운영 07:00~20:00, 월요일 휴무
예산 크루아상 €1.20~ / 위치 메트로 12호선 Abbesses 역에서 도보 2분 (MAP. 268 F)

Brioche au Sucre
1,15 €
aux Amandes
1,60 €
Pain au Lait
1,15 €
Brioche Nature
1,15 €
Oranais
1,40 €
Cravate
au Chocolat
1,40 €
Pain aux Raisins
1,30 €
Croissant
1,10 €
Pain au Chocolat
1,25 €

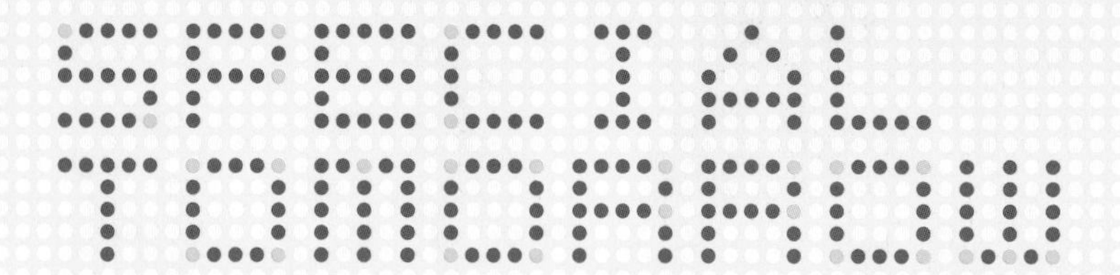

월트디즈니의 꿈과 환상의 세계!

가자! 디즈니랜드로~ DISNEYLAND PARIS

디즈니랜드 파리 Disneyland Paris

디즈니랜드 파리는 1992년 처음 문을 연 유럽 유일의 디즈니랜드 테마파크로 어린이를 동반한 가족 단위 여행객은 물론 친구, 연인들이 즐겨 찾는다. 다양한 어트랙션(놀이기구)과 동화 속을 연상시키는 화려한 퍼레이드, 365일 매일 밤 펼쳐지는 환상적인 불꽃놀이로 많은 사랑을 받고 있다. 파리 디즈니랜드는 크게 '월트 디즈니 스튜디오 파크', '디즈니랜드 파크' 2개의 파크와 호텔, 레스토랑 등의 시설이 마련된 '디즈니 빌리지'로 이루어져 있다. 불꽃놀이까지 감상하려면 월트 디즈니 스튜디오 파크를 먼저 둘러보고 디즈니랜드 파크로 이동하는 것이 좋다.

©Disney

- 월트 디즈니 스튜디오 파크 Walt Disney Studios Park

TV나 영화의 세트장을 테마로 꾸며 놓았으며, 〈라따뚜이〉, 〈니모를 찾아서〉, 〈스파이더맨〉 등의 캐릭터를 테마로 한 놀이기구가 있다. 특히 〈라따뚜이〉는 디즈니랜드 파리에서만 볼 수 있는 어트랙션으로 인기가 높으며, 라따뚜이를 이름으로 한 레스토랑도 운영하고 있다. (예약 필수)

©Disney

- 디즈니랜드 파크 Disneyland Park

아기자기한 동화 속을 연상시키는 곳. 〈미키마우스〉, 〈백설공주〉, 〈인디아나존스〉 등 전통 캐릭터를 테마로 한 놀이기구가 주로 있으며, 밤이 되면 '잠자는 숲속의 공주 성' 주변으로 환상적인 불꽃놀이가 펼쳐진다.

홈페이지 www.disneylandparis.com
운영 월트 디즈니 스튜디오 파크 10:00~20:00, 디즈니랜드 파크 10:00~23:00
위치 RER A선 Marne-la-Vallée/Chessy 역에서 하차 후 역 밖으로 나오면 입구가 보인다. 파리 시내에서 약 40분 소요. (샤를 드골 국제공항과 오를리 공항에서 연결되는 직행셔틀버스도 있다.)

디즈니랜드 파리 관광계획

1. 주말이나 공휴일, 성수기, 방학 시즌에는 많은 인파가 몰리니 되도록 비수기 평일에 방문하는 것이 좋다. 디즈니랜드 방문 시 파크 1곳만 둘러보려면 최소 6시간, 파크 2곳을 모두 둘러보려면 하루 종일 일정을 계획하는 것이 좋다. 사람이 많으니 되도록 오픈 시간에 맞춰 입장해야 조금 더 여유롭게 즐길 수 있다. 디즈니랜드 내에는 다양한 호텔도 들어서 있으니 가족 여행객이라면 호텔과 같이 예약하는 것도 좋은 방법이다.

2. 어트랙션 이용 시 줄 서는 시간을 줄이려면 패스트 패스 Fast Pass(FP)를 이용하자. 인기 어트랙션 입구에 있는 패스트 패스 발권기에 패스포트를 투입하면 어트랙션 이용시간이 적혀 있는 패스트 패스가 나오고, 여기에 적혀 있는 시간대에 맞춰 해당 어트랙션으로 가면 된다.

※티켓구입 요령

1. 티켓은 크게 파크 1곳과 파크 2곳 모두를 갈 수 있는 티켓으로 나뉘며, 시즌 및 요일에 따라 비수기에 사용 가능한 Mini, 성수기·주말에 사용 가능한 Magic, 극성수기·연말연시 등에 사용 가능한 Super Magic으로 나뉜다. 보통 하루 안에 파크 2곳을 모두 돌아볼 수 있는 '1Day 2Park' 티켓을 가장 많이 이용한다. 또한 2~4일에 걸쳐 유동적으로 사용 가능한 Multi-day 티켓도 있다.

2. 디즈니랜드 티켓은 방문 당일 현장에서 구매하는 것이 가장 비싸므로 방문 전 최소 7~10일 전 미리 구매하는 것이 좋다. 티켓은 디즈니랜드 홈페이지나 프낙 등 인터넷 사이트에서 예매할 수 있으며 구매 사이트의 프로모션/스페셜오퍼 등에 따라 가격이 다르다. 인터넷, 스마트폰 등으로 예매 후 방문 시 QR코드가 있는 모바일 바우처 캡쳐 또는 종이로 인쇄된 바우처를 지참해야 한다.

티켓구입 디즈니랜드 파리 www.disneylandparis.com , 프낙 www.fnactickets.com
요　　금 Mini €48~73, Magic €63~89, Super Magic €72~99
(날짜별로 사용 가능한 티켓이 다르니 예매 전 홈페이지에서 확인할 것!)

디즈니랜드 인기 어트랙션

〈The Twilight Zone Tower of Terror〉_월트 디즈니 스튜디오 파크
엘리베이터가 갑자기 추락하는 느낌의 놀이기구로 젊은이들에게 인기

〈Rock 'n' Roller Coaster starring Aerosmith〉_월트 디즈니 스튜디오 파크
신나는 음악을 들으며 즐기는 롤러코스터로 젊은이들에게 인기

Ratatouille : The adventure〉_월트 디즈니 스튜디오 파크
영화 〈라따뚜이〉를 테마로 한 놀이기구. 3D 안경을 끼고 생쥐가 되어 식당을 누빈다. 어린이, 가족 여행객에게 인기

〈Crush's coaster〉_월트 디즈니 스튜디오 파크
영화 〈니모를 찾아서〉를 테마로 한 놀이기구. 거북이 등딱지에 탑승해서 즐기는 롤러코스터로 어린이, 가족 여행객에게 인기

〈Indiana Jones and the Temple of Peril〉_디즈니랜드 파크
영화 〈인디아나존스〉를 테마로 한 롤러코스터. 360도 회전으로 스릴이 넘친다.

〈Star Wars Hyperspace Mountain_디즈니랜드 파크
영화 〈스타워즈〉를 테마로 한 놀이기구. 영화 팬들에게 인기

〈Big Thunder Mountain〉_디즈니랜드 파크
광산 열차를 타고 가파른 언덕 위를 오르내리는 놀이기구

라 발레 빌라주 La Vallée Village

착한 가격의 명품을 만날수 있는 곳

디즈니랜드 근처에 있는 파리 대표 아웃렛으로 파리 시내에서 약 40분 거리에 있어 접근성이 좋은 편이다. 샤넬, 디올 등 명품 브랜드는 입점되어 있지 않지만, 폴로, 라코스테, 롱샴, 폴 스미스, 코치, 겐조, 캘빈클라인, 버버리, 아르마니, 끌로에, 셀린느, 구찌, 토즈, 베르사체 등 중저가부터 고가까지 브랜드가 다양해 쇼핑하기 좋다. 또한 기본 할인율이 30~60%인 데다 택스리펀(한 브랜드에서 175.01유로 이상 구매 시)까지 받으면 아주 저렴한 가격에 좋은 상품을 구입할 수도 있다.

※ 쇼핑 전 아웃렛 내 인포메이션 또는 웰컴센터에 방문하면 10% 할인 가능한 VIP 쿠폰북을 발급받을 수 있다. (Visa 등 신용카드 소지자에게 증정하는 할인쿠폰도 있다.)

구 글 맵 48.853516, 2.783834
홈페이지 lavalleevillage.com
운 영 10:00~20:30 **휴관** 5/1, 12/25
위 치 ① RER A선 Val d'Europe 역에서 도보 10분. 역에서 나와 오른쪽으로 멀리 보이는 대형 쇼핑몰 Val d'Europe을 통과하면 아웃렛 입구가 나온다.
② 파리 시내에서 라발레 빌라주 직행버스인 '쇼핑 익스프레스 Shopping Express' 이용 (www.pariscityvision.com에서 출발 12시간 전까지 예약, 왕복€25)

Around Paris

Around Paris

파리 외곽의 놓칠 수 없는 명소들, 파리 근교

파리 근교에는 베르사유 궁전, 오베르 쉬르 우아즈, 퐁텐블로, 몽생미셸, 지베르니 등 안 보고 가면 후회할 명소들이 기다리고 있다. 몽생미셸을 제외하고는 대중교통을 이용해 1~2시간이면 닿을 수 있으니 일정이 여유롭다면 함께 둘러보자. 개별적으로 찾기가 힘들다면 여행사에서 운영하는 파리 근교 투어를 이용하는 것도 좋은 방법!

Around Paris

파리 근교 한눈에 보기

생말로
Saint-Malo

디낭
Dinan

렌
Rennes

바흐
Vire

알렁쏭
Alenço

몽생미셸
Mont Saint-Michel

베르사유 궁전

파리에서 약 40분이면 닿을 수
는 파리 근교의 인기 명소. 죽기
에 꼭 가봐야 하는 세계 100대
소 중 한 곳으로 꼽힐 만큼 아름
운 궁전으로 웅장하고 화려한 왕
과 정원의 모습을 관람할 수 있다.

몽생미셸

노르망디 북서쪽 해안의 작은 바위 산 위에 우뚝 서있는 중세 수도원으로 파리에서 4시간 넘게 떨어져 있지만 매년 350만 명 이상이 찾는 인기 명소다.

지베르니

인상주의 화가 모네의 집과 정원 있는 마을로 파리에서 1시간 20분 거리에 있다. 연작 〈수련〉의 배경이 된 연못의 풍경을 직접 감상할 수 있어 모네의 작품을 사랑하는 전 세계의 팬들이 찾는다.

오베르 쉬르 우아즈

파리에서 약 1시간 거리에 있는 조용한 시골 마을로 인상파 화가 반 고흐가 생의 마지막 두 달을 보내며 작품에 몰두했던 곳이다. 반 고흐의 작품 배경이 된 장소들을 마을 곳곳에서 만날 수 있다.

루앙
콩피에뉴
Compiègne
지베르니
Giverny
베르농
Vernon
에브뢰
Évreux
오베르 쉬르 우아즈
Auvers sur Oise
파리
Paris

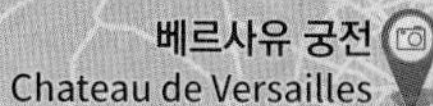

베르사유
Versailles
드뢰
Dreux

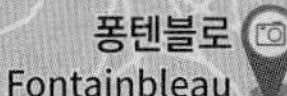

퐁텐블로

파리 시내에서 약 50분 정도 떨어진 곳에 위치한 마을로 중세시대 왕족과 귀족들의 사냥터로 많은 사랑을 받았다. 우아하고 아름다운 퐁텐블로 궁과 광활한 퐁텐블로의 숲으로 유명하다.

오를레앙
Orléans

유럽에서 가장 아름다운 궁전,

웅장한 바로크 양식과 화려한 로코코 양식이 절묘하게 조화를 이루고 있는 베르사유 궁전은 파리 근교의 인기 명소 중 하나이다. 눈을 뗄 수 없을 정도로 화려한 궁전은 물론 궁전 뒤로 펼쳐진 광활한 정원과 곳곳에 자리한 멋스러운 조각상과 분수 등 다양한 볼거리로 가득하다.

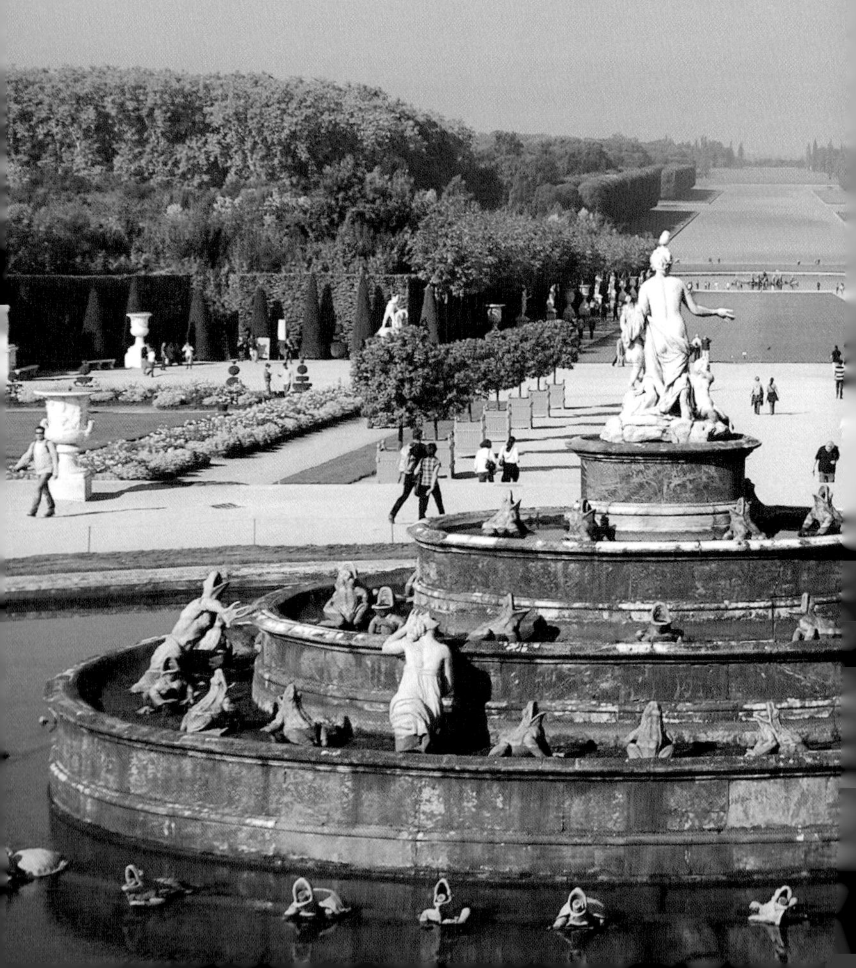

베르사유 궁전

Châteaux de Versailles

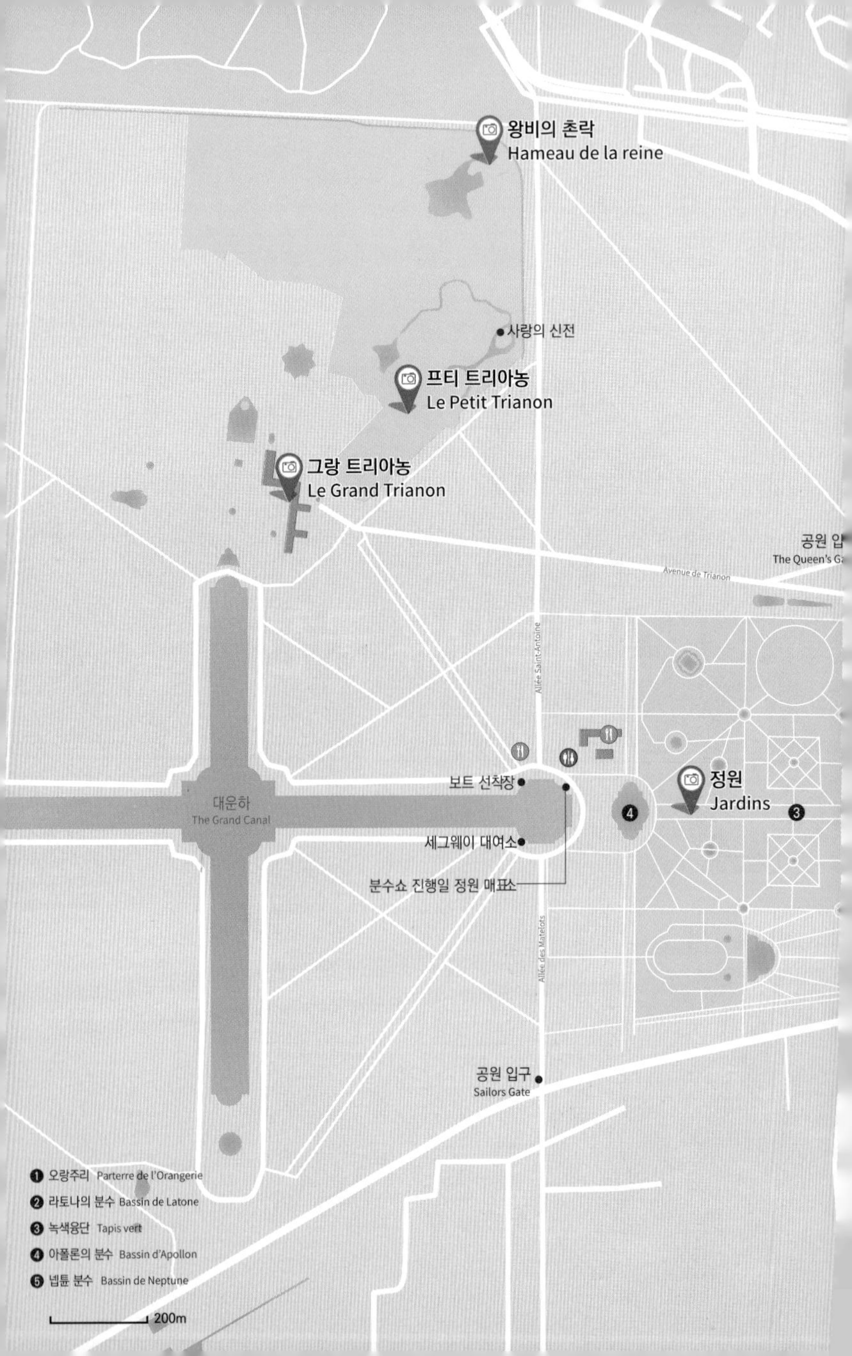

왕비의 촌락
Hameau de la reine
사랑의 신전
프티 트리아농
Le Petit Trianon
그랑 트리아농
Le Grand Trianon
공원 입
The Queen's G
Avenue de Trianon
Allée Saint-Antoine
보트 선착장
대운하
The Grand Canal
세그웨이 대여소
분수쇼 진행일 정원 매표소
정원
Jardins
Allée des Matelots
공원 입구
Sailors Gate
❶ 오랑주리 Parterre de l'Orangerie
❷ 라토나의 분수 Bassin de Latone
❸ 녹색융단 Tapis vert
❹ 아폴론의 분수 Bassin d'Apollon
❺ 넵튠 분수 Bassin de Neptune
200m

베르사유 궁전 주변 지도
Châteaux de Versailles
베르사유 리브 드루아트 역
Versailles - Rive Droite
Boulevard de la Reine
Rue de la Paroisse
Rue des Réservoirs
Avenue de Saint-Cloud
자전거 대여소
꼬마 기차 정류장 · 매표소
분수쇼 진행일 정원 매표소
Rue Montbauron
베르사유 궁전
Château de Versailles
루이 14세 동상
Avenue de Paris
전기 자동차 대여소
매표소
베르사유 리버고슈 역
Versailles Château Rive Gauche
Avenue de l'Europe
Avenue de Sceaux
Rue des États Généraux
Association Valentin Haüy
Rue de Noaille
오랑주리(공원) 입구
Rue de l'Orangerie
베르사유 대성당
베르사유 샹티에 역
Gare de Versailles-Chantiers
Rue d'Anjou
Pièce d'Eau
des Suisses

Versailles
베르사유 여행의 기술

베르사유 여행하기!

유럽에서 가장 아름다운 궁전으로 뽑히는 베르사유 궁전은 죽기 전에 꼭 가봐야 하는 세계 100대 명소 중 한 군데이다. 제대로 보기 위해서는 꼬박 하루를 투자해야 할 정도로 크고 볼거리가 많다. 궁전과 정원의 규모가 엄청나게 크기 때문에 대충만 둘러보아도 4~5시간 이상 소요된다. 궁전 이외에 정원, 그랑 트리아농, 프티 트리아농 등 궁전 곳곳의 명소를 편하게 둘러보고 싶다면 자전거, 전동차, 꼬마열차, 세그웨이 등 경내 교통수단을 적절히 이용해보자.

베르사유 관광안내 www.versailles-tourisme.com

베르사유 궁전 www.chateauversailles.fr

관광안내소 Office de Tourisme

운 영 4~10월 08:30~19:00 (월 09:30~18:00), 11~3월 08:30~18:00(월 11:00~17:00)
휴 무 1/1, 5/1, 12/25
위 치 베르사유 리브 고슈 역 길 건너편 사거리에서 좌회전

관광안내소 ©www.versailles-tourisme.com

베르사유 궁전으로 가는 길

파리에서 남서쪽으로 약 23km 거리. 일드 프랑스 4존에 해당하는 베르사유는 RER, 기차, 버스를 이용해 갈 수 있으며 그중 RER을 가장 많이 이용한다. RER은 베르사유 리브 고슈 역, 기차는 베르사유 샹티에 역, 버스는 베르사유 궁전 앞에서 내린다.

※ 1~4존을 커버하는 나비고, 파리비지트, 모빌리스 교통권 소지자는 베르사유 궁전으로 가는 RER/기차/버스를 무료로 이용할 수 있다.
※ 종종 철도파업의 여파로 베르사유 궁전으로 가는 교통편의 운행이 중지될 때가 있으니 방문 전 홈페이지 또는 스마트폰 앱에서 RER/철도 파업 여부를 확인하도록 하자. 또는 길 찾기 앱인 '시티맵퍼 City Mapper(p.400)'를 이용하면 현재 위치에서 목적지까지 가는 다양한 경로를 안내받을 수 있다.

파리교통공단 www.ratp.fr
프랑스 철도 www.sncf.com

RER

파리 시내의 샹드마르스-투에펠(Champ de Mars-Tour Eiffel), 앵발리드(Invalides),생미셸-노트르담(Saint-Michel - Notre-Dame), 오르세 미술관(Musée d'Orsay)역 등에서 노란색 RER C선을 타고 종점인 '베르사유 리브 고슈 (Versailles Rive Gauche)'역에서 하차. 베르사유 리브 고슈역에서 베르사유 궁전까지 도보 약 7분 소요.

소요시간 약 40분
요　　금 €3.65~

※ 베르사유 리브 고슈 역이 공사 중일 때에는 '베르사유 샹티에 Versailles Chantiers' 행을 타면 된다.
※ 베르사유 궁전 곳곳에 레스토랑과 카페가 있지만 가격이 비싼 편이다. 조금 더 저렴하고 간편하게 식사를 해결하고 싶다면 베르사유 리브 고슈 Versailles Rive Gauche 역 근처에 있는 맥도날드나 스타벅스, 샌드위치 가게 등을 이용하자. 날씨가 좋다면 간단한 먹거리를 챙겨와 베르사유 정원에서 먹는 것도 좋은 방법이다.

기차

①파리 몽파르나스(Montparnasse) 역에서 기차를 타고 베르사유 샹티에(Versailles Chantiers) 역에서 하차. 기차는 정차하는 역에 따라 급행열차와 일반열차 등이 있으며, 급행열차를 이용할 경우 14분이면 도착한다. 간혹 베르사유 샹티에 역에 정차하지 않고 통과하는 기차도 있으니 정차 여부를 확인하고 기차에 탑승하도록 하자. 베르사유 샹티에 역에서 베르사유 궁전까지 도보 약 15분 소요.

소요시간 약 12~35분
요　　금 €3.65~

②파리 생라자르 (Gare Saint Lazare) 역에서 기차를 타고 베르사유 리브 드루아트 (Versailles-Rive Droite) 역에서 하차. 베르사유 리브 드루아트역에서 베르사유 궁전까지 도보 약 15분

소요시간 약 35분
요　　금 €3.65~

버스

메트로 9호선 퐁 드 세브르 (Pont de Sèvres) 역 앞 정류장에서 171번 버스 탑승 후 샤토 드 베르사유(Chateau de Versailles)역에서 하차. 버스에서 내리면 바로 베르사유 궁전 정문이 보인다.

※메트로 탑승 시 사용한 1회권은 환승이 불가능하므로 버스 탑승 시 새로운 1회권 t+를 사용해야 한다.

소요시간 약 30~60분
요　　금 t+티켓 2장(메트로 이용시 1장, 버스 이용시 1장)

RER 탑승이 가능한 메트로 입구　RER 내부

베르사유 궁전 이용정보

베르사유 궁전은 궁전, 정원, 그랑·프티 트리아농 구역, 왕비의 촌락, 공원 등으로 나뉘며 시설별로 운영시간과 입장료가 다르다. 정원은 무료이지만, 분수쇼와 음악정원을 진행하는 날에는 입장료가 부과되며 뮤지엄패스 소지자도 별도로 티켓을 구매해야 한다.

홈페이지 www.chateauversailles.fr
운　　영 정원 08:00~20:30 (11~3월 ~18:00), 그외 명소는 개별 페이지 참조

※ 궁전 입구에서 한국어 오디오 가이드를 무료로 제공하니 꼭 빌려서 듣도록 하자.
(스마트폰 무료 앱 〈Palace of Versalilles〉(영어)도 다운로드 가능)
※ 여름철에는 햇빛이 강하니 되도록 이른 아침이나 오후 3시 이후에 방문하는 것이 좋으며, 선글라스, 모자 등을 준비하는 것이 좋다.
※ 티켓을 미리 예매했거나 뮤지엄패스 소지자는 A 출입구에서 바로 입장할 수 있다.

베르사유 궁전 입장료

패스포트(궁전+별궁)	1일권 €20 (분수쇼·음악정원 진행일 €27)
	2일권 €25 (분수쇼·음악정원 진행일 €30)
궁 전	€18 (만 18세 미만, 11~3월 첫째 일요일 무료입장), 뮤지엄패스 사용가능
별 궁	(그랑·프티 트리아농+왕비의 촌락) €12, 뮤지엄패스 사용가능
정 원	정원 무료 (분수쇼·음악정원 진행시 유료, 분수쇼 €8~9.5, 음악정원 €7.5~8.5)
오디오 가이드	한국어 무료 제공
영어 가이드 투어	일반 €10, 학생 €7(일반관람시 볼 수 없는 루이 15·16세 , 왕궁오페라, 왕실예배당 등 관람 가능)

베르사유 내 교통편

베르사유 궁전은 엄청난 규모를 자랑하기 때문에 걸어서 돌아보는 게 사실상 불가능하다. 특히 여름철에는 햇빛이 강하고 온도가 높아 걸어서 관광하기란 쉽지 않다. 정원, 그랑 트리아농, 프티 트리아농 등 베르사유 궁전 곳곳을 조금 더 편하게 둘러보고 싶다면 자전거나 꼬마기차 등 베르사유 내 교통편을 이용하는 것이 좋다.

꼬마기차 Petit Train

운 영 11:00~18:00 (10~3월 단축운행, 비수기 월요일 운행안함), 10~30분 간격 운행
루 트 베르사유 궁전-프티 트리아농-그랑 트리아농-대운하-베르사유 궁전(각 정류장에서 탑승)
요 금 만18세 이상 €7.5, 만11~18세 €5.8

전기 자동차

대 여 소 대운하 오른편 꼬마 기차 승차장 옆, 대여 시 국제운전면허증과 여권필요
운 영 10:00~18:45(11·2·3월 ~17:00, 1~2월중순 운영안함)
요 금 1시간 €34, 추가 15분당 €8.5€ (최대 4명 탑승 가능)

대운하 보트

타 는 곳 대운하 시작 지점 오른쪽
운 영 11:00~18:45 (시즌별로 다름), 11월 중순~2월 운영안함
요 금 30분 €13, 1시간 €17(최대 4명 탑승 가능)

꼬마기차 Petit Train
대운하 보트 ©en.chateauversailles.fr

베르사유 궁전 Château de Versailles

화려한 궁정 생활을 엿볼 수 있는 곳

유럽에서 가장 화려한 궁전으로 손꼽히는 베르사유 궁전은 루이 14세부터 루이 16세까지 프랑스 왕가의 저택으로 사용된 궁전으로 입구에 들어서는 순간부터 탄성이 절로 나올 정도로 웅장하고 화려하다. 베르사유 궁전은 원래, 1624년 루이 13세가 지은 사냥용 별장이었으나, 루이 14세가 절대 권력을 과시하고자 엄청난 규모로 확장하면서 웅장함과 호화로움의 상징인 베르사유 궁전으로 재탄생하게 되었다. 베르사유 궁전은 왕족과 귀족, 고위직 관료 등의 연회장소로 사용되었으며, 1661년부터 프랑스 대혁명이 일어난 1789년까지 프랑스 왕가의 저택으로 사용되었다. 베르사유 궁전은 크게 궁전, 정원, 그랑·프티 트리아농, 공원 등으로 나뉜다. 궁전 내부에는 수천 개의 방이 있으며 그중에서도 '거울 갤러리'가 가장 유명하다. 반듯한 정원수와 크고 작은 분수, 멋진 조각상이 눈길을 사로잡는 정원도 빼놓을 수 없는 큰 볼거리이다. 프랑스 왕실의 영광을 엿볼 수 있는 베르사유 궁전은 1979년 유네스코 세계문화유산에 등재되었다.

구 글 맵 48.804878, 2.120357 뮤지엄패스
홈페이지 www.chateauversailles.fr

+1 1층 화려한 궁전 내부를 볼 수 있는 곳
1er Étage

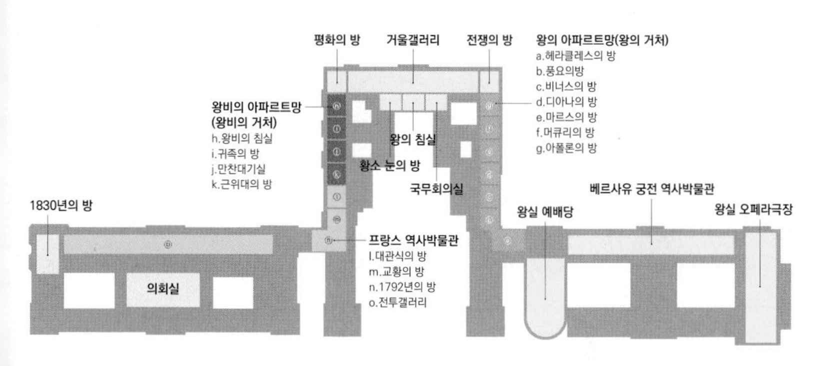

-0 0층 아름다운 궁전과 정원이 있는 곳
Rez-de-Chaussée

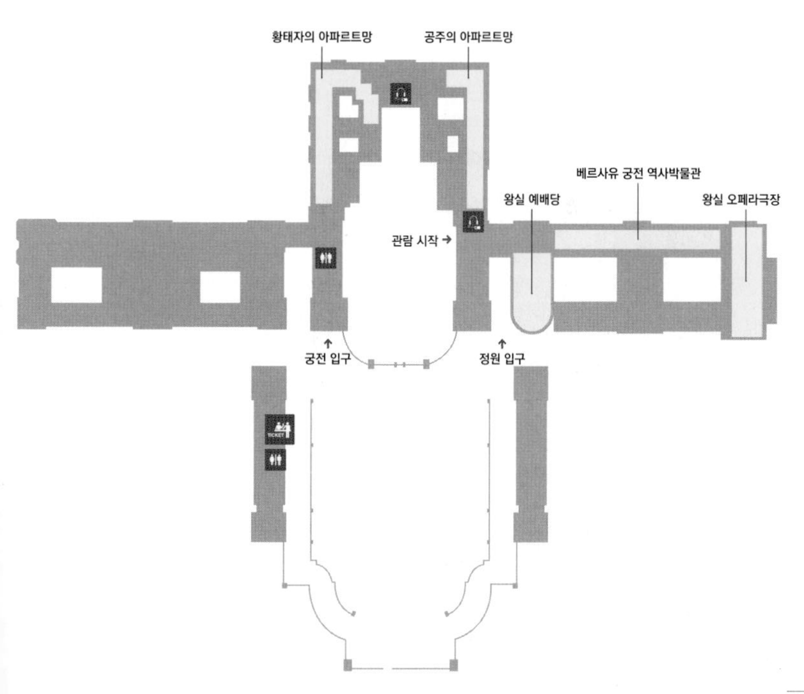

절대왕정의 상징, 베르사유 궁전의 원형은 보르비콩트 성?

1661년 루이 14세를 대신해 섭정하던 추기경 마자랭 Jules Raymond Mazarin 이 사망하자, 프랑스 왕으로서의 세력을 과시하고자 했던 루이 14세는 절대왕정을 확립하기 위해 베르사유 궁전을 건립하게 된다. 당시 프랑스의 재무부 장관이던 푸케 Nicolas Fouquet 는 파리 남동쪽 퐁텐블로 근처에 위치한 '보르비콩트 성 Château de Vaux le Vicomte'에 살았는데, 어느 날 보르비콩트 성에 초대받은 루이 14세는 푸케의 성이 왕실을 능가할 만큼 화려하자 이를 질투해 그와 맞먹는 궁전을 건립하기로 한다. 이후 루이 14세는 푸케를 횡령죄로 체포해 재산을 몰수하고, 종신형을 선고한다. 그리고 푸케의 보르비콩트 성을 설계했던 건축가들을 모아 궁전의 설계를 맡기고, 천문학적인 비용을 들여 웅장함과 화려함의 끝을 보여주는 베르사유 궁전을 탄생시키게 된다. 특히, 루이 14세는 베르사유 궁전에 수천 개의 방을 두었는데, 수천 명의 귀족과 고위직 정부 관료들을 궁전 내에 살게 하여 언제든 그의 명령에 복종할 수 있도록 하였다. 이로써 귀족들의 세력은 점차 약해지고 루이 14세는 더 강력한 권력을 갖게 되었다.

보르비콩트 성과 정원
©www.vaux-le-vicomte.c

화려함과 사치스러움의 상징인 베르사유 궁전은 결국 프랑스 대혁명(1789~1799)의 빌미가 되어 루이 16세와 마리 앙투아네트 왕비 모두 단두대에서 처형을 당했으며, 대혁명 이후 입헌군주가 된 루이 필리프는 폐허로 변해가던 베르사유 궁전을 박물관으로 개조, 일반에 공개하기 시작했다. 베르사유 궁전은 제2차 세계대전 후 복구되어 지금의 모습을 갖추었다.

보르비콩트 성 내부 ©www.vaux-le-vicomte.com

※베르사유 궁전 추천 관람코스

-관람은 궁전을 시작으로 하여 정원, 대운하, 그랑·프티 트리아농 순으로 둘러보는 것이 좋다.

-궁전 내부는 0층 → 2층 왕실 예배당 → 비너스의 방 → 디아나의 방 → 머큐리의 방 → 아폴론의 방 → 전쟁의 방 → 거울 갤러리 → 왕비의 침실 → 정원 순으로 보는 것이 좋다.

왕실 예배당 La Chapelle Royale

1710년에 완성된 왕실 예배당은 루이 14세가 매일 예배를 드린 곳으로 화려한 조각과 아름다운 천장화로 장식되어 있다. 예배당은 총 2층으로 되어 있으며, 2층에는 파이프 오르간이 있다. 루이 16세와 마리 앙투아네트가 결혼식을 올린 곳이기도 하다. 내부는 일반 관람객에게는 개방되지 않고 가이드 투어를 통해서만 둘러볼 수 있다.

왕의 거처(왕의 아파르트망) Grands Appartments du Roi

왕의 집무실, 접견실 등 왕이 머물던 7개의 방이 모여있는 곳으로 이탈리아풍으로 화려하게 장식되어 있다. 각 방에 헤라클레스, 비너스, 디아나, 마르스, 머큐리, 아폴론 등 그리스 로마 신들의 이름을 붙였다.

- 헤라클레스의 방 Salon d'Hercule

왕실 예배당이 완공되기 전까지 예배당으로 사용되던 곳. 천장에는 르무안 Lemoyne 의 작품 〈헤라클레스의 예찬 L'Apothéose d'Hercule〉(1736)이 장식되어 있다.

-비너스의 방 Salon de Vénus

대리석 기둥과 조각상, 비너스의 모습이 그려진 화려한 천장화 등으로 장식되어 있으며, 로마 황제의 갑옷을 입은 루이 14세의 조각상이 전시되어 있다.

-디아나의 방 Salon de Diane

달의 여신인 디아나의 이름을 붙인 방으로 천장을 비롯한 방 곳곳에 디아나의 모습이 그려져 있다. 한쪽에는 이탈리아 조각가 베르니니가 조각한 루이 14세 흉상이 있다. 루이 16세는 이 방을 주로 당구장으로 사용했다.

–마르스의 방 Salon de Mars

전쟁의 신 마르스의 이름을 붙인 방으로 붉은 벽지가 인상적이다. 군사를 상징하는 그림과 부조들로 장식되어 있다. 원래는 근위병을 위한 방이었으나 실제로는 음악회나 무도회를 위한 공간으로 사용되었다.

-머큐리의 방 Salon de Mercure

원래 루이 14세의 공식 침실로 사용되던 방으로 방 중앙에는 의전용 침대가 전시되어 있으며 천장에는 머큐리 신을 그린 천장화가 그려져 있다. 원래는 침실용도였으나 추운 겨울철에는 침실보다 게임방으로 사용되었다.

-아폴론의 방 Salon de Apollon

태양의 신 아폴론의 이름을 붙인 방으로 왕의 거처 중 가장 호화롭다. 천장 중앙에는 〈사계절의 신을 거느리고 마차에 오른 아폴론〉이 그려져 있으며, 벽에는 루이 14세의 초상화 사본이 걸려 있다.

거울 갤러리 Galerie des Glaces

베르사유 궁전에서 가장 유명한 곳. 거울의 방은 전체 길이 73m, 너비 10.4m, 높이 13m의 규모로 베르사유 궁전에서 가장 화려하다. 한쪽 벽면에는 17개의 대형 유리 창문으로 정원이 내려다보이고, 창문 맞은편 벽에는 17개의 아치형 거울이 대칭을 이루고 있어 '거울 갤러리'로 불린다. 천장에는 크리스털로 장식된 화려한 샹들리에가 걸려 있고, 루이 14세의 업적과 전쟁에서의 승리 등을 묘사해 놓은 그림 30점이 그려져 있다. 거울 갤러리는 귀빈 방문 등 외교적 행사와 왕실 결혼식, 연회장 등으로 사용되었으며, 1919년에는 1차 세계대전의 끝을 알리는 베르사유 조약이 체결되기도 했다. 현재도 국가의 중요행사나 국제회의가 이곳에서 열린다. 거울 갤러리 양쪽 끝에는 전쟁의 방과 평화의 방이 있다.

왕비의 거처 Grand Appartement de la Reine

왕비의 거처는 왕의 거처와 대칭을 이루고 있으며, 왕비의 침실, 귀족의 방, 만찬대기실, 근위대의 방으로 이루어져 있다.

-왕비의 침실 Chambre de la Reine

왕과는 달리 왕비는 단 하나의 침실만 있다. 화려한 꽃무늬 장식으로 뒤덮인 이 방은 루이 14세 때부터 왕비의 침실로 사용되던 곳으로 19명의 왕자와 공주가 이곳에서 태어났다. 당시 프랑스에는 신하와 귀족들이 왕비의 출산 과정을 지켜보는 관행이 있었는데, 이 방에서 신하들이 지켜보는 가운데 여왕들이 아기를 낳았다고 한다. 루이 16세의 왕비였던 마리 앙투아네트는 프랑스 혁명이 일어나기 전까지 이 방에서 지냈는데, 프랑스 혁명 당시 베르사유로 난입한 수천 명의 시민들은 호화롭게 꾸며진 마리 앙투아네트의 방을 보고 분노가 폭발했다고 한다. 로코코 양식으로 호화롭게 꾸며진 아름다운 실내장식은 마리 앙투아네트가 사용하던 당시의 모습으로 1950년대 이후 복원된 것이다.

루이 16세의 왕비, 마리 앙투아네트 Marie-Antoinette

오스트리아 여왕 마리아 테레지아의 막내딸로 태어난 마리 앙투아네트는 아름다운 외모로 작은 요정이라 불렸다. 1770년, 프랑스와의 관계회복을 위해 14세의 나이에 루이 16세(당시 15세)와 정략결혼을 하고, 1775년 왕비가 되었다. 하지만 모든 일을 감시하는 궁정 생활에 적응하지 못하고 싫증을 느꼈던 마리 앙투아네트는 왕궁이 아닌 별궁 프티 트리아농에 살았으며, 외로움을 달래기 위해 파티와 무도회를 자주 열었다. 결국 프랑스 혁명 당시, 사치와 향락으로 국고를 탕진하고, 오스트리아와 공모하여 반혁명을 시도했다는 죄명으로 콩코르드 광장에 설치된 단두대에서 처형을 받게 된다. 극적인 삶을 살다간 마리 앙투아네트는 영화, 소설 등에서 이야기의 소재로 자주 등장하며, 혁명의 소용돌이 속 마녀사냥으로 부당하게 죽은 비운의 여인으로 평가받기도 한다.

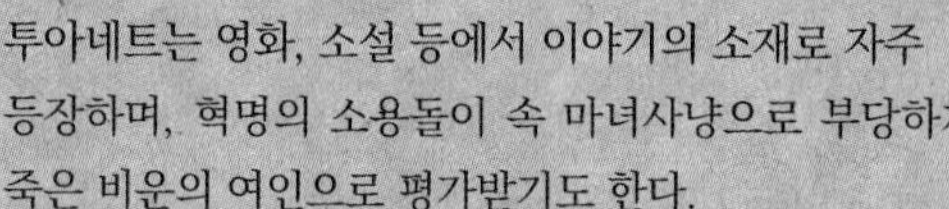

프랑스 역사박물관 Galerie de l'histoire du Château

프랑스 혁명 이후 1830년에 왕이 된 루이 필리프가 박물관으로 개조해 꾸민 곳으로, 대관식의 방과 전투 갤러리 등이 있다.

-대관식의 방 Salle du Sacre

루이 필리프가 나폴레옹을 기념하기 위한 만든 방으로 벽에는 다비드의 〈1804년 12월 2일 나폴레옹의 대관식〉을 본 떠 그린 작품이 걸려 있다. 원작은 루브르 박물관에 소장되어 있다.

-전투 갤러리 Galerie des Batailles

루브르 궁전의 그랑드 갤러리를 모방해 만든 전시실로 프랑스 전쟁사를 한눈에 보여 주는 30여 점의 그림이 벽을 따라 늘어서 있다.

정원 Jardins

조각상과 분수가 있는 아름다운 정원

화려한 궁전 내부도 아름답지만 정원 역시 빼놓아서는 안 될 중요한 볼거리! 베르사유 궁전 뒤편에 자리한 드넓은 정원은 유럽 궁전의 표본이 된 대표적인 프랑스식 정원으로 1688년에 완공되었다. 여의도 면적의 약 3배에 이르는 800헥타르의 대지에 잘 정돈된 정원수와 신화를 소재로 한 아름다운 조각상과 분수가 조성되어 있으며, 십자형의 대운하를 중심으로 좌우가 대칭을 이루고 있다. 궁전에서 나오면 가운데로 라토나의 분수가 보이고, 그 왼편으로는 반듯하게 정리된 오랑주리 정원, 그 오른편으로는 넵튠의 분수가 자리하고 있다. 라토나 분수에서 대운하까지 녹색융단 같은 잔디밭이 펼쳐져 있고, 녹색융단을 지나면 아폴론의 분수가 있으며 그 뒤로는 십자형 모양의 대운하가 보인다. 대운하에서는 보트를 빌려 탈수 있으며, 대운하 주변으로 자전거·전기자동차 대여점, 꼬마기차 정류장이 모여있다. 정원은 행사가 없는 날은 무료로 개방되며, 여름철에는 음악분수쇼'와 '음악정원', '야간 분수쇼'가 펼쳐진다. (자세한 일정은 홈페이지 참조)

※ 음악분수쇼와 음악정원 진행일에는 뮤지엄패스 소지자도 정원 입장료를 내야 한다.
운영 10:00~19:00

-오랑주리 Parterre de l'Orangerie

궁전에서 대운하를 바라보고 왼쪽에 위치한 정원으로 반듯하게 정리된 나무와 잔디밭, 화단의 모습이 눈에 띈다.

-라토나의 분수 Bassin de Latone

궁전에서 나오면 바로 보이는 4단 케이크 모양의 분수. 아폴론과 디아나의 어머니인 라토나 여신의 이름을 따왔다. 금박을 입힌 황금빛의 거북이, 도마뱀, 개구리 조각이 물을 내뿜고 있다.

–녹색융단 Tapis vert

라토나 분수에서 대운하까지 조성된 잔디밭

–아폴론의 분수 Bassin d'Apollon

녹색융단 끝 대운하 초입에 있는 분수로 태양의 신 아폴로가 전차를 타는 모습을 역동적으로 표현했다. 루이 13세 시절부터 있던 분수에 루이 14세가 태양을 뜻하는 황금빛으로 장식하였다.

-그랑 트리아농 Le Grand Trianon

우아하고 섬세하게 장식된 장밋빛 대리석이 돋보이는 그랑 트리아농은 루이 14세가 지은 별궁으로 루이 14세와 연인 맹트농 Maintenon 부인과의 밀회 장소로 유명하다.

–프티 트리아농 Le Petit Trianon

1768년 완공된 신고전주의 양식의 식물원으로 원래는 루이 15세가 애인 퐁파두르 부인을 위해 지은 건물이다. 이후 1774년 루이 16세가 궁정 생활에 어려움을 겪는 마리 앙투아네트에게 선물하였다.

–왕비의 촌락 Hameau de la reine

1783년 루이 16세가 마리 앙투아네트를 위해 만든 촌락으로 전원풍의 소박한 전통가옥 12채와 작은 호수로 이루어져 있다. 궁정 생활에 지친 마리 앙투아네트는 실제로 이곳에서 농촌의 일상을 즐겼다고 한다.

퐁텐블로

·

Fontainebleau

우아하고 아름다운 궁전,

파리 남동쪽에 위치한 퐁텐블로는 울창하고 드넓은 숲이 펼쳐져 있는 지역으로 예로부터 왕족과 귀족들의 사냥터이자 휴양지로 많은 사랑을 받아왔다. 프랑스 역대 왕들이 거쳐 간 유서 깊은 성과 성 주위로 펼쳐진 숲을 거닐며 아늑한 분위기를 느껴보자.

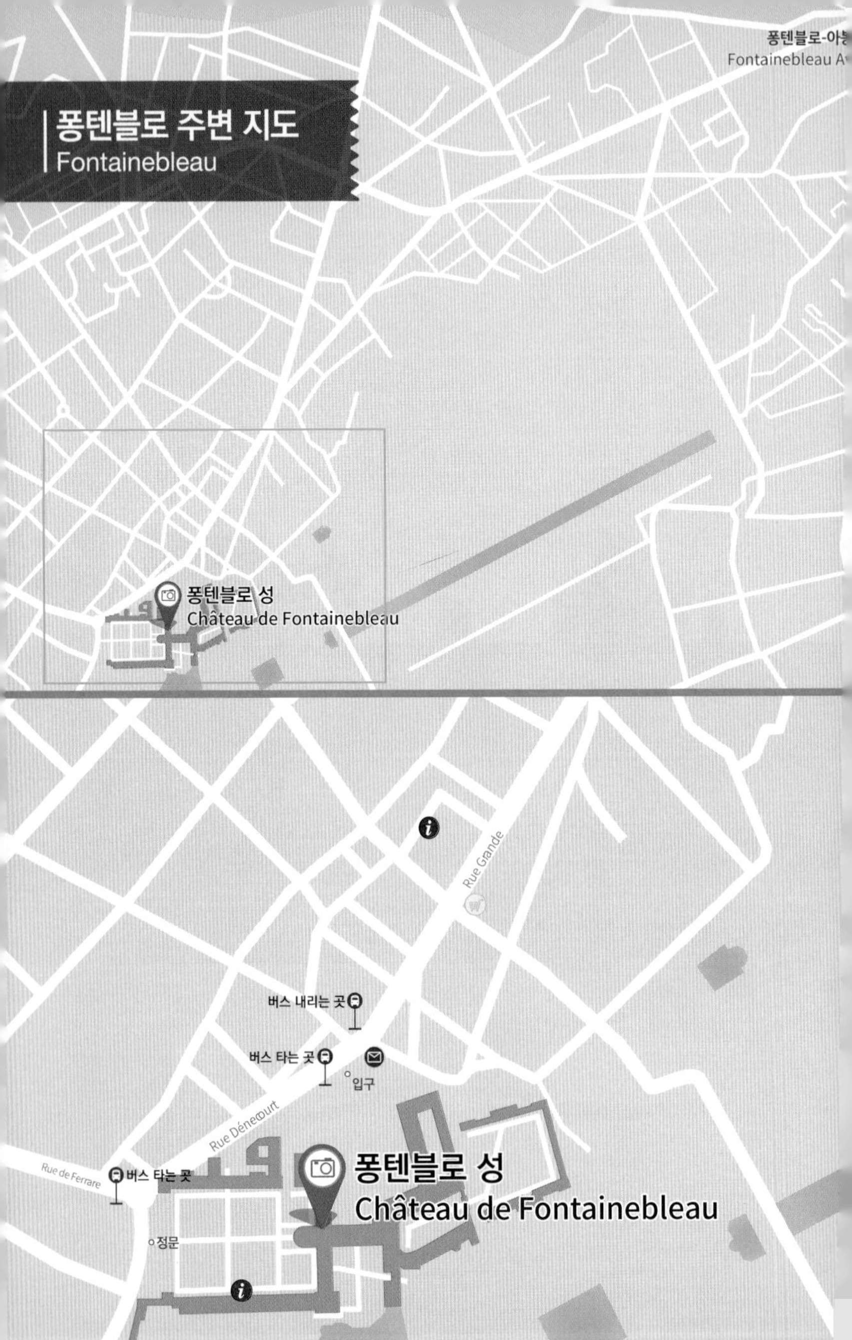
폼텐블로 주변 지도
Fontainebleau
폼텐블로-아봉
Fontainebleau A
퐁텐블로 성
Château de Fontainebleau
Rue Grande
버스 내리는 곳
버스 타는 곳
입구
Rue Dénecourt
Rue de Ferrare
버스 타는 곳
정문
퐁텐블로 성
Château de Fontainebleau

Fontainebleau
폼텐블로 여행의 기술

퐁텐블로 여행하기!

퐁텐블로는 파리에서 남동쪽으로 약 60km 거리, 일드프랑스 5존에 위치한 궁전이다. 베르사유 궁전보다 화려함은 덜하지만, 관광객이 붐비지 않아 아름다운 성과 성 주변으로 펼쳐진 숲과 정원을 여유롭고 느긋하게 즐길 수 있다. 성과 주변을 둘러볼 경우 약 2~3시간 정도 소요된다. 뮤지엄패스 소지자의 경우 무료입장이 가능해 파리에서 당일치기로 찾기에도 좋다.

※일정이 여유롭다면 퐁텐블로 근처의 '보르비콩트 성 Château de Vaux-le-Vicomte' 과 '바르비종 Barbizon' 도 같이 둘러보는 것도 좋다. 단, 대중교통편을 이용하기가 불편하므로 택시나 투어 등을 이용해야 한다.

퐁텐블로 관광안내 www.fontainebleau-tourisme.com

퐁텐블로 성 www.chateaudefontainebleau.fr

관광안내소 Office de Tourisme

운 영 10:00~18:00, 일·공휴일 10:00~13:00, 14:00~17:30
휴 무 1/1, 5/1, 12/25
위 치 퐁텐블로 성 정문에서 도보 2분

리옹역

성 내부에 위치한 인포메이션

퐁텐블로 성으로 가는 길

일드프랑스 5존에 해당하는 퐁텐블로는 파리에서 기차를 이용해 갈 수 있다. 파리 리옹 (Gare du Lyon) 역에서 몽타르지 (Montargis)또는 몽트로 (Montereau)행 기차를 타고 퐁텐블로-아봉(Fontainebleau-Avon)역 하차한다. 기차역 앞 버스 정류장에서 기차 시간에 맞추어 출발하는 버스 1번 탑승 약 10분 후 'Château' 에 하차. 길 건너 오른편 우체국 옆으로 성 입구가 있다.

홈페이지 www.sncf.com
소요시간 기차+버스로 약 50분
요　　금 기차 €8.85~, 버스 €2 (1~5존을 커버하는 나비고, 파리비지트, 모빌리스 사용가능)

※퐁텐블로 성에서 다시 기차역으로 갈 때는 우체국 왼편에 있는 정류장에서 탑승하면 된다. 단 이곳에 사람이 많을 경우 버스가 그냥 가기도 하니, 성 정문을 등지고 건너편 오른쪽에 있는 'Cour des Adieux'정류장에서 타는 것이 좋다.

R표시가 있는 몽트로, 몽타르지행 안내를 따라 이동한다.

전광판을 통해 몽트로, 몽타르지행 기차 시각을 확인 하자.

나비고는 인식기에 터치, 모빌리티나 종이티켓은 각인 후 탑승 하자

급행의 경우 퐁텐블로-아봉역을 지나치기도 하니 정차 여부를 확인하자!

퐁텐블로 성 Château de Fontainebleau

작은 베르사유 궁전으로 불리는 우아한 궁전

울창하고 넓은 숲이 펼쳐진 퐁텐블로는 중세 시대부터 왕족과 귀족들의 사냥터이자 휴양지로 많은 사랑을 받아 왔다. 12세기 초 사냥용 별장으로 처음 지어졌다가, 16세기 프랑수아 1세가 왕실 별궁으로 사용하기 위해 이탈리아의 건축가와 화가들을 데려와 르네상스 양식의 왕궁으로 대규모 확장하였다. 이후에도 역대 왕들을 거치며 증축 및 개조되어 지금의 모습을 갖추게 되었다. 베르사유 궁전보다 화려함은 덜하지만 우아함과 아늑함을 간직하고 있는 퐁텐블로 성은 역대 왕들의 꾸준한 사랑을 받아왔는데, 그중에서도 유독 나폴레옹에게 많은 사랑을 받았다. 아름다운 성 이외에도 궁전을 둘러싸고 있는 정원, 호수, 산책길도 아름답다. 관광객들로 붐비는 베르사유 궁전에 비해 훨씬 조용하고 한가롭게 둘러볼 수 있다.

구글맵 48.402109, 2.699498 뮤지엄패스
홈페이지 www.chateaudefontainebleau.fr
운영 09:30~17:00 (4~9월 ~18:00) **휴관** 화요일, 1/1, 5/1, 12/25
입장료 정원 무료, 성€12, 만18~25세 €10
위치 퐁텐블로 아봉역에서 버스로 10분 소요(p.326참조)

-페라슈발(말발굽 계단) Escalier en fer-à-cheval

말발굽 모양이 인상적인 페라슈발 계단은 퐁텐블로 성의 상징으로 루이 13세 때 완성되었다. 프랑스 역사물을 다룬 영화에 종종 등장한다.

-나폴레옹 1세 박물관 Le musée Napoléon Ier

의상, 회화, 조각, 무기, 초상화 등 나폴레옹과 그의 가족들이 남긴 물품이 전시되어 있다.

–트리니테 예배당 La chapelle de la Trinité

퐁텐블로 성에 있는 3개의 예배당 중 하나. 화려한 천장화와 금장식이 눈에 띈다. 앙리 4세 때 완공되었다.

–프랑수아 1세의 갤러리 Galerie François

프랑스의 르네상스 시대를 보여주는 걸작이자 미술관의 원형으로 〈모나리자〉가 프랑스에서 처음으로 전시된 역사적 장소이다.

디아나 갤러리 Galerie de Diane

퐁텐블로 성에서 가장 긴 방으로 나폴레옹이 재건하였다. 입구에 대형 지구본이 전시되어 있다.

–무도회장 Salle de Bal

프랑수아 1세가 만들기 시작해 앙리 2세가 완성한 방으로 앙리의 이니셜 'H'가 새겨져 있다. 화려한 그림과 조각이 기둥과 천장, 벽면을 메우고 있다.

–정원과 숲 Jardin

17세기 베르사유 궁전의 설계자가 디자인한 프랑스식 정원으로 정원에서 바라보는 궁전의 모습이 매우 아름답다. 대화단과 정자가 있는 잉어 연못, 대운하, 영국식 정원 등이 볼 만하다.

오베르 쉬르 우아즈

·

Auvers-sur-Oise

반 고흐의 흔적이 남아있는 곳,

인상파 화가 빈센트 반 고흐가 생의 마지막 두 달을 보내며 작품에 몰두했던 조용한 시골 마을로 반 고흐의 작품 속 실제 배경이 된 장소를 마을 곳곳에서 만날 수 있다.

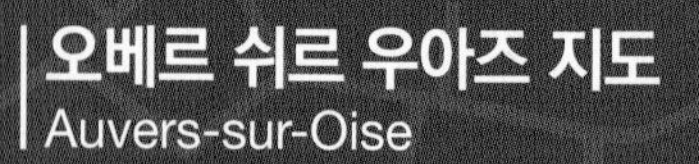

오베르 성
Château d'Auvers-sur-Oise

압생트 박물관
Musée de l'Absinthe

Rue Victor Hug

가셰 박사의 집(도보 7분)
La maison du docteur Gachet

Rue de Zundert

Rue Carnot

반 고흐&테오의 무덤
Tomb of Vincent van Gogh

오베르의 묘지
Cimetière d'Auvers-sur-Oise

〈까마귀가 있는 밀밭〉의 배경지
Vangogh - Le Champ De Blé Aux Corbeaux

오베르 성당
L'église d'Auvers

오베르 계단
L'Escalier d'Auvers

Rue Daubigny

반 고흐 공원
Parc Van gogh

도비니의 정원
Le Jardin de Daubigny

라부 여관
Auberge Ravoux

Rue du Généal de Gaulle

오베르 쉬르 우아즈 역
Auvers sur Oise

오베르 시청사
Mairie d'Auvers-sur-Oise

100m

Auvers-sur-Oise

오베르 쉬르 우아즈 여행의 기술

오베르 쉬르 우아즈 여행하기!

오베르 쉬르 우아즈는 파리에서 북쪽으로 30km 떨어진 아주 작은 시골 마을이지만, 반 고흐를 좋아하는 사람이라면 한번쯤은 들어봤을 것이다. 반 고흐가 인생의 마지막 70일을 보낸 마을로 잘 알려져 있으며, 반 고흐 외에도 세잔, 도비니, 피사로 등 인상파 화가들도 이곳에서 작품활동을 했다. 파리 시내에서 기차로 약 1시간 정도 떨어져 있지만 기차를 환승해야 하고, 연착도 자주되므로 여유를 갖고 움직이는 것이 좋다. 조금 더 편하게 둘러보려면 각 여행사에서 운영하는 파리 근교투어 상품을 이용해보자.

※마을 곳곳에는 반 고흐의 그림 속 배경이 된 풍경이 그대로 남아있으며, 명소마다 반 고흐의 작품과 실제 배경을 비교할 수 있도록 안내판을 설치해 놓았다.
※관광안내소에 한국어 안내지도가 있으니 여행전 미리 받아가도록 하자.
※기차역 근처에 슈퍼마켓(카르푸 콘택트)이 있으니 간단한 먹거리는 여기서 해결하자.

오베르 쉬르 우아즈 관광안내 tourisme-auverssuroise.fr

오베르 시 홈페이지 www.ville-auverssuroise.fr

관광안내소 Office de Tourisme

운 영 09:30~18:00(11~3월 10:00~16:30, 일 10:00~13:00, 14:00~16:30)
휴 무 월요일, 연말연시 휴무
위 치 반 고흐 공원 안

반 고흐 공원

반 고흐 공원 내 인포메이션

오베르 쉬르 우아즈로 가는 길

① 일드프랑스 5존에 속하는 오베르 쉬르 우아즈는 파리에서 기차를 이용해 갈 수 있다. 파리 북역(Gare du Nord)에서 페르상 보몽(Persan Beaumont) 행 기차를 타고 발몽두아(Valmondois)역에서 내려 퐁투아즈(Pontoise)행 기차로 갈아탄 뒤 오베르 쉬르 우아즈역 (Auvers sur Oise)역에서 하차.

소요시간 약 50~60분
요　　금 €6.15~ (1~5존을 커버하는 나비고, 파리비지트, 모빌리스 사용가능)

※4~10월의 토·일·공휴일 09:30~10:30에는 파리 북역과 오베르 쉬르 우아즈를 연결하는 직통열차가 1회 운행되니 운행스케줄을 미리 확인해두자. (운행스케줄은 매년 달라짐)

② 생라자르(Gare Saint-Lazare)역에서 지조르(Gisors) 행 기차를 타고 퐁투아즈에서 내려 크레이(Creil) 행으로 갈아탄 뒤 오베르 쉬르 우아즈역 (Auvers sur Oise)역에서 하차.

소요시간 약 60~70분
요　　금 €6.15~ (1~5존을 커버하는 나비고, 파리비지트, 모빌리스 사용가능)

파리 근교투어

각 여행사에서는 개별적으로 방문이 힘든 여행자들을 위한 파리 근교 투어를 운영하고 있으니 적절히 이용해보자. 보통 베르사유, 지베르니, 오베르 쉬르 우아즈 등의 명소를 함께 둘러보며, 한국인 가이드 비용, 교통비 등이 포함된다. 투어요금은 입장료, 식사 포함 여부 등에 따라 달라진다.

유로 자전거 나라 www.eurobike.kr
파리 크레파스 www.pariscrayon.com
인디고 트래블 www.indigotravel.co.kr

아기자기한 그림들이 그려진 오베르 역 지하도

역 근처에 까르푸가 있어 간단한 식사나 물을 구입하기에 좋다!

도비니의 정원 Le Jardin de Daubigny

반 고흐가 그린 작품 〈도비니의 정원〉 의 배경지로 반 고흐는 같은 이름의 작품 3개를 그렸다.
개인주택으로 내부는 출입 불가하다.

원 작 원작 〈도비니의 정원 Le Jardin de Daubigny〉(1890)_바젤 쿤스트 박물관
위 치 역에서 도보 3분

오베르 시청사 Mairie d'Auvers-sur-Oise

〈오베르의 시청사〉의 배경이 된 곳으로 그림과 똑같은 모습으로 서 있다.
오베르에서 그린 다른 그림들보다 다소 밝은 느낌이다.

원 작 〈오베르의 시청사 La Mairie d'Auvers〉(1890)_개인소장
위 치 역에서 도보 3분

라부 여관 (반 고흐의 집) Auberge Ravoux (Maison de Van Gogh)

반 고흐의 마지막 흔적이 남아있는 곳

인상파 화가 빈센트 반 고흐 Vincent Van Gogh 가 생을 마감하기 전 마지막 70일을 보냈던 집으로 외롭고 쓸쓸했던 반 고흐의 마지막 흔적을 엿볼 수 있다. 좁고 어두운 계단을 올라가면 반 고흐가 지냈던 작은 방에 의자만 썰렁하게 남아있다. (내부 촬영 금지)

고갱과의 갈등으로 자신의 귀를 자르고 정신병원에 입원했던 반 고흐는 1890년 5월, 아를에서 정신과 의사이자 인상주의 화가들의 후원자였던 가셰 박사가 살고 있는 오베르 쉬르 우아즈로 이사하게 된다. 반 고흐는 라부 여관 2층의 작은 다락방에 투숙하며 살다 근처 밀밭에서 권총 자살을 시도하고 이틀 뒤 이곳에서 삶을 마감했다. 반 고흐는 이곳에 사는 70일 동안 약 80여 점의 작품을 남겼으며 그중에서도 〈가셰 박사의 초상화〉, 〈오베르 성당〉, 〈까마귀가 있는 밀밭〉이 가장 유명하다.

구 글 맵 49.070720, 2.171541
홈페이지 www.maisondevangogh.fr
운 영 3월 초~10월 말 10:00~18:00 (월~화요일 휴관, 11~2월 휴관)
입 장 료 €6
위 치 역에서 도보 6분

오베르 계단 L'Escalier d'Auvers

라부 여관 옆 길로 보이는 좁고 가파른 계단이 그림의 배경이다. 하얀 드레스를 입은 여인들은 청년기, 검은 치마를 입은 여인들은 중년기, 계단에서 내려오는 사람은 노년기를 뜻한다.

원 작	〈오베르의 계단과 5명의 행인 (L'Escalier d'Auvers avec cinq personnages〉 (1890) _세인트루이스 예술박물관
위 치	역에서 도보 6분

압생트 박물관 Musée de l'Absinthe

19세기 많은 작가와 예술가들이 사랑했던 술인 압생트의 자료를 모아놓은 곳.
고갱과의 갈등으로 힘들어하던 반 고흐는 이곳에서 압생트를 마시고 자신의 귀를 잘랐다고 한다.

운 영	3월 초~10월 말 토·일·공휴일 13:30~18:00 (7월 중순~8월 중순 수~일요일 운영)
입 장 료	일반 €4, 압생트 시음 €5
위 치	역에서 도보 8분

오베르 성 Château d'Auvers-sur-Oise

인상파 그림들을 전시해 놓은 미디어 아트센터

이탈리아 부유한 금융가 리오니 Zanobi Lioni가 1635년에 지은 성으로 오베르 마을과 계곡이 내려다보이는 곳에 자리하고 있다. 숲에 둘러싸인 이 성에는 원래 이탈리아 스타일로 꾸며진 지붕과 연못, 분수, 북쪽과 남쪽으로 이어지는 두 개의 정원이 있었으나, 1662년, 프랑스의 고문 장 드 레리 Jean de Léry 에게 팔린 뒤 프랑스식 성으로 개조되었다. 성의 내부는 멀티미디어쇼를 관람할 수 있는 아트센터로 운영되고 있는데, 19세기말 오베르쉬르우아즈에서 작품활동을 했던 인상파 화가들을 비롯해 그들의 영향을 받은 화가들의 작품 500여 점을 영상자료와 조명 등 다양한 시청각 기술을 활용해 보여준다. 아름다운 가꿔진 정원은 무료로 입장이 가능하며, 성은 다양한 모임이나 이벤트, 결혼식 장소로도 이용된다.

구 글 맵 49.072003, 2.166253
홈페이지 www.chateau-auvers.fr
운 영 10:00~18:00(10~3월 ~17:00)
입 장 료 정원 무료, 성 일반 €12
위 치 라부 여관에서 도보 7분

오베르 성당 L'église d'Auvers

반 고흐의 그림 〈오베르 성당〉 (1890)의 배경으로 등장하는 성당. 11세기에 로만 고딕양식으로 건축되었으며, 루이 6세가 죽은 뒤 왕비 아델라이드 드 모리엔느의 기도실로 사용되었다.

원 작 〈오베르 성당 L'église d'Auvers-sur-Oise, vue du chevet〉(1890)_파리 오르세 미술관
위 치 역에서 도보 3분

〈까마귀가 있는 밀밭〉의 배경지

오베르 성당 옆의 비스듬한 언덕길로 올라가면 왼쪽으로 넓은 밀밭이 보이는데 이곳이 바로 반 고흐가 권총으로 자살을 시도한 장소이자, 반 고흐의 마지막 작품인 〈까마귀가 있는 밀밭〉의 배경이 된 곳이다. 반 고흐는 죽기 일주일 전에 이 그림을 그렸다고 한다.

원 작 〈까마귀가 있는 밀밭 Champ de blé aux corbeaux〉(1890)_암스테르담 반 고흐 박물관
위 치 역에서 도보 6분

반 고흐&테오의 무덤(오베르의 묘지) Cimetière d'Auvers-sur-Oise

까마귀 밀밭 근처에 위치한 마을 공동묘지로 이곳에는 반 고흐와 그의 동생 테오가 나란히 잠들어 있다. 반 고흐와 각별한 사이였던 테오는 형이 죽자 지병이 심해져 결국 반년 만에 세상을 떠나게 된다.

위 치 역에서 도보 7분

가셰 박사의 집 La maison du docteur Gachet

가셰 박사는 반 고흐를 치료한 정신병 의사이자 아마추어 화가로 반 고흐는 〈가셰 박사의 초상〉이라는 제목의 작품을 2개 그렸다. 하나는 개인 소장, 하나는 오르세 박물관에 소장되어 있으며, 집 앞에는 〈가셰 박사의 초상〉 안내판이 세워져 있다.

운 영 3월말~11월초 10:30~18:30 (월·화요일, 겨울철 휴관), 입장료 무료

위 치 역에서 도보 18분

지베르니

·

Giverny

모네의 명작 〈수련〉연작이 탄생한 곳,

파리에서 한 시간 남짓 떨어져 있는 지베르니는 인상주의 화가 모네의 작품세계에 많은 영향을 끼친 모네의 집과 정원이 있는 마을로 모네를 사랑하는 전 세계의 팬들의 발길이 끊임없이 이어진다. 아름다운 꽃으로 가득한 모네의 정원과 마을을 거닐며 꽃과 예술의 향기에 취해보자.

지베르니 주변 지도
Giverny
생트라드공드 성당
Église Sainte-Radegonde
모네와 가족들의 묘
Chemn du Roy
Rue Claude Monet
Rue du Colombie
셔틀버스 정류장
Rue Claude Monet
지베르니 인상파 미술관
Musée des impressionnismes Giverny
Chemn du Roy
Le Pressoir
모네의 집과 정원
Maison et Jardins
de Claude Monet
입구

Giverny
지베르니 여행의 기술

지베르니 여행하기!

지베르니는 전 세계의 관광객들이 많이 몰리는 파리 근교의 인기 명소 중 하나다. 한 폭의 그림같이 아름다운 모네의 정원 풍경을 감상하려면 꽃들이 만개하는 5~6월에 방문하는 것이 가장 좋다. 모네의 집과 정원 등 지베르니의 대표 볼거리만 둘러보려면 약 2시간 정도면 충분하지만, 관광객이 몰리는 4~6월과 주말·공휴일에는 반나절 이상 소요된다.

※ 모네의 집은 3월 말~11월 초에만 운영하니 방문 전 홈페이지에서 자세한 운영일정을 체크하도록 하자.
※ 지베르니는 관광객들이 많이 찾기 때문에 되도록 오전 일찍 방문해야 버스 탑승 및 티켓 구매 대기시간을 줄일 수 있다.

지베르니 관광안내 www.giverny.fr
지베르니 여행정보 giverny.org

관광안내소 Office de Tourisme

운 영 3월 말~11월 초 10:00~18:00, 겨울철 휴관
위 치 버스정류장에서 도보 5분

베르농 역 내

근교를 오가는 기차

지베르니로 가는 길

파리에서 북서쪽으로 80km 떨어져 있는 지베르니는 기차와 버스를 이용해 갈 수 있다. 파리 생라자르(Gare Saint-Lazare)역에서 기차를 타고 베르농(Vernon)역에서 하차한다. 베르농 역에 도착해 'Bus Giverny' 라고 적힌 표지판을 따라 나가면 기차 도착시각 15분 후에 출발하는 셔틀버스가 보인다. 셔틀버스를 타고 약 20분 정도 이동하면 모네의 집 근처에 도착한다.

소요시간	기차+셔틀버스 약 1시간 20분
요금	기차 €14.7~, 셔틀버스 편도 €5, 왕복 €10(버스 티켓은 버스기사에게 구매)
셔틀버스운영	베르농→지베르니 09:15~15:15 (1~2시간 간격 운행, 1일 4~5회)
	지베르니→베르농 10:10~19:10(1~2시간 간격 운행, 1일 6~7회)

※셔틀버스는 기차 도착시각에 맞춰 1~3대가 연달아 운행되는데 되도록 앞의 버스를 타고 일찍 도착해야 모네의 집 매표소에서 줄 서는 시간을 줄일 수 있다.

※여행 전, 파리로 돌아가는 기차시각에 맞춰 지베르니→베르농 역으로 가는 셔틀버스 시간을 미리 체크해두자. (시간표 확인은 www.sngo.fr)

지베르니 행 셔틀버스

셔틀 버스가 차례로 도착하면 순식간에 긴 줄이 늘어선다!

파리 근교투어

각 여행사에서는 개별적으로 방문이 힘든 여행자들을 위한 파리 근교 투어를 운영하고 있으니 적절히 이용해보자. 보통 베르사유, 지베르니, 오베르 쉬르 우아즈 등의 명소를 함께 둘러보며, 한국인 가이드 비용, 교통비 등이 포함된다. 투어요금은 입장료, 식사 포함 여부 등에 따라 달라진다.

유로 자전거 나라 www.eurobike.kr

파리 크레파스 www.pariscrayon.com

인디고 트래블 www.indigotravel.co.kr

모네의 집과 정원 Maison et Jardins de Claude Mone

모네의 숨결이 남아있는 아틀리에

인상파의 거장 클로드 모네(Claude Monet, 1840~1926)가 1883년부터 1926년까지 43년간 살던 집으로 모네의 작품세계에 많은 영향을 끼친 곳이다. 모네는 이 집에서 〈수련〉 연작을 완성했으며, 정원과 연못을 손수 가꾸며 애정을 쏟았다. 정원에는 모네가 직접 심고 가꾼 수백여 종의 꽃과 나무, 아치형의 일본식 다리가 있으며, 길 건너편에는 센강에서 물을 끌어와 만든 연못이 있다. 수련이 가득한 이 연못이 바로 모네의 연작 〈수련 Les Nymphéas 〉의 실제 배경지! 한 폭의 그림같이 아름다운 모네의 정원 풍경을 감상하려면 꽃들이 만개하는 5~6월에 방문하는 것이 가장 좋다. 안채로 들어서면 모네가 사용한 화구와 가구, 주방용품 등이 당시 모습 그대로 보존되어있으며, 모네가 평소에 수집한 일본 그림들도 곳곳에 걸려있다.

구 글 맵 49.075376, 1.533715
홈페이지 fondation-monet.com
운 영 3월 말~11월 초 09:30~18:00, 그 외 휴관.
입 장 료 일반 €9.5(만 7~20세 €5.5), 오랑주리 미술관 통합권 €18.5
위 치 셔틀버스에서 내려 도보 5분

모네의 집과 정원 풍경

지베르니 인상파 미술관 Musée des impressionnismes Giverny

모네 집 근처에 있는 인상파 미술관으로 2009년 개관하였다. 19~20세기 인상파 화가들의 작품이 주로 전시되어 있으며, 꽃들로 가득한 정원도 있다. 일본 미술의 영향을 받은 자포니즘 Japonism, 신인상주의 등 다양한 특별전이 열린다.

홈페이지 www.mdig.fr / 운영 3월 말~11월 초 10:00~18:00(특별전 준비기간에는 약 10일간 휴관)
입장료 일반 €7.5, 만 7~20세 €5, 모네의 집 통합권 €17 / 위치 셔틀버스에서 내려 도보 6분

생트라드공드 성당 Église Sainte-Radegonde

11세기 초에 건립된 로마네스크 양식의 작은 성당으로 성당 옆으로 난 계단을 올라가면 모네와 가족들의 묘가 안치되어 있다.

구글맵 49.077578, 1.523529 / 위치 셔틀버스에서 내려 도보 10분

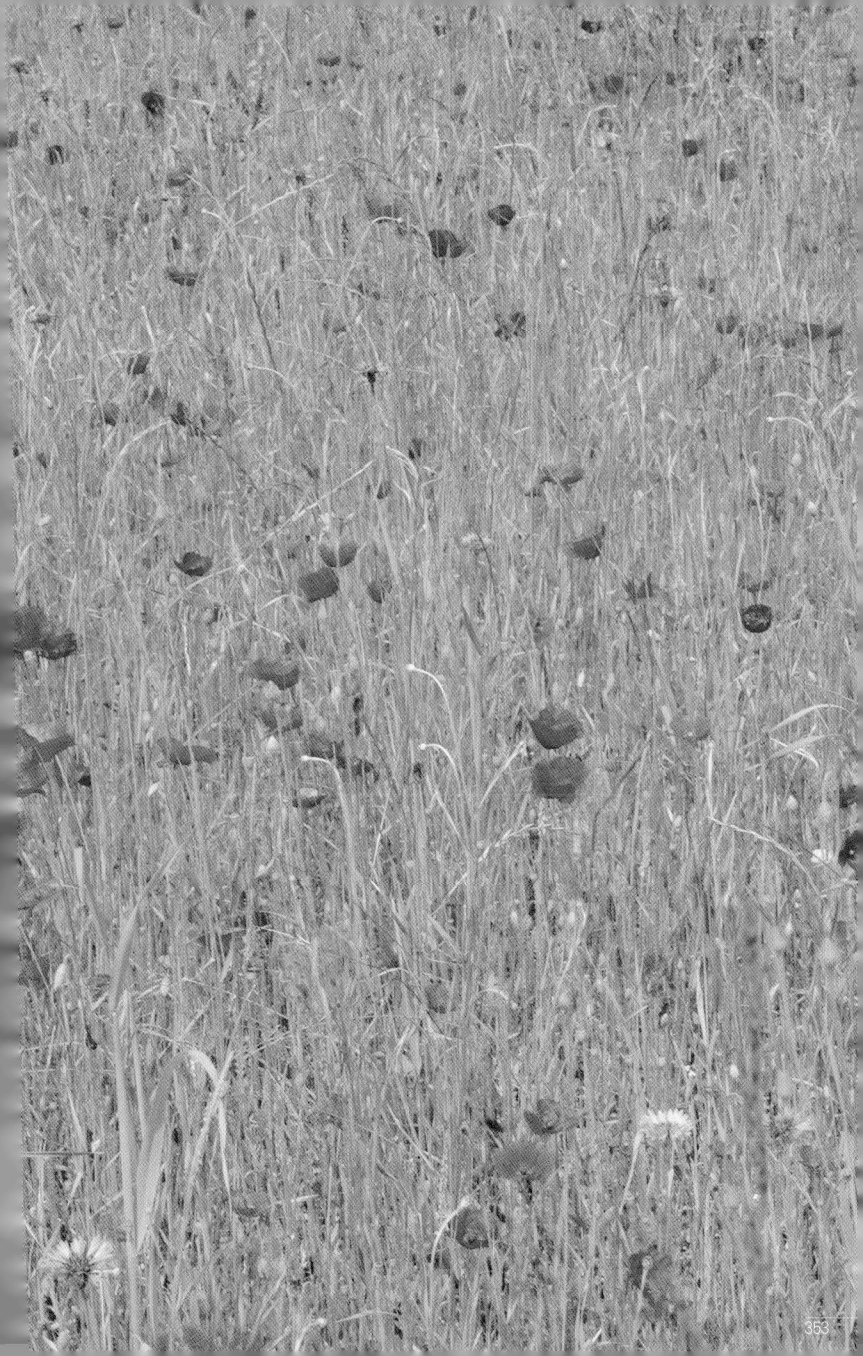

몽생미셸

·

Mont-Saint-Michel

바다 위에 떠 있는 듯한 신비로운 수도원,

프랑스 북서쪽 노르망디 해변의 작은 바위섬에 자리한 수도원 몽생미셸. 타임머신을 타고 과거로 돌아간 듯 중세의 풍경이 눈 앞에 펼쳐진다. 석양과 함께 붉게 물드는 고풍스러운 수도원의 풍경과 아름다운 야경을 감상하기 위해 매년 350만 명이 넘는 순례자와 관광객이 이곳을 찾는다.

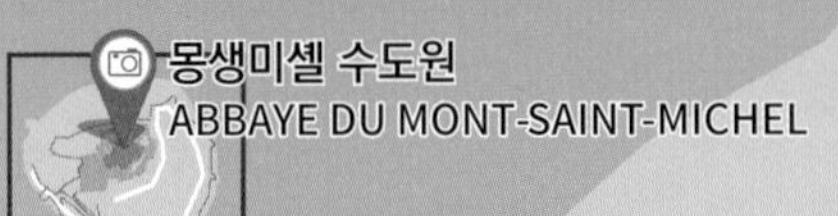

셔틀버스 정류장 &
퐁토르송 왕복 버스 종점

르 를레 생미셸
Le Relais Saint-Michel

셔틀버스 정류장

오텔 드 레 지기
Hôtel de La Digue

오텔 가브리엘
Hôtel Gabriel

머큐어 몽생미셸
Mercure Mont Saint Michel

셔틀버스 정류장 &
퐁토르송 왕복 버스 정류장

셔틀버스 종점

P

P

P

200m

몽생미셸 주변 지도
Mont-Saint-Michel

몽생미셸 수도원
ABBAYE DU MONT-SAINT-MICHEL

회랑

수도원 입구

성당

생 피에르 성당
Église Saint-Pierre

대계단

서쪽 테라스

그랑드 뤼
Grande Rue

라 메르 풀라르
La Mère Poulard

파닐 성벽 입구

몽생미셸 입구

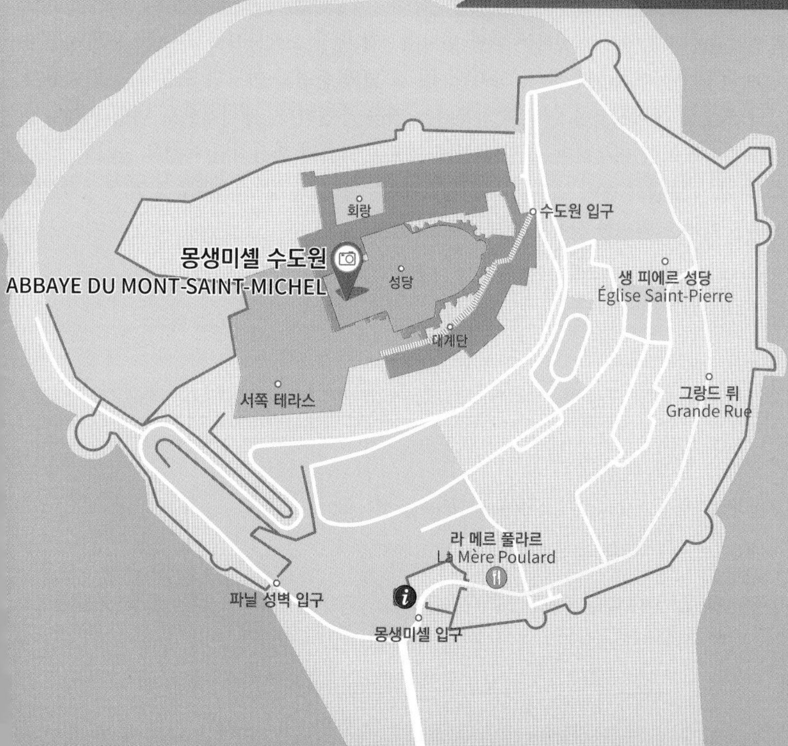

Mont Saint Michel

몽생미셸 여행의 기술

몽생미셸 여행하기!

몽생미셸은 파리에서 이동하는 데만 편도 4시간 이상 소요되므로 최대한 일찍 서둘러야 당일치기 여행이 가능하다. 하지만, 해 질 녘의 풍경과 야경의 모습이 가장 아름다우니 되도록 투어상품을 이용해 방문하는 것을 추천한다. 개별적으로 여행을 떠나고 싶다면 1박 이상 머무르며, 석양에 붉게 물드는 모습과 환상적인 야경을 즐기고, 하루에 두 번 수도원 주변이 모두 바다로 둘러싸이는 만조(밀물) 시간대를 맞춰 몽생미셸의 성벽을 따라 로맨틱한 산책도 즐겨보자.

※몽생미셸의 야경을 감상하기에 좋은 시간대는 여름철은 21:00 이후, 겨울철은 18:00 이후이다.
※몽생미셸 주변의 레스토랑은 음식값이 매우 비싸고 맛없고 불친절하기로 정평이 나 있으니 되도록 기대하지 않는 것이 좋다.
※몽생미셸이 위치한 이 지역은 연중 흐리고 비가 내리는 날이 많으므로 여름에도 바람막이 점퍼나 우비를 준비하는 것이 좋다.

몽생미셸 관광청 www.ot-montsaintmichel.com

몽생미셸 수도원 www.abbaye-mont-saint-michel.fr

관광안내소 Office de Tourisme

운 영 10:00~17:00, 1/1, 12/25 휴무
위 치 주차장 근처와 섬 안에 있다.

몽생미셸 야경 투어

파리에서 당일치기로 방문 시 기차와 버스를 여러 번 갈아타야 하는 데다 가장 아름다운 야경을 포기해야 하므로, 야경도 보고 조금 더 편하게 이동하고 싶다면 각 여행사에서 운영하는 투어상품을 이용해보자. 투어상품에는 한국인 가이드 비용, 교통비 등이 포함되며 요금은 입장료, 식사포함 여부 등에 따라 달라진다.

유로 자전거 나라 www.eurobike.kr
파리 크레파스 www.pariscrayon.com
인디고 트래블 www.indigotravel.co.kr

몽생미셸로 가는 길

파리 몽파르나스 (Montparnasse)역에서 기차를 타고 렌(Rennes) 또는 돌도브르타뉴 (Dol-de-Bretagne)역에서 내려 기차 도착시각에 맞춰 운행되는 몽생미셸 (Mont-Saint-Michel) 행 버스로 갈아타고 종점에서 내린다. 버스는 몽생미셸 수도원 입구에서 약 2.5km 떨어진 주차장에 도착하므로 섬 입구까지 운행되는 '무료 셔틀버스 Navette' 를 타고 이동하는 것이 좋다. 셔틀버스를 이용하지 않고 걸어서 갈 경우 30분 정도 소요된다.

소요시간	기차+버스로 약 4시간
요금	홈페이지, 매표소, 자동판매기에서 몽생미셸 티켓 예매. 기차 티켓 구매시 목적지를 몽생미셸로 지정하면 버스비용이 포함되며, 기차표 1장으로 기차와 버스를 같이 이용할 수 있다. (유레일 패스나 프랑스 패스 이용자의 경우 기차역 매표소에서 예약료를 지불하고 좌석을 예약해야 한다. 예약비 €9~25)

※ 섬 안으로 들어가면 가격도 비싸고 불친절하므로 물이나 간식거리 등은 Route du Mont 셔틀버스 정류장 근처 슈퍼마켓에서 구입하는 것이 좋다.

몽생미셸을 오가는 셔틀버스
셔틀버스 정류장 주변에 모여있는 식당과 마트

몽생미셸 Mont Saint Michel

바위 섬에 우뚝 솟아 있는 중세 수도원

몽생미셸은 프랑스 북서쪽 노르망디 해변의 작은 섬에 우뚝 솟아있는 중세 수도원으로 바위산 전체가 둘레 900m, 높이 78.6m의 수도원으로 되어 있다. 카톨릭 신자들의 성지순례지이자 일본 애니메이션 〈천공의 성 라퓨타〉와 〈하울의 움직이는 성〉의 모티프가 된 곳으로 연간 350만 명 이상이 이곳을 찾는다. 원래는 화강암질의 작은 바위산이지만, 조수간만의 차가 심해 밀물 때가 되면 수도원 주변이 바다로 둘러싸여 마치 바다 위에 떠 있는 섬처럼 보인다. 중세에는 썰물 때만 출입할 수 있다는 지형적 특성으로 요새와 감옥으로 사용되기도 했다. 1979년 유네스코 세계문화유산으로 지정된 몽생미셸은 708년 미카엘의 계시로 짓기 시작해 10세기 중반 완공되었으며 이후 수 세기에 걸쳐 증·개축을 반복하다 로마네스크 양식, 고딕 양식, 르네상스 양식이 혼재된 지금의 모습을 갖추게 되었다. 저 멀리서 바라보아도 감탄이 나올 만큼 낮에도 충분히 멋지지만, 석양이 질 때와 수도원 주변으로 조명이 켜지는 밤에는 더욱 환상적인 경치를 감상할 수 있다.

-그랑드 뤼 Grande Rue

섬 입구에서 수도원 입구로 오르는 좁은 비탈길인 그랑드 뤼에는 상점, 식당, 호텔, 기념품점 등이 들어서 있다.

-생 피에르 성당 Église Saint-Pierre

바위산을 파서 동굴 안에 만든 성당으로 성당 입구에는 미카엘 천사의 은총을 상징하는 잔다르크의 동상이 서 있다.

-라 메르 풀라르 La Mère Poulard

1888년에 문을 연 호텔 겸 레스토랑으로 몽생미셸의 명물 음식인 오믈렛으로 유명하다. 당시 여주인이 만든 오믈렛으로 세계적인 명성을 얻었지만 하지만 가격대비 맛과 서비스가 별로이므로 기대하지 말자.

몽생미셸 수도원 ABBAYE DU MONT-SAINT-MICHEL

환상적인 풍경을 선사하는 곳

몽생미셸은 프랑스어로 '성 미카엘의 산'이라는 뜻. 대천사 미카엘이 이곳에 수도원을 지으라는 계시를 내렸다고 해서 '성 미카엘의 산'을 뜻하는 몽생미셸로 불리게 되었다. 708년 노르망디의 아브랑슈 지역의 대주교 오베르의 꿈에 미카엘 (미셸)천사가 나타나 바위산 꼭대기에 성당을 세우라고 명했지만 대주교는 미카엘 천사의 말을 실행에 옮기지 않았다. 이에 화가 난 미카엘 천사가 대주교의 이마에 상처를 내고, 이웃 마을에서도 이상한 사건들이 연이어 벌어지자 그제야 사람들은 미카엘 천사의 계시를 받아들이고, 바위산 위에 미카엘을 기리기 위한 성당을 짓기 시작했다. 수도원은 하층, 중층, 상층 등 총 3층으로 이루어져 있으며, 대계단을 이용해 상층으로 올라가 먼저 둘러본 뒤 중층, 하층으로 내려가며 관람하면 된다.

구 글 맵 48.636068, -1.511457
홈페이지 www.abbaye-mont-saint-michel.fr

–서쪽 테라스

대계단을 이용해 상층으로 올라가면 끝없이 펼쳐진 노르망디 갯벌의 멋진 풍경을 감상할 수 있는 테라스가 나온다. 특히 안개가 낀 날에는 더욱 신비로운 풍경을 감상할 수 있다.

–성당

첨탑 꼭대기에 대천사 미카엘의 황금빛 동상이 장식된 성당으로 재건축과 복원을 반복해 다양한 건축양식들이 혼재되어 있다.

-회랑

지붕이 있는 사각형 회랑. 햇빛과 비를 피할 수 있도록 만들어졌다.

-손님의 방

귀빈 순례자를 수용하던 곳으로 연회장이나 침실로 사용되었다.

-납골당

수도사들의 납골당으로 쓰였던 곳. 감옥으로 사용될 때에는 도르래를 이용해 죄수들을 위로 올렸다고 한다.

History of France

프랑스 역사 이야기 ...

프랑스의 역사

프랑스의 역사는 기원전 8세기경 프랑스 영토에 켈트인이 정착해 살면서 시작되었다. 이후 로마인들이 이곳을 정복하면서 지역을 갈리아 Gallia라고 부르기 시작했으며, 이때 로마에서 사용하던 라틴어가 프랑스어로 발전하였다. 갈리아 영토는 4~5세기 게르만족의 대이동을 시작으로 붕괴되었으며, 9세기 샤를마뉴 대제가 프랑크 왕국을 건설한 후 동프랑크, 서프랑크, 남프랑크로 분할되고, 그중 서프랑크 왕국이 오늘날 프랑스의 모체가 되었다. 11~13세기에는 십자군 전쟁, 14~15세기에는 백년전쟁(1337~1453) 등 수난의 시대를 거쳤으나, 이후 강력한 중앙집권 국가로 탈바꿈해 르네상스 문화를 꽃피우고 루이 13~14세 때 절대왕정의 황금기를 맞이했다. 이후 사치스러운 궁정 생활과 미국의 독립전쟁 원조 등으로 심각한 재정위기를 맞고, 1789년 7월 14일 시민들이 자유·평등·박애를 부르짖으며 바스티유 감옥을 습격함으로써 프랑스 혁명이 발발하고, 루이 16세와 마리 앙투아네트 등이 단두대의 이슬로 사라졌다. 19세기 나폴레옹 3세 때 오스만 남작의 도시 개조 사업으로 오늘날 파리의 모습을 갖추게 되었으며, 1958년 드골 내각을 성립한 이후 '제5공화국'이 시작되어 오늘에 이른다.

들라크루아, 〈민중을 이끄는 자유의 여신 Le 28 Juillet : La Liberté guidant le peuple〉 (1831)

프랑스의 역사적 인물

잔 다르크 Jeanne d'Arc (1412~1431)

백년전쟁 당시, 프랑스를 위기에서 구한 영웅적인 소녀. 16세의 나이로 출전하여 영국군을 무찌르는 데 앞장섰으나 1431년 재판 끝에 마녀로 낙인찍히고 이단으로 몰려 화형을 당한다. 백년전쟁이 끝나고, 왕위에 오른 샤를 7세가 마녀혐의를 풀어주고 명예를 회복시켜 주었다.

앙리 4세 Henri Ⅳ (1553~1610)

프랑스 부르봉 왕조의 창시자. 1598년 모두에게 신앙의 자유를 허용하는 낭트칙령을 반포하여 30년 이상 지속된 구교(가톨릭)와 신교(프로테스탄트) 종교 전쟁인 위그노 전쟁을 종결시킨 인물. 위그노 전쟁이 끝난 뒤에는 정치안정은 물론 절대왕정의 바탕을 확립시켜 앙리 대왕이라는 별명까지 얻었으나 1610년 가톨릭교도에 의해 암살당했다.

루이 14세 Louis ⅩⅣ (1638~1715)

프랑스 역사상 가장 강력한 권력을 가진 왕. 루이 13세의 장남으로 '태양왕'이라고 불리며, 프랑스 절대주의 왕권을 확립하고 절대왕권의 상징인 베르사유 궁전을 건립했다. 수차례의 대외 전쟁과 화려한 궁정 생활로 재정의 결핍을 초래하여 후에 프랑스 혁명 발발의 원인을 제공하였다.

장 자크 루소 Jean-Jacques Rousseau (1712~1778)

18세기 프랑스의 사상가·소설가. 그의 자유 민권 사상은 후에 프랑스 혁명에서 혁명 지도자들의 사상적 지주가 되었으며, 19세기 프랑스 낭만주의 문학의 선구적 역할을 하였다. 주요 저서로는 〈사회계약론〉, 〈에밀〉 등이 있다.

잔 다르크

앙리 4세

루이 14세

장 자크 루소

나폴레옹 Napoléon (1769~1821)

'내 사전에 불가능이란 없다.'라는 명언으로 유명한 프랑스 황제. 지중해 외딴섬 코르시카에서 태어나고, 30대 초반에 프랑스 황제로 등극해 유럽의 절반을 제패하였으며 교육·문화·종교·법률 등 오늘날 프랑스의 초석을 남겼다. 1815년 워털루 전쟁에서 패해 세인트 헬레나 섬에 유배되고 그곳에서 생을 마감하였다.

샤를 드골 Charles André Joseph Marie de Gaulle (1890~1970)

프랑스 군사이자 정치가. 1958년 대통령의 권한을 강화하고 의회의 권한을 약화시킨 제5공화정을 수립하고 1959년 프랑스의 대통령으로 취임하였으나, 1969년 지방 제도와 상원의 개혁에 대한 국민투표에서 패해 대통령직을 사임하였다.

빅토르 위고 Victor-Marie Hugo (1802~1885)

프랑스의 낭만파 시인이자 소설가. 대표작으로는 불후의 걸작으로 꼽히는 〈노트르담 드 파리 Notre-Dame de Paris〉(1831)와 장발장으로 유명한 장편소설 〈레 미제라블 Les Misérables〉(1862) 등이 있다. 1885년 5월 22일 국장으로 장례가 치러졌으며 유해는 팡테옹에 안장되었다.

에디트 피아프 Édith Piaf (1915~1963)

샹송의 여왕. 20세기를 대표하는 프랑스 최고의 샹송 가수로 길거리 가수인 어머니와 곡예사인 아버지 사이에서 태어나 가난하고 불우한 어린 시절을 보냈다. 20세 때 몽마르트르 근처 피갈 거리에서 노래하다 카바레 주인의 눈에 띄면서부터 세계적인 샹송 가수로 성장했다. 대표곡으로는 〈장밋빛 인생 La Vie en Rose〉(1946), 〈사랑의 찬가 Hymne à l'amour〉(1949), 〈파담 파담 Padam... Padam...〉(1951) 등이 있다.

나폴레옹

샤를 드골

빅토르 위고

에디트 피아프

Food of France

프랑스 음식 이야기

프랑스 대표요리

프랑스에서 반드시 먹어봐야 할 대표 음식

프랑스를 방문하는 이들의 행복한 고민 중 하나는 바로 뭘 먹을까? 삼면이 바다, 온화한 기후, 드넓은 토지를 갖춘 프랑스는 세계적인 농업 국가로 풍부한 재료는 물론 다양한 식문화가 발달해 있다. 프랑스 미식은 2010년 유네스코 무형 문화유산으로 등재되었을 만큼 프랑스인들은 미식에 대한 사랑이 남다르다. 세계 3대 요리국인 프랑스에는 다양한 요리는 물론 다양한 디저트 음식이 발달해 있다.

에스카르고 Escargot(달팽이 요리)

대표적인 전채요리(앙트레) 중 하나. 프랑스 부르고뉴 지방의 대표 음식으로 삶은 달팽이에 버터와 레몬즙, 파슬리 다진 것을 넣고 껍데기째 오븐에 구운 것이 일반적이다. 달팽이 요리는 단백질, 무기질, 비타민과 필수 불포화 지방산 함량이 높은 건강식으로 알려져 있다.

푸아그라 Foie Gras (거위 간 요리)

전채요리(앙트레)로 즐겨 먹는 고급 요리 중 하나로 거위 또는 오리의 간을 이용해 만든다. 푸아그라는 프랑스어로 '살찐 간'이라는 뜻. 여러 가지 양념과 포도주로 양념한 후 오븐에 굽거나 얇게 저며 빵에 발라 먹거나 수프에 넣어 먹는 등 다양하게 즐길 수 있다. 북동부 알자스 지방이 유명하다.

치즈 Fromage

프랑스 식탁에서 빼놓을 수 없는 음식 중 하나로 치즈 종류만 해도 500개가 넘는다. 대표적인 치즈로는 흰곰팡이 치즈 '카망베르 Camembert', 부드러운 치즈 '브리 Brie', 프랑스에서 가장 인기가 많은 전통 치즈인 '콩테 Comté', 푸른곰팡이 치즈로 유명한 '로크포르 Roquefort', 오랜 역사의 '리바로 Livarot' 등이 있다.

코코뱅 Coq au vin

프랑스어로 포도주에 잠긴 수탉'이라는 뜻이다. 레드 와인에 닭고기와 양파, 버섯, 마늘 등 각종 채소를 넣고 푹 고아 만든 스튜로 부드러운 닭고기에 스며든 향긋한 포도주 향이 특징이다. 프랑스 부르고뉴 지방의 대표 음식으로 17세기부터 가정식 요리로 즐겨 먹었다.

부야베스 Bouillabaisse

프랑스 남동부 프로방스 지방의 대표 음식으로 프랑스식 해산물 수프를 말한다. 생선, 새우, 조개, 양파, 토마토 등에 올리브유, 화이트 와인을 넣어 끓인 지중해식 수프로 바게트, 화이트 와인과 함께 먹는다.

크레페 Crêpe

크레페 Crêpe는 프랑스 북서부 브르타뉴 지방의 대표 음식으로 우리나라 부침개와 비슷하다. 밀가루 또는 메밀가루로 만든 반죽을 얇게 부쳐 낸 다음 다양한 재료를 넣어 만든다. 과일이나 아이스크림 등을 넣어 간식으로 먹거나 달걀, 햄 등을 넣어 식사 대용(갈레트 Galette)으로도 먹는다.

빵 Pain

빵은 프랑스인의 식생활에서 빼놓을 수 없는 주식이다. 즐겨 먹는 빵의 종류에는 기다란 막대 모양의 '바게트 Baguette', 커피와 함께 즐겨 먹는 '크루아상 Croissant', 초콜릿이 들어가 있는 '팽 오 쇼콜라 Pain au chocolat' 등이 있다.

미식의 성지,
프랑스 레스토랑에 가다!

복잡하지만 알고 싶은 알쏭달쏭 프랑스 레스토랑의 모든 것

프랑스 미식은 2010년 유네스코 무형 문화유산으로 등재되었을 정도로 프랑스의 음식 문화는 가치를 인정받고 있다. 하지만, 미식의 천국 프랑스에서는 '무얼 먹을까'도 고민이지만, '어디서, 무엇을, 어떻게 주문하고, 어떻게 먹을까'도 만만치 않게 어렵고 복잡한 고민이다. 식사예절은 물론 직원들의 서비스, 주문 방식과 메뉴판 용어까지 우리와 많이 달라 생소하고 당황스럽기까지 하다. 하지만 로마에 가면 로마법을 따르라고 하지 않았던가. 아는 만큼 보인다고 현지 레스토랑 이용에 도움이 될만한 몇 가지 팁을 소개한다. 불친절하기로 소문난 파리의 레스토랑이지만, 아래 소개된 팁만이라도 알고 간다면 불쾌한 경험을 최소화할 수 있을 것이다.

프랑스 레스토랑 기본정보

운영시간

관광객이 많은 명소 근처의 일부 레스토랑을 제외하고는 대부분 점심과 저녁 시간을 구분해서 영업한다. 낮에는 12:00~14:30, 저녁에는 19:00~22:00까지 영업하는 것이 보통이다. 인기가 많은 레스토랑의 경우 홈페이지나 전화 또는 레스토랑 예약 앱 등을 이용해 예약하고 방문하도록 하자.

드레스 코드

미슐랭 가이드에 나오는 최고급 레스토랑을 제외하고 일반적인 레스토랑에서는 특별한 드레스 코드가 없다. 단, 슬리퍼나 짧은 반바지 등 착용 시에는 입장이 거부될 수도 있으니 유의하자.

팁

메뉴판에 표시된 가격에는 대부분 세금과 봉사료가 이미 포함되어 있으므로 추가로 팁을 지불하지 않아도 된다. 단, 서비스가 매우 만족스러울 경우 5~10% 정도의 팁을 테이블에 두고 올 수도 있다. 최근에는 관광객들의 증가로 외국인 손님에게 노골적으로 추가 팁을 요구하기도 하지만 만족스러운 경우가 아니라면 꼭 줄 필요는 없다.

계산서

프랑스 레스토랑에서 계산은 카운터가 아닌 테이블에서 한다. 식사가 끝나면 종업원이 알아서 테이블 위에 계산서를 놓고 가거나, 식사를 마친 후 따로 요청하면 된다. 프랑스어로 계산서 주세요는 "라디씨옹, 씰 부 쁠레 l'addition s'il vous plaît" 또는 영어로 "빌 플리즈 Bill Please"라고 말하면 된다. 현금으로 계산하려면 팁 트레이 위에 현금을 놓고 거스름돈을 기다리면 되고, 카드로 계산할 경우 팁 트레이 위에 카드를 올려놓으면 된다.

물

물은 일반 생수(Eau Plate 또는 minérale)와 탄산수(Eau gazeuse) 2종류로 나뉘며, 영어로 생수는 Still, 탄산수는 Gas 라고 한다. 잘 모를 때에는 메뉴판에 적힌 생수 브랜드를 보고 주문하는 것이 편리하다. 대표적인 생수 브랜드에는 비텔 Vittel, 에비앙 Evian 등이 있으며, 탄산수 브랜드에는 페리에 Perrier, 바두아 Badoit가 있다.

알아두면 기분 좋아지는 레스토랑 이용 에티켓

1. 인사는 내가 먼저!

프랑스에서 친절한 서비스를 받고 싶다면 '봉주르 Bonjour (저녁에는 봉수아 Bonsoir)'라고 먼저 인사해보자. 만약 직원이 봉주르라고 먼저 인사하는데도 답인사를 하지 않는 외국인 손님들에게 엉망으로 서비스를 제공하는 경우가 종종 있다. 레스토랑은 물론 카페, 패스트푸드, 상점 등에 방문할 때도 먼저 인사를 건넨다면 불쾌한 경험을 피할 수 있을 것이다.

2. 자리 배정은 직원에게!

프랑스 레스토랑에서는 식당 입구에서 예약 여부를 확인하거나 일행이 몇 명인지, 식사와 음료 중 무엇을 먹을지 말한 뒤 직원에게 테이블 안내를 받는다. 프랑스에서는 대부분 음료만 마시는 손님과 식사를 하는 손님을 구분해 테이블을 배정한다. 간혹 빈자리가 있는데도 자리가 없다고 하거나 서비스 시간이 아니라고 하는 경우 사람을 차별하는 것이 아니니 기분 나빠하지 않도록 하자.

3. 파리에선 최대한 파리지앵 처럼!

프랑스를 포함한 유럽 내 레스토랑에서는 소리 내어 직원을 부르는 것은 예의가 아니므로 직원과 눈을 마주쳐 부르는 것이 좋다. 또한 테이블별로 담당 직원이 정해져 있으므로 담당 직원이 메뉴판을 가져다줄 때까지 기다리는 것이 좋다. 담당 직원이 아닌 다른 직원에게 요청을 해봤자 요청을 무시하는 경우가 대부분이니 조급해하지 말고 직원이 올 때까지 기다리도록 하자.

4. 메뉴가 메뉴가 아니다?

프랑스에서 메뉴판은 '메뉴 menu'가 아닌 '카르트 carte'라고 부른다. 메뉴는 메뉴판이 아닌 코스요리(므뉘 menu)를 의미하니 메뉴판 요청 시에는 '카르트'라고 해야 한다. 주문할 요리를 다 골랐을 경우 메뉴판을 덮어두면 직원이 알아서 주문을 받으러 온다. 메뉴판을 계속 펼쳐 놓으면 메뉴를 고르는 중으로 착각해서 한참 동안 주문을 받으러 오지 않을 수도 있으니 유의할 것!

5. 음료는 필수!

프랑스에서는 식사와 함께 와인이나 물, 음료 등의 마실 것을 같이 주문해야 한다. 빵은 대부분 기본으로 포함되어 있고 물은 따로 주문해야 한다. 특별히 먹고 싶은 메뉴가 없거나 어떤 요리를 먹어야 할지 고민된다면 코스요리인 '므뉘 Menu' 또는 오늘의 메뉴 '플라 뒤 주르 Plat du jour'를 주문해보자. 단품(알 라 카르트)으로 따로따로 주문하는 것보다 더 저렴하다.

6. 포크와 나이프로 말해요!

포크와 나이프는 새로운 음식이 나올 때마다 교체된다. 식사 중에는 포크와 나이프를 'ㅅ'자 모양으로 놔두고, 식사가 끝나면 오른편에 비스듬하게 나란히 내려놓으면 직원이 다음 요리를 위한 포크와 나이프를 세팅해 준다. 처음부터 여러 개의 포크와 나이프가 세팅되어 있다면 바깥쪽부터 사용하면 된다.

7. 뒤집으면 안되요!

프랑스에서는 생선요리를 먹을 때 절대 뒤집지 않는 것이 예의다. 윗부분의 살을 먹은 후 생선을 뒤집지 않고 나이프와 포크를 이용해 뼈를 제거한 뒤 아래쪽 살을 먹는다.

8. 냅킨은 무릎 위에 살포시!

레스토랑 테이블 위에는 팔꿈치를 올리지 않고, 냅킨은 펴서 무릎 위에 올려놓는 것이 좋다. 식사 중 자리를 비울 때는 냅킨을 의자 위에 올려놓고, 식사를 마친 후에는 테이블 위에 올려둔다.

9. 슬로우 슬로우~ 식사를 즐기자!

프랑스인들은 식사 시간을 중요한 일과로 생각하기 때문에 식사 시간이 매우 길고, 대화도 많이 한다. 프랑스 가정에 초대받아 식사할 경우 너무 일찍 식사를 끝내거나 음식을 남기면 결례가 될 수 있으니 음식이 나오는 순서와 양을 적절히 조절하면서 식사를 천천히 즐기는 것이 좋다.

레스토랑 메뉴판 이해하기

프랑스의 레스토랑의 메뉴는 크게 단품 요리인 '아 라 카르트 a la carte'와 코스요리인 '므뉘 Menu'로 나눌 수 있다. 프랑스에서는 우리나라처럼 단품 1개만 주문하지 않고, 메인요리를 기본으로 하고 전채요리나 디저트 중 하나를 추가로 주문해 2~3개의 코스 요리를 먹는 것이 보통이므로 주문 시 참고하도록 하자. 일반적으로 므뉘가 단품으로 여러 개 주문하는 것보다 훨씬 더 저렴하다.

아 라 카르트 a la carte (단품요리)

개별요리를 일일이 주문하는 방식으로 전채요리, 메인요리, 디저트를 각각 선택해 코스를 구성해서 먹는다. 요리 하나의 가격이 므뉘보다 비쌀 때도 있으니 특별히 먹고 싶은 요리가 있는 경우가 아니라면 므뉘를 주문하는 것이 훨씬 경제적이다.

므뉘 Menu (코스요리)

므뉘는 우리식대로 읽으면 메뉴판으로 착각하기 쉽지만, 전채요리(앙트레), 메인요리(플라), 디저트(데세르)가 포함된 코스요리를 의미한다. 점심에는 보통 2개의 코스요리, 저녁에는 3개 이상의 코스요리가 포함된다. 오늘의 메뉴 '플라 뒤 주르 Plat du jour'도 코스요리의 일종으로 그날의 특별요리를 말한다.

프랑스의 코스요리 이해하기

일반 레스토랑의 코스요리는 보통 앙트레-플라-데세르 3가지 코스로 구성된다. 점심에는 플라를 기본으로 하고 앙트레나 데세르 중 하나를 선택해 2가지 코스로 먹기도 한다. 고급 레스토랑이나 미슐랭 스타 레스토랑에서는 5~10가지 코스요리가 나오기도 하지만 대개 아페리티프 Apéritif (식전주) ▶ 앙트레 Entrée (전채요리) ▶ 플라 Plat (메인요리) ▶ 프로마주 Fromage(치즈) ▶ 디저트 dessert ▶ 카페 café순으로 제공된다. 빵은 대부분 기본으로 제공되며 물은 따로 주문해야 한다.

앙트레 Entrée - Starter 전채요리 / 에피타이저

메인요리를 먹기 전에 식욕을 돋우기 위해 먹는 전채요리/에피타이저/스타터를 의미한다. 에스카르고(Escargot, 달팽이 요리), 푸아그라(Foie gras, 거위/오리 간), 위트르(Huître, 생굴), 샐러드, 수프, 튀김 등 다양한 전채요리가 있다.

플라 Plat - Main Course 메인요리

메인요리로 생선, 육류, 해산물을 재료로 한 음식이 나온다. 생선(푸아송 Poisson)요리로는 연어, 농어, 대구, 송어, 도미 등이 나오고, 육류(비앙드 Viande) 요리로는 돼지, 송아지, 닭, 오리 등이 나온다. 해산물 레스토랑의 경우 가리비, 관자, 바닷가재, 홍합 등이 메인요리로 나온다. 메인요리에 따라서 와인이 달라지는데, 육류는 레드 와인과 해산물 요리는 화이트 와인과 곁들인다.

데세르 Dessért - Dessert 디저트

디저트를 의미. 프랑스인들은 커피나 달달한 파이 등 디저트를 먹어야 식사를 마쳤다고 생각하기 때문에 식사 후 무조건 디저트를 먹는다. 달달한 디저트인 마카롱 Macaron, 슈 Chou, 에클레르 Eclair, 타르트 Tarte 등을 먹거나 소르베 (아이스크림 Sorbet), 카페 (커피 Café), 홍차 등을 먹는다.

부아송 Boisson - Drink 음료

음료를 의미. 프랑스에서는 식사와 함께 와인이나 음료 등의 마실 것을 주문하는 게 일반적이다. 음료 단위는 ml이 아닌 cl을 사용한다. 1 cl은 10ml를 의미. 음료에는 물(오 Eau), 와인(뱅 Vin), 샴페인(샹파뉴 Champagne), 사과주(시드르 Cidre), 커피(카페 Café/에스프레소를 의미, 우유를 넣으면 카페오레 Café au lait), 맥주(비에르 Bière) 등이 있다.

생수 구분하는 방법

프랑스에서 물 Eau 은 크게 일반 생수 (Eau Plate 또는 minérale)과 탄산수(Eau gazeuse) 2종류로 나뉘며, 영어로 생수는 Still, 탄산수는 Gas라고 한다. 메뉴판에 적혀있는 물의 브랜드를 보고 주문할 경우, 생수 브랜드에는 비텔 Vittel, 에비앙 Evian 등이 있으며, 탄산수 브랜드에는 페리에 Perrier, 바두아 Badoit가 있다. 무료 물을 주문하면 수돗물이 제공되며, 프랑스어로 '까하프도 carafe d'eau', 영어로는 '노멀 워터 Normal Water' 또는 '탭 워터 Tap Water'라고 하면 된다.

프랑스 식당의 종류

미식의 천국 파리에서는 우리가 흔히 아는 레스토랑 이외에도 비스트로 Bistro, 브라스리 Brasserie, 카페 Café, 크레프리 Crêperie 등 음식점을 일컫는 말이 다양하다. 명칭도 많고 이름도 생소해 어렵게 느껴지는 것이 사실이지만 간단한 의미라도 알아두면 이용하기에 편리하다.

레스토랑 Restaurant

레스토랑은 동네 골목 식당부터 최고급 미슐랭 레스토랑까지 일반적인 음식점을 일컫는 가장 넓은 의미의 단어이다. 예약은 필수.

비스트로 Bistro

프랑스에서 가장 대중적인 음식점으로 식사류와 맥주, 와인 등을 제공하는 작은 규모의 식당을 말한다.

브라스리 Brasserie

맥주와 와인 등 주류를 파는 술집의 개념이 강하지만 일반 식사도 가능하다. 비스트로보다 더 캐주얼한 느낌이다.

카페 Café

우리에게 카페는 커피나 차, 케이크 등 디저트를 먹는 곳이지만, 프랑스에서는 샌드위치, 샐러드, 오믈렛 등 식사류와 술도 판매한다.

크레프리 Crêperie

크레페를 파는 음식점. 크레페는 밀가루나 메밀가루에 주로 치즈나 햄, 달걀, 버섯 등을 넣어 먹는 프랑스식 부침개를 말한다.

살롱 드 테 Salon de thé

이름은 찻집이지만 차, 커피, 디저트, 간단한 식사류도 판매한다.

브랑제리 Boulangerie

빵과 케이크를 판매하는 빵집. 테이크 아웃하거나 식사를 할 수 있는 곳도 있다.

파티스리 Pâtisserie

케이크, 마카롱, 쿠키 등 디저트를 주로 판매한다.

Shopping in France

프랑스 쇼핑 이야기

PARIS

쇼핑 인 파리, SHOPPING IN PARIS!

파리에서 쇼핑 제대로 즐기기

파리는 말이 필요 없는 쇼핑천국이다. 세계적인 명품 브랜드는 물론 약국 화장품, 주방용품, 벼룩시장 골동품 등 사야 할 품목이 다양하다. 파리의 대표적인 쇼핑스폿으로는 명품 브랜드가 모여있는 샹젤리제 거리, 몽테뉴 거리를 비롯해 프랭탕 백화점, 라파예트 백화점, 라 발레 빌라주 아웃렛(P.290), 벼룩시장(P.253참조), 마레 지구의 편집숍 등이 있다. 특히 여름과 겨울 프랑스 세일기간에 맞춰 백화점, 아웃렛 등을 이용할 경우 저렴한 가격에 쇼핑을 즐길 수 있으며, 한 매장에서 쇼핑한 전체금액이 €175.01 이상이 되면 상품에 따라 12~20%의 부가세를 환급받을 수 있다. (자세한 내용은 P.386참조)

※프랑스 전국 세일 기간 SOLDES
매년 1월 둘째 수요일~2월 둘째 화요일, 매년 6월 마지막 수요일~8월 첫째 화요일

1. 프랑스 명품 브랜드

프랑스를 대표하는 명품 브랜드로는 루이뷔통 Louis Vuitton, 샤넬 CHANEL, 크리스챤 디올 Christian Dior, 에르메스 Hermés, 이브 생로랑 Yves Saint Laurent, 지방 Givenchy, 장 폴 고티에 Jean Paul Gaultier, 랑방 Lanvin, 보석 브랜드로는 까르띠에 Cartier, 반 클리프 앤 아펠 Van Cleef & Arpels 등이 있다. 가격대는 우리나라와 큰 차이는 없지만 우리나라에 없는 다양한 모델과 제품을 만날 수 있다.
파리의 명품거리는 P.198~201참조

2. 백화점

백화점의 장점은 뭐니 뭐니 해도 최신 트렌드를 한눈에 읽을 수 있다는 점과 다양한 브랜드를 한 번에 만날 수 있다는 점이다. 백화점에서는 한 매장에서 면세금액 미만으로 사더라도 합산이 가능해 당일 쇼핑한 전체금액이 €175.01 이상이 되면 면세 혜택을 누릴 수 있으며, 프랑스 세일기간 SOLDES을 이용할 경우 세일 가격에 면세 혜택까지 받을 수 있어 할인율은 더 커진다. 또한 한국인 전용 안내데스크가 있어 편리하게 쇼핑 안내를 받을 수 있다. 파리의 주요 백화점에는 라파예트, 프랭탕, 르 봉 마르셰 등이 있다. 인기모델의 경우 일찍 동나는 경우가 있으니 되도록 오픈 시간에 맞춰 방문하는 것이 좋다.

-갤러리 라파예트 Galeries Lafayette

파리에서 가장 큰 규모의 백화점으로 명품, 패션 잡화, 액세서리, 화장품 등 7만여 개의 다양한 명품 브랜드가 입점해있다. 본관과 남성관, 가정관 총 3개의 건물로 나뉘어 있다. 본관 7층 옥상 테라스에서는 파리 시내 전경을 한눈에 내려다볼 수 있다.

구 글 맵 48.873616, 2.332161 P.103 F-3
홈페이지 haussmann.galerieslafayette.com
운 영 월~토 09:30~20:30, 일요일 11:00~20:00
위 치 메트로 7·9호선 Chaussée d'Antin LaFayette 역에서 도보 1분

-프랭탕 Printemps

라파예트와 더불어 파리를 대표하는 백화점으로 명품 브랜드를 비롯해 디자이너 브랜드, 액세서리, 가정용품, 뷰티 등 다양한 브랜드가 입점되어 있다. 본관, 미용관, 남성관 총 3개의 건물로 되어 있다. 미용관 9층 무료 전망대에서는 파리 시내를 한눈에 내려다볼 수 있다.

홈페이지 www.printemps.com
운 영 월~토 09:35~20:00 (목 ~20:45, 일11:00~19:00)
위 치 메트로 3·9호선 Havre-Caumartin 역에서 도보 1분

-르 봉 마르셰Le Bon Marché

1852년 문을 연 세계 최초의 백화점으로 에펠탑을 설계한 귀스타프 에펠이 설계한 백화점으로 유명하다. 프랭탕, 라파예트보다 한적한 분위기에서 쇼핑을 즐길 수 있다. 본관과 식품관으로 나뉘며 식품관에서는 고급 식품과 다양한 향신료 등을 만날 수 있다.

홈페이지 www.24sevres.com
운 영 월~토 10:00~20:00 (목 ~20:45, 일11:00~19:45)
위 치 메트로 10·12호선 Sèvres - Babylone 역에서 도보 1분

©www.24sevres.com

※ 한국-프랑스 사이즈 일람표

프랑스는 우리나라와 사이즈 표기 방식이 달라 내 사이즈에 맞는 옷이나 신발을 고르기가 힘들다. 같은 유럽 내이더라도 의류 및 신발 사이즈가 다르고 브랜드 및 제조국별로도 다를 수 있으니 대략적인 치수만 참고하고 직접 입어 보거나 신어보고 구매하는 것이 가장 좋다.

-여성의류

구분	XS	S	M	L	XL	XXL
한국	44(85)	55(90)	66(95)	77(100)	88(105)	110
프랑스	32,34	36	38,40	42,22	46,48	50,52

-여성신발

한국(mm)	220	230	235	240	245	250	255
프랑스	34	36	36.5	37	38	39	40

-남성의류

구분	S	M	L	XL	XXL
한국	90	95	100	105	110
프랑스	36	38	40	42	44

-남성신발

한국(mm)	250	255	260	270	275	280	290
프랑스	39	40	41	42	43	44	45

3. 약국 화장품

프랑스의 약국 화장품은 한국에서도 만날 수 있지만 파리 현지에서는 한국 가격보다 30~40% 이상 저렴하게 구매할 수 있다. 우리에게 잘 알려진 약국 화장품 브랜드로는 알프스산맥 온천수를 이용해 만든 순한 화장품 유리아주 URIAGE, 포도씨 추출물로 만든 천연화장품 꼬달리 CAUDALIE, 민감성 피부를 위한 아벤느 AVENE, 허브에서 추출한 천연화장품 달팡 DARPHIN 등이 대표적이다. 샴푸, 핸드크림, 립밤 등은 작고 저렴해서 선물용으로도 부담이 없다. 브랜드별 인기품목은 P.75~76참조

※ 쇼핑시간을 절약하려면 구입할 제품의 이름이나 사진 등이 나온 쇼핑리스트를 미리 준비해 가는 것이 좋다.

-몽쥬약국 Pharmacie Monge

한국인 관광객이 가장 많이 찾는 약국으로 한국인 직원이 상주해 있어 쇼핑 및 택스 리펀드 서류 등을 한국어로 안내 받을 수 있다. 일부 품목은 다른 약국에 비해 비싼 것도 있다.

홈페이지 www.pharmaciemonge.pharminfo.fr
운 영 월~금 08:00~20:00, 토 08:30~20:00, 일요일 휴무
위 치 메트로 7호선 Place Monge 역 1번 출구에서 도보 1분

-갤러리 약국 Pharmacie des Galeries

라파예트 백화점 본관과 남성관 사잇길에 있는 작은 약국으로 백화점 쇼핑과 약국 화장품 쇼핑을 한 번에 해결하기에 좋다. 이곳 역시 한국인 직원이 상주해 있어 우리나라 여행객들이 많이 찾는다. 매장이 작은 데다 중국인 관광객을 비롯한 전 세계 여행자들로 북적이니 되도록 오픈 시간에 맞춰가는 것이 좋다.

홈페이지 www.pharmaciedesgaleries.com
운 영 월~토요일 08:30~20:00, 일요일 휴무
위 치 메트로 7·9호선 Chaussée d'Antin -La Fayette역에서 도보 2분

-시티 파르마 City Pharma

생제르맹데프레에 있는 대규모 약국으로 전 세계 여행자들이 즐겨 찾는다. 넓은 매장은 물론 계산대가 많아 쇼핑하기에 편리하다. 가격대는 다른 매장과 비슷하며 비정기적으로 열리는 특가 세일을 이용하면 더 저렴하게 살 수 있다.

홈페이지 pharmacie-citypharma.fr
운 영 월~금요일 08:30~20:00, 토요일 09:00~20:00, 일요일 휴무
위 치 메트로 4호선 Saint-Germain-des-Prés역에서 도보 3분

4. 슈퍼마켓

파리에는 대형마트에서 운영하는 슈퍼마켓 체인점이 시내 곳곳에 있어 간단한 먹거리를 사기에 좋다. 물, 음료, 과자, 초콜릿, 샌드위치 등 간단한 먹거리에서부터 치즈, 와인, 향신료 등 다양한 제품을 판매한다. 자주 볼 수 있는 슈퍼마켓에는 모노프리 Monoprix, 까르푸 Carrefour, 프랑프리 Franprix, 오샹 Auchan 등이 있다.

-모노프리 Monoprix

파리에서 가장 쉽게 찾을 수 있는 유통 체인으로 대형마트인 모노프리 Monoprix, 일반 슈퍼마켓인 모노프 Monop, 요거트, 샌드위치 등을 파는 모노프 데일리 Monop'Daily 등이 있다.

홈페이지 www.monoprix.fr

-까르푸 Carrefour

프랑스를 대표하는 유통 체인으로 대형마트인 까르푸 Carrefour 와 약간 규모가 작은 까르푸 마켓 Carrefour Market, 더 작은 규모의 까르푸 시티 Carrefour City, 까르푸 익스프레스 Carrefour Express 등이 있다.

홈페이지 www.carrefour.fr

-마크스 앤드 스펜서 푸드 Marks & Spencer Food

영국의 식료품 및 슈퍼 체인으로 파리 시내 곳곳에 매장이 있다. 음료, 차, 스낵류 등을 비롯해 샐러드, 샌드위치 등 간단한 식사류를 판매한다.

홈페이지 www.marksandspencer.com

면세 쇼핑팁-택스 리펀드 Tax Refund

프랑스에서는 택스프리(Tax Free)라는 표시가 있는 상점에서 €175.01 이상 구매하면 현금이나 신용카드로 부가세를 환급받을 수 있다. (만 16세 이상, 비 EU국가 거주자만 가능) 백화점은 브랜드에 상관없이 당일 총합계 금액을 합산할 수 있으며, 라 발레 빌라주는 브랜드당 구매금액이 €175.01 이상 되어야 한다. 부가세는 기본적으로 20%이며 상품에 따라 12~20%의 부가세를 환급받을 수 있다.

※단, 쇼핑 후 매장에서 부가세 환급 신청서 (Tax Free form)를 작성하고, 출국 시 공항 세관 Custom 또는 공항 내 비치된 PABLO 단말기에서 신청서에 반출 확인을 받아야만 부가세 환급이 가능하다.
※여러 EU국가에서 쇼핑했을 경우 마지막 EU국가에서 세금환급을 받으면 된다.

부가세 환급받는 방법

1. 택스프리(Tax Free)라는 표시가 있는 상점에서 €175.01 이상 구매하고, 상점에서 부가세 환급 신청서 (Tax Free form)를 받아 성명, 여권번호, 주소, 부가세 환급 방법(현금 또는 신용카드 중 선택), 신용카드 번호 등을 기재한다. 현금 환급을 선택할 경우 최종환급액에서 취급 수수료 3~5%가 차감된다. 상점에서 부가세 환급서류 및 봉투를 받아 출국 시까지 잘 챙겨둔다.

2. 공항에 도착해 항공권 체크인을 하기 전에, Tax Refund / Détaxe 표지판을 따라 세관으로 이동해 부가세 환급서류에 물품 반출 확인을 받는다. 부가세 환급 신청서에 PABLO 로고가 찍혀 있으면 세관 업무 대행 자동 단말기인 파블로 PABLO에서 처리하고, PABLO 로고가 없으면 세관에서 물품 반출 확인을 받는다.

3. 세관 창구 부근에 있는 PABLO 기계에서 터치스크린을 누르고 언어를 선택한다. 여권 및 환급서류에 있는 바코드를 스캔하면 'OK' 또는 'Form Valid'라는 메시지가 표시된다. 이 메시지는 세관 도장과 동일한 효력을 갖는다. PABLO에서 오류가 났을 경우 세관으로 가서 물품 반출 확인을 받는다. 세관 직원이 구매 물품을 보여달라고 하면 구매 당시 포장한 상태 그대로 보여줘야 한다.

※전 세계 관광객이 많은 파리인 만큼 부가세를 환급받으려면 공항에 최소한 4시간 전에 도착하는 것이 좋다.

부가세 환급 방식

신용카드를 통한 환급

PABLO 단말기를 통해 반출 확인을 처리한 후, 상점에서 받은 봉투에 반출 확인을 받은 부가세 환급서류를 넣고 밀봉한 뒤 각 세금환급 대행회사의 우편함에 넣으면 끝. 3~12주 내로 부가세 환급서류에 기재된 신용카드 계정으로 환급금이 입금된다.

※단, 프리미어 택스 프리 Premier Tax Free의 경우 PABLO에서 반출 확인을 받았다면 우편함에 서류를 넣지 않아도 되며, 세관에서 수기로 반출 확인을 받은 경우에만 우편함에 넣으면 된다.

상점에서 현금으로 수령

상점에서 물품을 구매할 때 즉석에서 현금으로 부가세를 환급받았다면 반드시 물품 구매일로부터 21일 이내에 공항 세관이나 파블로 PABLO 단말기를 통해 부가세 환급 신청서에 반출 확인을 받아야 한다. 그렇지 않으면 세금환급이 무효가 되어, 환급금 전액에 현금 수수료를 가산한 금액이 보증으로 설정해 놓았던 신용카드로 결제된다.

공항에서 현금으로 수령

세관 옆에 마련된 세금환급 대행회사 (Global Blue, Premier Tax Free)과 현금 환급처 트래블렉스 Travelex 가 있으므로 각 환급 대행사 창구에 서류를 내고 현금을 환급받으면 된다. 단, 현금 수령 시 최종환급액에서 현금 취급 수수료 3~5%가 차감되어 환급되며, 대기 줄이 길어 소요시간이 오래 걸린다.

PRACTICAL INFORMATION

프랑스 실용정보

프랑스의 교통

프랑스에서 기차 이용하기

프랑스는 버스보다 기차가 더 발달되어 있다. 파리를 중심으로 여러 기차 노선이 거미줄처럼 연결되어 있으며 프랑스 국내는 물론 밀라노·베네치아·암스테르담·브뤼셀 등 유럽 주요 도시와도 연결된다. 파리만 여행한다면 기차를 이용할 일이 거의 없지만 파리에서 근교 도시로 이동하거나 파리에서 기차를 이용해 유럽 다른 나라로 이동 시 기차로 쉽게 오갈 수 있다. 유레일패스나 프랑스 패스 등 별도의 철도 패스가 없다면 하나의 구간만 이동할 수 있는 구간 티켓을 이용해 기차를 이용할 수 있다.

※기차표는 레일유럽 및 국내 여행사, 프랑스 철도청 홈페이지나 스마트폰 앱, 현지 기차역 매표소, 기차역 내 자동발매기 등에서 예약 및 구매할 수 있다.

프랑스 철도청 www.voyages-sncf.com
레일유럽(한국어) www.raileurope.co.kr

프랑스 기차의 종류

테제베 TGV

프랑스 철도의 자랑인 초고속 열차로 파리를 중심으로 서쪽으로는 브르타뉴, 남쪽으로는 피레네와 지중해 연안, 동쪽으로는 알프스와 알자스 지방까지 프랑스 전역을 빠르게 연결하며, TGV를 이용해 밀라노, 프랑크푸르트, 브뤼셀 등 주변 국가로도 쉽게 갈 수 있다. 예약필수.

※유레일 또는 프랑스 패스 소지자는 기차역 매표소에서 예약비를 내고 좌석을 예매해야 한다.

엥테르시테 INTERCITÉS (IC)

TGV가 운행하지 않는 노선을 달리는 고속열차로 프랑스 국내와 일부 국제선을 운행한다. 별도의 좌석 예약이 필요 없으므로 패스 소지자는 언제든 탑승할 수 있지만, 야간열차는 예약 필수다.

태르 TER

프랑스 주요 도시와 중소 도시를 연결하는 지역 열차로 프랑스 전역에서 쉽게 볼 수 있다. 같은 TER 열차라도 기차 종류에 따라 내부 구조가 다양한 편이다. Intercités 열차와 마찬가지로 별도의 좌석 예약이 필요 없으므로 패스 소지자는 언제든 탑승할 수 있다.

구간 티켓 발권하는 방법

구간 티켓이란 말 그대로 특정 두 도시 구간 이동에 필요한 티켓을 말한다. 기차표는 프랑스 철도청 홈페이지나 스마트폰 앱, 현지 기차역 매표소, 기차역 내 자동발매기 등을 통해 예약할 수 있다. 각 홈페이지 또는 발매기에서 출발 도시, 도착 도시, 탑승일을 입력하면, 열차 시간과 가격 정보가 조회되는데 그중 원하는 시간, 좌석 등급, 티켓 매수, 요금조건 등을 선택하고 신용카드로 결제하면 된다.

※구간 티켓으로 기차 이용시, 기차역에 설치된 'Compostage de Billets'라고 적혀있는 노란색 개찰기에 티켓을 넣어 사용일시를 각인해야 한다. 만약, 검표 시 사용일시가 없는 티켓을 소지했을 경우 벌금을 내야 하니 반드시 각인하자. (유레일 패스, 프랑스 패스 등 소지 시에는 각인 불필요)

기차역 내 자동발매기

기차역 매표소

구간 티켓 자동발매기 이용방법

프랑스 기차역에 비치된 자동발매기는 신용카드만 사용할 수 있다. 현금만 있다면 매표소에서 구매한다. 기계별로 생김새는 약간씩 다르지만 사용방법은 거의 비슷하다.

① 화면에서 영어 ENGLISH를 선택

② 현재 역에서 지금 떠나는 표를 살지 Leave now, 예매 Leave later 할지를 선택

③ SNCF 카드가 없다면 컨디뉴 Continue 버튼을 클릭!

④ 도착 역을 선택, 화면에 없다면 OTHER 를 클릭하고 역 이름을 입력한다.

⑤ 도착 역 선택 후 편도는 SINGLE, 왕복은 RETURN을 선택한다.

⑥ 구입을 원하는 매수와 나이를 화면에서 선택한다.

⑦ 할인 가능한 레일 카드나 패스가 없는 경우 NO REDUCTION 을 선택한다.

⑧ 원하는 시간대의 표를 선택하고 입력한 내용을 확인 후 결제한다.

⑨ 탑승전 기차표는 반드시 노란색 개찰기에 각인 후 탑승한다.

프랑스의 통신

프랑스에서 인터넷·전화·우편 이용하기

와이파이 Wi-Fi

프랑스의 민박, 호텔 및 호스텔에서는 로비와 객실 내에서 Wi-fi 사용이 가능하다. 단, 속도는 우리나라에 비해 느린 편이다. 파리 샤를 드골 공항이나 레스토랑, 카페, 쇼핑센터 등에서도 무료 와이파이를 이용할 수 있으며, 스타벅스나 맥도날드 등에서는 영수증 아래에 비밀번호가 적혀있다.

해외 로밍-데이터 로밍 정액요금제

최근 스마트폰의 보편화로 해외에서 사용할 수 있는 가장 편리한 방법은 자동로밍이다. 데이터를 자유롭게 사용하고 싶다면 유효기간 내 기본 데이터를 저렴하게 사용할 수 있는 '데이터 로밍 정액요금제'를 신청하는 것이 좋다. 단, 한국 통신사에서 현지 통신사의 네트워크를 빌려 제공하기 때문에 속도가 느리다는 단점이 있다. 로밍 서비스는 스마트폰 앱, 또는 공항 내 위치한 통신사별 로밍 안내센터에서 신청할 수 있다.

포켓 와이파이

최근에는 1개로 최대 10명까지 동시에 사용 할 수 있는 휴대용 와이파이 기기인 포켓 와이파이가 많이 이용된다. 해외에서도 데이터 로밍 비용부담 없이 스마트폰을 이용하려는 여행객들에게 인기가 많다. 여행 출발 전 포켓 와이파이 기기 대여 서비스를 제공하는 여러 업체 중 조건에 맞는 업체를 선택한 후 집에서 택배로 포켓 와이파이 기기를 미리 받거나 공항에서 픽업해가면 된다. 일반 통신사에서 제공하는 데이터 정액 요금제보다 더 저렴하게 이용할 수 있다. 단, 본인이 방문하는 국가와 사용 기간, 전화 및 데이터 용량, 요금 등을 꼼꼼히 따져보고 서비스 업체를 선택하는 것이 좋다.

심 카드 SIM CARD

프랑스에 장기간 체류할 경우 스마트폰에 장착해 사용하는 심 카드를 이용하면 훨씬 더 저렴하게 데이터를 이용할 수 있다. 단, 전화번호가 바뀌므로 집이나 긴급연락이 필요한 곳에 바뀐 전화번호를 알려줘야 하는 불편함이 있다. 프랑스에서 심 카드를 직접 구매할 경우, 프랑스에서 가장 큰 통신사인 오랑주 Orange나 SFR 등에서 심 카드를 구입 및 충전하여 사용할 수 있다. 오랑주 대리점은 샹젤리제 거리, 오페라 근처, 마들렌 성당 등에 있다.

프랑스에서 전화하기

프랑스의 전화번호는 대부분 10자리로 구성돼 있다. 프랑스의 국가번호는 33번이다. 프랑스 현지에서 한국으로 국제 전화를 할 때는 00(국제 전화)+82(국가번호)+개인 전화번호(맨 앞의 0을 빼야 함) 순으로 누르면 된다. (통신사별로 로밍서비스 이용 방법이 다를 수 있음). 공중전화는 대부분 카드 전화기이며, 전화카드는 신문가판점, Tabac, 우체국(La Poste), 지하철 및 RER 매표소 등에서 구입할 수 있다.

우체국

프랑스의 우체국은 파란색 간판에 La Banque Postale 또는 'LA POSTE'라고 적혀있다. 우표는 모든 우체국과 담뱃가게 Tabac에서 판매하며 엽서, 택배 등 보내는 물건의 무게에 따라서 운송료가 부과된다. 우체통의 오른쪽 투입구 Province Et étranger (지방 및 해외)라고 적힌 투입구에 넣는다.

운　영 월~금 08:00~20:00, 토 09:00~13:00, 일요일 휴무

파리의 우체국

프랑스의 치안

프랑스는 치안상태는 좋은 편이지만, 관광객이 많은 파리의 경우 특히 집시와 소매치기가 많아 소지품 관리에 유의하는 것이 좋다. 특히 에펠탑, 몽마르트르, 오페라 등 주요 관광지와 RER·메트로·기차역(북역) 주변, 백화점 주변에는 소매치기와 집시 사기단이 많으므로 소지품 관리에 유의하고, 늦은 시간에는 절대 혼자 다니지 않는 것이 좋다.

파리의 소매치기단은 보통 2~3인이 팀을 이루는데, 일행 중 1명이 길을 지나는 관광객에게 길을 묻거나, 시간을 묻거나, 영어를 할 줄 아는지 물어보거나, 옷에 일부러 음료를 쏟거나, 경찰을 사칭하며 신분증을 보여달라고 하는 등 정신을 분산시킨 뒤, 나머지 일행이 훔쳐가는 수법을 쓴다. 어린이를 동반한 가족 소매치기단, 여성 집시 소매치기단이 많으니 방심은 금물!

※ 관광객을 타겟으로 한 다양한 사기 수법들

1. 지나가는 관광객에게 갑자기 십자수로 만든 우정 팔지를 채우고, 비용을 요구하거나 이 틈을 타 다른 일행이 소매치기를 시도한다. 특히 걸어서 몽마르트르 언덕을 오를 때 일명 '팔찌단'으로 불리는 흑인 사기단에 유의할 것! 실로 만든 엉성한 팔찌를 무료라고 하면서 손목에 강제로 묶은 뒤에 다짜고짜 돈을 달라고 한다.

→눈이 마주치지 않도록 하고, 길에서 멈추지 말고 계속 전진한다.

2. 여성 집시 소매치기단이 길을 지나는 관광객들에게 부딪히며 펜이나 반지 등 일부러 물건을 떨어뜨려 줍게 하거나, 너무 예쁘다고(잘 생겼다고) 하며 말을 걸거나, 영어를 할 줄 아냐고 물어보면서 주의를 흩뜨린 사이 나머지 일행이 지갑, 휴대전화 등을 훔쳐간다.

→절대 눈을 마주치지 않고 무시하고 길을 지난다.

3. 커플 또는 일행들의 단체 사진을 찍어준다며 접근한 뒤 찍어준 사진에 대한 비용을 요구하거나, 스마트폰이나 카메라 등을 갖고 도망간다. .

→모르는 이에게 절대 건네지 말자.

4. 갑자기 기부 서명을 하라고 종이를 들이밀며 돈을 요구하거나 서명을 하는 동안 여러 명의 일행이 몰려들어 소매치기를 시도한다. 특히 루브르 박물관, 베르사유 궁전, 에펠탑 등 관광객이 많은 곳에서 주로 발생한다.

→영어를 할 줄 아느냐고 물어보거나 서명을 요구하거나 과도한 친절을 베푸는 이들은 그냥 무시하고 지나간다.

5. 사복경찰을 사칭해 여권이나 신분증을 보여달라고 하면서 가방을 열게 한 뒤 소매치기를 한다. 가방을 열지 않고 머뭇거릴 때 소매치기 일행 중 한 명이 놀란 척 여권을 꺼내 보이며 연기를 해 관광객이 가방을 열게끔 유도한다.

→절대 가방을 열지 말고 숙소에 두고 왔다고 하거나 경찰서에 가서 보여주겠다고 한다.

6. 옷에 뭐가 묻었다고 하며 닦아주거나 음료 등을 일부러 쏟으며 정신을 분산시킨 뒤 소매치기를 한다.

→모르는 이가 접근하는 것을 아예 차단하고 무시한다.

7. 지하철역이나 기차역에서 표를 대신 구매해 주겠다고 접근한 뒤 엉뚱한 티켓을 주는 경우가 많다.

→모르는 이가 접근하는 것을 아예 차단하고 무시한다.

※ 안전한 여행을 위해 주의해야 할 점

1. 여권이나 항공권은 호텔 금고에 넣어두고, 가방은 몸 앞쪽으로 매고, 백팩보다는 크로스백, 허리에 차는 힙색 등을 이용하는 것이 좋다.

2. 메트로, 버스, 기차 등 대중교통 이용시 다른 사람과 몸이 닿을 정도로 붐비는 차량은 되도록 이용하지 않는 것이 좋고, 빈 좌석이 보이면 되도록 앉아서 이동하는 것이 좋다. 메트로·RER 이용시 이른 아침이나 늦은 밤에는 될 수 있으면 승객이 많은 칸으로 이동하는 것이 좋다. 에스컬레이터, 티켓 각인 시 등 뒤에 바짝 붙는 사람에 주의한다.

3. 카페나 레스토랑에서 지갑이나 휴대전화를 외투에 넣은 채 옆의 빈 의자에 걸어 놓거나 가방을 발밑에 두지 말자. 뒤 테이블에 앉은 소매치기가 슬그머니 빼갈 수 있다. 또한 휴대전화 또는 지갑을 테이블 위에 놓은 채 자리를 비우지 말자.

4. 박물관에서 사진을 찍는 사이, 기념품 구경에 정신이 팔린 사이를 노리는 소매치기범이 많으니 소지품 관리에 유의하자. 특히, 박물관의 경우 무료입장이 가능한 어린이 소매치기가 많다.

5. ATM에서 현금 인출 시 비밀번호를 누를 때 손으로 가리고 누르고, ATM 주변에서 주의를 돌리려는 사람이 있을 경우 도난의 위험이 있으니 조심하도록 하자.

6. 명품 쇼핑이나 백화점 쇼핑백을 들고 있으면 소매치기의 표적이 될 수 있으니 되도록 택시를 이용해 귀가하는 것이 좋다.

7. 렌터카 등으로 여행시 휴대전화, 카메라, 가방 등 귀중품을 차 내부 잘 보이는 곳에 놓지 말자. 차량통행이 비교적 한산한 주말, 도로나 휴게소에 주차한 자동차 문을 파손하고 가방이나 물품을 절도하는 사례가 종종 발생하므로, 하차 시에는 가방이나 물품 등을 트렁크에 넣고 귀중품은 직접 소지하는 것이 좋다.

8. 만약, 소매치기나 강도를 당해 여행자 보험으로 보상을 받으려면 역이나 주요 관광지에 있는 가까운 경찰서를 찾아가 도난 증명서 Police Report를 작성해야 하는데 도난 증명서는 육하원칙에 따라 자세히 작성해야 한다. (p.406참조)

9. 신용카드를 분실했다면 즉시 해당 카드사에 분실신고 하고, 여권을 분실했을 때는 대사관을 찾아가서 재발급을 받아야 한다. 자세한 사항은 여행 중 비상상황 발생 시 대처방법 (p.406참조)

여행준비

프랑스 여행준비 & 실전

간단한 여행준비

바쁜 일상을 살아가는 현대인들에게 여행은 설렘 그 자체! 하지만 막상 여행을 준비하려고 하면 무엇부터 해야 할지 막막하기만 한 당신을 위해 마련했다. 금쪽같은 시간을 쪼개 여행을 떠나려는 이들을 위한 간단한 여행준비 팁을 소개한다. 아래의 순서에 따라 즐겁게 여행준비를 시작해보자.

1. 여권준비

해외여행을 떠나기 전 꼭 필요한 준비물은 바로 여권! 항공권 구매 시 여권 번호가 필요하므로 여행을 떠나고 싶다면 가장 먼저 준비해야 한다. 또한 여권이 있더라도 유효기간이 6개월 이상 남아 있어야 하고 유효기간이 6개월 미만이면 여권 재발급을 신청해야 한다. 여권발급에 걸리는 기간은 대략 7~10일 정도이니 여유를 두고 만들어 놓자.

2. 여행계획 세우기

무엇을 하러 떠날지, 자유여행으로 떠날지 패키지여행으로 떠날지, 항공편과 숙소가 포함된 호텔 팩으로 떠날지 등 여행의 일정과 목적, 기간, 여행방식, 예산 등을 고려해 본인이 원하는 대략적인 여행계획을 세워보자.

구분	패키지여행	자유여행
장점	가이드와 함께 준비된 일정대로 따라다니기 때문에 여행지에 대한 정보파악 등 사전준비가 필요 없고 일정, 교통수단 등에 대한 신경을 쓰지 않아도 되어 편리하다. 여행 준비할 시간이 부족하고 영어 걱정 없이 편리한 여행을 떠나고 싶은 이들에게 추천.	모든 일정을 내 마음대로 계획할 수 있고 원하는 곳을 자유롭게 여행할 수 있다. 일정에 얽매이고 싶지 않거나 새로운 친구들을 만나고 싶은 이들에게 추천.
단점	정해진 일정대로 움직여야 하기 때문에 자신이 마음에 드는 장소가 있더라도 오래 머무를 수 없다. 단체로 움직이기 때문에 불편한 일행을 만날 경우 여행 기분을 망칠 수도 있다. 시차 등으로 컨디션이 좋지 않더라도 일정을 강행하거나 원치 않는 옵션, 쇼핑 등을 해야만 하는 경우가 있다. 여행비용 이외에 가이드 팁을 별도로 내야 한다.	여행 사전준비에 많은 시간이 소요된다. 여행을 떠나기 전 여행지에 대한 공부와 준비를 철저히 하지 않으면, 여행지에 대한 추억도 덜하고 준비 미숙에 따른 시간과 돈 낭비가 발생할 수 있다.

3. 항공권 예약하기

휴가 일정이 정해졌다면 이제 항공권을 구입할 차례. 목적지별로 항공권을 검색한 후 본인의 예산과 일정에 적합한 항공권을 예약한다. 항공권은 비수기일수록, 일찍 예약할수록, 특가 항공권일수록 저렴하다. 단, 저렴하다고 다 좋은 항공권이 아니니 마일리지 적립 여부, 취소변경 수수료 등을 꼼꼼하게 따져본 후 예약하는 것이 좋다.

항공권 비교 사이트 스카이스캐너 www.skyscanner.com

4. 숙소 예약하기

여행의 목적과 컨셉, 예산 등에 맞춰 부티크 호텔, 한인 민박, 게스트하우스, 현지인 아파트 등 본인에게 알맞은 숙소를 예약하자. 무조건 가격 위주로만 보지 말고 주변 관광지와의 접근성, 치안, 교통 편의성 등도 고려하는 것이 좋다. (p.58참조)

5. 각종 증명서 준비

프랑스 현지에서 렌터카를 대여해 여행할 계획이라면 반드시 국제운전면허증을 발급해 가는 것이 좋다. 전국의 경찰서, 운전면허시험장에 가서 신청하면 1시간 이내에 발급받을 수 있다.

6. 여행 정보 수집하기

가이드북, 프랑스 관광청, 파리 관광청, 네이버 여행카페 등을 참고해 가고 싶은 도시 및 관광명소, 꼭 먹어봐야 할 음식과 맛집, 여행에 유용한 패스, 꼭 사와야 할 쇼핑품목 등 세부 일정을 계획한다.

7. 환전하기

여행에 필요한 대략적인 예산을 정한 뒤 (p.56참조) 숙박비를 제외한 전체 여행 경비의 50% 정도를 유로로 환전해 가는 것이 좋으며, 환전할 때는 고액권과 소액권을 골고루 섞어 환전해야 현지에 도착해서 사용하는 데 불편함이 없다. 나머지 경비 50%는 신용카드나 현금인출이 가능한 체크카드를 사용하는 것이 좋다. 신용 및 체크카드 해외 이용시 이용금액의 1% 정도가 수수료로 붙지만 휴대가 편리하고 현금 분실에 대비할 수 있다. 단, 출국 전 본인의 신용 및 체크카드가 해외에서도 사용할 수 있는 카드인지 미리 확인하는 것이 좋다.

※ 해외에서 ATM기 사용하기 (기계마다 차이는 있음)

1. Plus, MasterCard, VISA 등 마크가 있는 현금인출기에 카드를 넣고 'English'를 선택한다.
2. 'Please enter your Pin Number(또는 code)'라는 글자가 나오면 비밀 번호를 입력하고 확인 버튼을 누른다. 보통 비밀번호는 4자리를 입력하지만, 간혹 6자리를 입력해야 하는 경우 4자리 비밀번호 뒤에 숫자 00을 붙이면 된다.
3. 예금계좌에서 현금을 인출하고자 하면 'Withdrawal'(또는 Savings / Cash Withdrawal / Withdraw Money)을 선택하고, 신용카드에서 현금서비스를 인출하고자 하면 'Credit'(또는 Credit Card / Cash Advance)를 선택한 후 금액을 선택한다.
4. Balance Inquiry 는 잔액조회, Transfer는 계좌이체, Deposit money는 입금을 의미한다. 잔액조회만으로 수수료가 청구되는 카드도 있으니 주의하자.
5. ATM 수수료는 인출금액이 아닌 건당으로 부과되므로 필요한 금액과 가까운 최대금액을 인출하는 것이 좋다.

8. 여행자보험 가입하기

여행자보험 가입은 필수는 아니지만 여행지에서의 분실, 도난 및 소매치기 등에 대비하려면 가입하는 것이 좋다. 프랑스는 치안이 안전한 편이지만, 스마트폰, 카메라, 노트북 등 고가의 물건을 소지할 경우 도난의 위험에 노출될 수도 있다. 또한 아이나 부모님을 동반한 가족여행이라면 보다 안전한 여행을 위해 보험에 가입하는 것이 좋다. 각 보험 회사별로 다양한 보험상품과 혜택을 제공하고 있으니 꼼꼼히 살펴보고 가입하는 것이 좋다.

9. 짐 싸기

출발 직전 혹은 출발 전날 급하기 짐을 싸면 빠뜨리는 물건이 있을 수 있으니 떠나기 일주일 전부터 짐을 꾸리는 것이 좋다. 여행지의 계절, 여행 기간, 여행의 성격에 따라 챙겨야 할 준비물이 달라지니 떠날 여행지의 계절과 여행기간 등을 고려해 준비물 리스트를 작성한 후 하나하나 체크하면서 짐을 꾸리는 것이 좋다. 가방은 한 도시에 오래 머무른다면 캐리어가 편리하고, 도시 및 숙소를 자주 이동한다면 배낭을 이용하는 것이 더 편리하다. 자주 사용하는 여권, 지갑, 휴대폰 등은 크로스백에 보관하는 것이 가장 안전하고 편리하다.

※여행 준비물 체크 리스트

필요서류	여권, 일정표, 항공권 예약완료메일 (또는e-ticket), 숙소 바우처, 여권사본, 여권사진 2~3장
전자기기	카메라, 카메라 충전기, 휴대폰 충전기, 110V 돼지코 2~3개, 셀카봉
여행경비	환전한 현지화폐, 해외사용가능 신용카드
의류	계절에 맞는 의류 2~3벌, 양말과 속옷 2~3세트, 가벼운 재킷 또는 카디건, 수영복(휴양지의 경우)
미용용품	화장품, 클렌징폼, 바디로션, 선크림, 여성용품, 물티슈 등
비상약	소화제, 해열제, 진통제, 감기약, 지사제, 밴드 등
휴대용품	작은 배낭이나 크로스 백, 모자, 선글라스, 우산(양산) 등
여행정보	가이드북, 유용한 스마트폰 앱
기타	필기도구, 여행노트, 목베개

10. D- Day 출발

설레는 마음으로 드디어 출발! 항공권, 여권, 준비물 등을 다시 한번 체크한 뒤 공항으로 출발하자. 체크인을 해야 하니 비행기 출발 최소 3시간 전에 공항에 도착하는 것이 좋다.

스마트하게 숙소 예약하기

파리에는 최고급 호텔, 부티크 호텔, 호스텔, 한인민박, 현지인 아파트 등 다양한 숙박시설이 있다. 숙소예약은 숙소 홈페이지에서 직접 예약하거나 숙소예약 대행사이트를 통해 예약할 수 있는데, 숙소의 종류에 따라 할인 폭이 다르니 여러 사이트를 비교한 뒤 예약하는 것이 좋다.

스마트하게 숙소 예약하는 방법

1. 인터넷 검색과 리뷰확인은 필수

숙소예약 전 관심 있는 숙소에 대한 인터넷 검색은 필수. 트립 어드바이저, 유랑 카페, 블로거 리뷰 등을 통해 직접 숙박해 본 사람들의 생생한 후기를 참고하는 것이 좋다.

2. 세금포함여부와 옵션을 확인할 것

같은 호텔의 같은 객실이라도 예약 대행사이트의 요금에 차이가 나는 이유는 바로 세금과 옵션 때문. 세금 포함 여부, 조식 포함여부 등의 옵션을 포함한 최종 요금으로 비교해야 정확하다.

3. 취소규정을 확인할 것

호텔예약 사이트마다 취소규정이 다르니 예약 전 취소 및 변경 규정을 꼼꼼히 체크한 뒤 예약하도록 하자.

4. 바우처 챙기기

숙소예약을 마쳤다면 메일로 온 호텔 바우처를 출력해 두거나 숙소예약대행사이트의 앱을 다운받아 예약정보나 바우처 등을 캡쳐해 두는 것이 좋다.

5. 숙소위치확인

숙소예약이 끝났다면 구글맵 등의 앱을 이용해 숙소의 위치를 미리 확인해 두는 것이 좋다. 숙소예약대행 사이트의 앱에서 예약정보를 조회하면 예약한 숙소의 정보와 구글맵 위치정보를 바로 확인할 수 있어 편리하다.

호텔 예약사이트

부킹닷컴 www.booking.com
아고다 www.agoda.com
호텔패스 www.hotelpass.com
호텔스닷컴 kr.hotels.com

호스텔 예약사이트

호스텔월드 www.korean.hostelworld.com
호스텔닷컴 www.hostels.com/ko

호텔 비교사이트

호텔스컴바인 www.hotelscombined.co.kr
트리바고 www.trivago.co.kr

기타

민박 비교 www.theminda.com
에어비앤비 www.airbnb.co.kr

스마트한 파리 여행을 위한 유용한 앱 소개

우리나라는 스마트폰 보급률이 거의 80%에 육박할 정도로 스마트폰 사용이 보편화되어 있다. 스마트폰 없는 생활은 상상도 할 수 없을 정도로 해외여행시에도 빠질 수 없는 필수품이 되어버린 스마트폰! 생생한 여행정보는 물론 현지어를 모르는 여행객들을 위한 번역기까지, 스마트한 여행을 즐길 수 있도록 도와줄 유용한 어플리케이션(앱)을 소개한다

구글 맵 Google Map

스마트한 여행을 위한 필수 앱. 구글맵에 목적지를 입력하면 현재 위치에서 목적지로 가는 경로를 바로 탐색할 수 있어 편리하다. 또한 내가 가고 싶은 스폿들로만 구성된 나만의 지도를 만들 수 있다.

트립 어드바이저 Trip Advisor

전세계 여행자들의 생생한 리뷰를 참고할 수 있는 여행정보사이트. 여행자들이 직접 순위를 매긴 명소, 맛집, 숙소 등의 랭킹순위를 확인할 수 있다. 또한 현재위치에서 가장 가까운 맛집과 명소 등도 소개해준다.

환율계산기

현지화폐를 우리나라 돈으로 환산해 주기 때문에 어렵게 계산할 필요가 없다. 환율 정보는 매일매일 업데이트되어 비교적 정확하다

파파고

네이버에서 만든 회화 앱으로 프랑스어를 비롯해 영어, 중국어, 스페인어, 독일어 등 다양한 언어로 구성되어 있다. 발음은 물론 상황별 문장이 수록되어 있어 유용하게 사용할 수 있다. 긴 문장은 파파고가 구글 번역기보다 더 매끄럽다.

구글 번역 Google Translator

프랑스어를 모르는 여행자들을 위한 편리한 앱. 모르는 단어를 스캔하거나 이미지에 적혀 있는 단어를 스캔하면 자동으로 한글로 번역되어 매우 편리하다. 또한 현지인이 말하는 내용을 못 알아들을 때 마이크 버튼을 이용하면, 현지인이 말하는 내용을 대략 파악할 수 있다.

파리철도 RATP

파리 대중교통 공식 앱으로 메트로, 버스 노선, 실시간 운행정보를 검색할 수 있어 편리하다. 출발지, 목적지를 입력하면 추천이동경로와 교통수단과 소요시간 등의 정보를 제공한다.

시티맵퍼 City Mapper

파리, 런던, 로마, 밀라노 등 유럽 주요 도시의 지도와 교통정보를 제공하는 앱으로 대중교통을 자주 이용하는 여행객들에게 유용하다. 출발지, 목적지를 입력하면 추천 이동경로와 교통수단과 소요시간, 출발시각 등의 정보를 제공한다.

부킹닷컴 Booking.com

전세계의 숙소를 예약할 수 있는 숙소예약 전문사이트. 예약방법이 간단하고 현재 위치를 기준으로 주변의 예약 가능한 숙소도 알려줘 편리하게 이용할 수 있다.

해외안전여행(외교부)

외교부에서 만든 앱. 도난, 분실, 테러 등 여행 중 발생할 수 있는 위기상황에 대처하는 매뉴얼, 여행 위험국가, 각국 대사관, 영사과 긴급통화, 카드사/보험사 등 연락처, 기내반입 금지 품목 등 유용한 정보가 들어 있다.

해외에서 스마트폰 제대로 활용하기

스마트폰 사용이 보편화되면서 해외로밍을 이용하는 여행객들이 많아지고 있다. 다만 해외에서 이용할 경우 국내에서 이용하는 요금제와 상관없이 훨씬 비싼 별도의 로밍요금이 부과되니 출국 전 반드시 해당 국가의 로밍요금제 등을 확인하고, 데이터 이용을 원치 않을 경우 차단 신청하거나 데이터로밍 정액요금제에 가입하는 것이 좋다.

요금폭탄 피하는 방법

요금폭탄을 피하려면 출국 전 데이터 요금을 차단하거나 데이터를 무제한으로 이용할 수 있는 요금제를 선택하거나 정액요금을 설정하는 것이 좋다. 미리 신청하지 못했다면 공항에 위치한 각 통신사 로밍센터를 방문해 방문국가의 로밍비용과 사용방법 등을 자세히 알아보자.

로밍센터 위치

인천공항 : 1층·3층·면세구역, 김포공항 : 1층

통신사별 홈페이지

SK www.sktroaming.com
olleh roaming.olleh.com
LG U+ lguroaming.uplus.co.kr

휴대용 포켓와이파이

최근에는 1개로 최대 10명까지 동시에 사용 할 수 있는 휴대용 와이파이 기기인 포켓 와이파이가 많이 이용된다. 해외에서도 데이터 로밍 비용부담 없이 스마트폰을 이용하려는 여행객들에게 인기가 많다. 여행 출발 전 포켓 와이파이 기기 대여 서비스를 제공하는 여러 업체 중 조건에 맞는 업체를 선택한 후 집에서 택배로 포켓 와이파이 기기를 미리 받거나 공항에서 픽업해가면 된다. 일반 통신사에서 제공하는 데이터 정액 요금제보다 더 저렴하게 이용할 수 있다. 단, 본인이 방문하는 국가와 사용 기간, 전화 및 데이터 용량, 요금 등을 꼼꼼히 따져보고 서비스 업체를 선택하는 것이 좋다.

심 카드 SIM CARD

프랑스에 장기간 체류할 경우 스마트폰에 장착해 사용하는 심 카드를 이용하면 훨씬 더 저렴하게 데이터를 이용할 수 있다. 단, 전화번호가 바뀌므로 집이나 긴급연락이 필요한 곳에 바뀐 전화번호를 알려줘야 하는 불편함이 있다. 프랑스에서 심 카드를 직접 구매할 경우, 프랑스에서 가장 큰 통신사인 오랑주 Orange나 SFR 등에서 심 카드를 구매 및 충전하여 사용할 수 있다. 오랑주 대리점은 샹젤리제 거리, 오페라 근처, 마들렌 성당 등에 있다.

국제공항 찾아가기

비행기는 버스 · 열차와 달리 탑승 수속을 밟아야 하므로 출발 3시간 전에는 공항에 도착하는 것이 좋다. 특히 여행자가 몰리는 성수기에는 많은 시간이 소요되므로 되도록 여유 있게 도착하도록 하자. 우리나라에서 파리로 가는 비행기는 인천국제공항에서 출발한다.

1. 인천국제공항

인천국제공항은 리무진 버스, 공항철도 AREX 등을 이용해 빠르고 편안하게 갈 수 있다.

인천국제공항 www.airport.kr

리무진버스

서울 경기를 비롯한 전국의 주요도시에서 인천공항까지 직행으로 연결된다. 자세한 사항은 각 버스 회사 홈페이지에서 확인할 수 있다.

공항 리무진 www.airportlimousine.co.kr
서울 버스 www.seoulbus.co.kr
운행 공항행 첫차 05:00 전후, 막차 21:00 전후/ 시내행 첫차 05:30 전후, 막차 23:00 전후
요금 운행거리에 다름

공항철도 AREX

서울역에서 홍대입구, 김포공항 등을 거쳐 인천국제공항까지 연결되는 빠른 교통수단. 수도권 지하철을 이용한 후 환승하면 환승 할인혜택까지 있다.

홈페이지 www.arex.or.kr
운행 05:20~24:00 (15~30분 간격)
소요시간 서울역에서 약 50분

도심공항터미널에서 얼리 체크인하고 여유롭게 떠나자

서울역과 삼성역, KTX 광명역에 있는 도심공항터미널에서도 탑승수속을 할 수 있다. 대한항공·아시아나항공·제주항공 등을 이용해 출국할 경우 도심공항터미널에서 탑승수속·수하물 탁송·출국 심사 등을 미리 할 수 있어 편리하다. 특히 도심공항에서 수속을 마친 이용객은 외교관 및 승무원과 공동 사용하는 전용출국통로 (Designated Entrance) 를 이용하기 때문에 성수기에도 대기시간 없이 빠르고 편하게 출국할 수 있다. 도심공항터미널에서는 비행기 출발 3시간 전까지만 탑승수속이 가능하므로 늦지 않도록 하자.

※도심공항터미널에서 탁송한 수하물은 출발공항이 아닌 도착지 공항에서 수령한다.

-서울역 도심공항터미널

홈페이지 www.arex.or.kr
이용방법 서울역 지하 2층에 위치한 도심공항터미널 이용 후, 공항철도 AREX 를 이용해 인천·김포공항으로 이동
운행 서울역→공항 05:20~23:40, 공항→서울역 05:20~23:40 (30~40분 간격 운행)
소요시간 인천국제공항까지 공항철도로 약 43분

-삼성역 도심공항터미널

홈페이지 www.kcat.co.kr
이용방법 삼성역에 위치한 도심공항터미널 이용 후, 리무진버스를 이용해 인천·김포공항으로 이동
운행 삼성역(무역센터) → 인천공항 04:15~21:30, 삼성역(무역센터) → 김포공항 05:30~20:40 (10~15분 간격 운행)
소요시간 인천국제공항까지 70~80분

-광명역 도심공항터미널

홈페이지 www.letskorail.com
이용방법 KTX광명역 역사 서편(남쪽) 지하 1층에서 탑승수속 및 출국심사 후 4번 출구에서 리무진버스를 타고 인천공항으로 이동
운행 광명역 → 인천공항 05:20~21:00, 인천공항 → 광명역06:10~22:20 (20~30분 간격 운행)
소요시간 인천국제공항까지 40~50분

2. 김포국제공항

김포국제공항은 리무진 버스, 공항철도 AREX, 지하철, 버스 등을 이용해 편하게 갈 수 있다.

김포국제공항 www.airport.co.kr

리무진버스/버스

서울을 비롯한 경기를 비롯한 전국의 주요도시에서 리무진 버스와 일반 시내버스가 김포공항까지 연결된다. 자세한 사항은 각 버스회사 홈페이지에서 확인할 수 있다.

공항리무진 www.airportlimousine.co.kr
운행 06:00 전후~ 22:00 전후

공항철도 AREX

서울역에서 홍대입구, 디지털미디어시티 등을 거쳐 김포국제공항까지 연결되는 빠른 교통수단. 수도권 지하철을 이용한 후 환승하면 환승 할인혜택까지 있다. 종착역은 인천국제공항이다.

홈페이지 www.arex.or.kr
운행 05:20~23:40 (15~30분 간격)
소요시간 서울역에서 약 22분

지하철

김포국제공항은 지하철 5호선 김포공항역과 연결된다.

홈 페 이 지 www.seoulmetro.co.kr
운 행 05:00~24:00

3. 김해국제공항

김해국제공항은 시내버스, 마을버스, 공항 리무진, 지하철 등을 이용해 갈 수 있다.

김해국제공항 www.airport.co.kr

버스

김해공항으로 가는 버스에는 좌석버스 1009번과 시내버스 307번, 마을버스 11, 13번을 이용하는 방법이 있다.

운 행 05:15~23:20

리무진버스

공항 리무진 버스는 서면/부산역으로 가는 1호선과 남천동/해운대 방면 2호선이 있다.

운 행 06:50~22:00

지하철

지하철을 이용해 김해공항으로 가려면 3호선 대저역이나 2호선 사상역에서 공항역(부산-김해 경전철)으로 환승하면 된다

홈 페 이 지 www.humetro.busan.kr
운 행 05:30~11:30

4. 제주국제공항

제주국제공항은 시내버스, 공항 리무진 등을 이용해 갈 수 있다.

제주국제공항 www.airport.co.kr

버스 : 36, 37, 100, 200, 300, 500번 시내 버스가 제주시내와 제주국제공항을 연결한다.

리무진버스 : 공항 리무진 버스 600번이 제주시내 주요호텔과 제주국제공항을 연결한다.

5. 대구국제공항

대구국제공항은 시내버스, 지하철 등을 이용해 갈 수 있다.

대구국제공항 www.airport.co.kr/daegu/main.do

버스 : 101, 401, 719, 급행1, 동구2 , 팔공1 번 시내버스가 대구시내와 대구국제공항을 연결한다.

지하철 : 지하철 1호선 아양교역에서 버스(급행1, 팔공1)로 15분 소요

수하물 관리 규정

비행기에 갖고 탈수 있는 품목인지 있는지 아니면 위탁수하물로 부쳐야 하는 품목인지 헷갈린다면 교통안전공단 홈페이지에서 미리 확인하고 여행 짐을 싸도록 하자. 품목별로 자세히 검색할 수 있다.

휴대 수하물 : 승객이 직접 휴대하고 기내에 들고 타는 짐

위탁 수하물 : 승객이 수속단계에서 항공사에 운송을 위탁하고 부치는 짐

교통안전 공단 홈페이지 https://avsec.ts2020.kr

기내 O

- 화장품 (개별 용기당 100ml 이하로 1인당 총 1L 용량의 비닐 지퍼백 1개)
- 1개 이하의 라이터 및 성냥 (단, 출발지 국가나 노선마다 규정이 상이하다.)
- 항공사의 승인을 받은 의료 용품 및 의약품
- 시계, 계산기, 카메라, 캠코더, MP3, 휴대폰 보조배터리, 휴대용 건전지, 전자담배 등

기내반입 X

-페인트, 라이터용 연료 등 발화성/인화성 물질

-산소캔, 부탄가스 캔 등 고압가스 용기

-총기, 폭죽 등 무기 및 폭발물류

-칼, 가위 등 뾰족하거나 날카로운 물품이나 긴 봉

-무기로 사용될 수 있는 골프채, 아령 등 스포츠용품

-리튬배터리 장착 전동휠 (전동휠, 전동 보드, 전동 킥보드 등)

-기타 탑승객 및 항공기에 위험을 줄 가능성이 있는 품목

기내 X 위탁 수하물 O

생활도구류 손톱깎이·가위·칼·족집게·와인따개·바늘류·병따개 등 날카로운 금속성 물질

액체류 젤류 100ml 가 넘는 액체류(물·술·음료수·스킨·로션·클렌져·향수 등),

젤류(샴푸·치약·헤어젤·염색약·립글로즈·선크림 등)

인화물질 라이터·살충제·헤어스프레이 등

식품류 고추장·된장·잼·간장 등

창·도검류 면도칼, 작살, 표창, 다트, 과도, 커터칼, 접이식칼 등

총기류 총알, 전자충격기, 장난감 총, 모든총기 및 총기 부품 등

스포츠용품류 당구큐, 빙상용스케이트, 야구배트, 하키스틱, 골프채 등

무술호신용품 경찰봉, 수갑, 쌍절곤, 격투무기 등

공구류 스패너·펜치류, 가축몰이 봉, 도끼, 망치, 톱, 송곳 등

위탁 수하물 X

-노트북, 카메라, 캠코더, 핸드폰, MP3 등 전자제품
-여분의 충전용 또는 휴대폰 리튬 배터리
-파손 또는 손상되기 쉬운 물품
-화폐, 보석, 주요한 견본 등 귀중품, 고가품 (1인당 USD2,500을 초과하는 물품)

기내 X 위탁 수하물 X

폭발물류 수류탄, 다이너마이트, 지뢰, 뇌관, 신관, 도화선, 화약류, 연막탄, 폭죽 등
방사성·전염성·독성 물질 염소, 수은, 하수구 청소재제, 독극물, 표백제, 산화제 등
인화성 물질 인화성가스, 휘발유·페인트 등 성냥, 라이터, 부탄가스 등
기타 위험물질 소화기, 드라이아이스, 최루가스 등

※국내선과 국제선, 국제선 각 노선마다 수하물 규정에 차이가 있으니 여행을 떠나기 전 각 항공사 홈페이지를 꼭 참고하도록 하자.

여행 중 비상상황발생 시 대처방법

프랑스는 치안이 안전한 편이지만 세계적으로 유명한 관광도시이다 보니 관광객을 대상으로 한 도난 및 분실사고는 잦은 편이다. 조심한다고 해도 여행을 하다 보면 뜻하지 않은 사고가 생기기 마련이니, 비상상황 발생 시 대처방법에 대해서 미리 숙지해 두고, 사고가 발생하면 당황하지 말고 침착하게 대처하도록 하자. 자세한 내용은 외교부 홈페이지와 스마트폰 앱에서 확인할 수 있다.

외교부해외안전여행 www.0404.go.kr

소매치기·강도 등으로 도난사고 발생 시

파리 여행에서 가장 많이 발생하는 것이 바로 도난사고다. 요즘에는 스마트폰, 카메라 등 고가의 휴대품을 많이 소지하므로 사고에 노출될 일이 훨씬 많아졌다. 만약 도난이 의심된다면 경찰서에서 도난증명서 Police Report 를 발급받아 여행자보험에 가입한 보험사에 청구하면 보상한도액 내에서 보상을 받을 수 있다. 단, 도난이 아닌 본인의 부주의로 인한 분실의 경우는 보험 항목에 따라 혜택을 전혀 받을 수 없는 경우도 있으니 여행자보험 가입 시 꼼꼼히 살펴보는 것이 좋다. 도난 증명서 발급은 무료이며, 증명서에는 'Lost'가 아닌 'Stolen'으로 적어야 한다. 대개 본인의 이름, 국적, 입국일, 체류지 주소, 도난일자, 도난장소, 도난품목, 모델명 등 세부사항을 기재해야 한다. 파리에서는 17번으로 전화를 걸면 모두 파리 경찰청으로 연결되며, 휴대폰으로는 112번으로 전화를 걸면 된다.

신용카드 도난 및 분실 시

분실 사실을 확인한 즉시 각 카드회사에 전화해 카드 사용을 정지해야 한다. 신용카드 회사는 24시간 전화 연결이 가능하다.

현금 분실 시

현금까지 분실했다면 한국에서 송금받는 방법밖에 없다. 한국과 제휴한 은행이나 한국인 직원이 근무하는 은행을 통해 송금받을 수 있다. 또는 외교부 해외안전여행 영사 콜센터에서 실시하는 '신속 해외 송금 지원 제도'를 신청하면 된다. 국내에서 외교부 계좌로 입금하면, 해당 재외 공관(대사관, 총영사관)에서 여행자에게 현지화로 전달하는 제도로 1회 최대 $3,000까지 입금할 수 있다.

파리 내 KEB하나은행

주 소	38 avenue des Champs-Elyss 75008 Paris
전화번호	+33-1-5367-1200
운 영	월~금요일 09:00~12:00 / 13:00~16:00
위 치	메트로 1·9 Franklin D. Roosevelt 역 1번 출구에서 도보 5분. 샹젤리제 거리 GAP 매장 바로 왼쪽 건물. (별도의 외부 간판은 없으나 38번지 건물 입구에 KEB 안내문이 붙어있다.)

여권 분실 시

여권 분실 시에는 가까운 경찰서에서 Police Report 를 받은 뒤, 현지 대사관의 영사과에 방문해 여권 분실신고 접수를 하고 여행증명서나 여권을 재발급받아야 한다. 이때, 여행 전 미리 준비해 둔 여권 사본이 있다면 가져 가는 것이 좋으며, 여권 사진이 없을 경우 메트로역에 있는 즉석 사진 서비스를 이용하면 된다. 여권을 재발급 받았다면 항공권, 패스 등에 여권번호 정보 변경을 신청한다.

준 비 물	여권 사본, 여권용 사진 2장, 도난증명서, 수수료

몸이 아플 때

여행을 하다 보면 무리한 일정이나 바뀐 환경에 따라 갑자기 컨디션이 나빠지거나 몸이 아플 때가 있다. 이럴 때는 무리한 일정은 잠시 접어두고 휴식을 취하는 것이 좋고, 출발 전 미리 감기약, 지사제, 소화제, 해열제 등 간단한 비상약을 준비해 가는 것이 좋다. 원칙적으로 프랑스에서는 약품 구입 시 의사의 처방전이 필요하나, 감기약, 진통제 등 몇몇 기본 의약품은 처방전이 없어도 약국에서 구입할 수 있다. 많이 힘든 상황이라면 외교부 앱에 안내된 영사 콜센터로 연락해 한국어와 영어 구사가 가능한 의사의 연락처 등을 안내받거나 호텔의 프런트데스크, 민박 주인 등의 도움을 받도록 하자. 여행자 보험에 가입해 두었다면 의사의 진단서와 진료비 영수증을 꼭 챙겨두었다가 귀국 후 보상을 받도록 하자.

주 프랑스 대한민국대사관

주 소	125 rue de Grenelle 75007 Paris, FRANCE
운 영	09:30~12:30, 14:00~18:00 (여권 09:30~12:30, 14:00~16:30, 비자 09:30~12:00)
휴 무	토·일요일, 한국·프랑스 공휴일
전화번호	대표 : 01 4753 0101 긴급 연락처 (사건사고) 주간 : 01 4753 6995 / 06 8095 9347 야간 및 주말 : 06 8028 5396
위 치	메트로 13호선 Varenne 역에서 Rue de Grenelle방향으로 나와 도보 3분. 앵발리드를 왼쪽에 두고 걸어가다가 첫 번째 사거리에서 우회전해 조금만 가다 보면 오른쪽에 있다.

여행자를 위한 초간단 회화

프랑스어를 몰라도 괜찮아요.

프랑스 여행 시 현지인들에게 프랑스어를 사용한다면 좋겠지만, 대부분 프랑스어를 배운 적이 없고 발음이 생소해 입을 떼기가 쉽지 않다. 또한 책에 적힌 대로 아무리 열심히 말해도 발음이 정확하지 않기 때문에 알아듣지 못하는 경우가 대부분이다. 다행히도 관광객들이 많이 찾는 파리에서는 프랑스어를 한마디 못해도 영어로 의사소통이 충분하니 걱정하지 않는 것이 좋다.

파리의 공항, 주요 기차역 등에는 영어로 표기가 되어 있고, 관광지 주변의 레스토랑 및 상점가에도 영어 가능 직원이 1~2명 정도는 있으니 너무 걱정하지는 말자. 하지만 프랑스 인사말과 입구, 출구, 역, 화장실 등 간단한 프랑스 단어는 익혀 두는 게 여러모로 편리하다. 또한 현지인들과 영어로도 소통이 어려울 때는 가이드북이나 휴대폰에 적힌 프랑스어 표기를 직접 보여주거나 번역기 앱 등을 활용하는 것이 좋다.

프랑스어 기본 회화

안녕하세요.(아침, 점심)	Bonjour!	봉주르
안녕하세요.(저녁)	Bonsoir	봉수와
안녕히 계세요.	Au revoir!	오흐부아
감사합니다.	Merci	메흐씨
미안합니다.	Je suis désolé	주 쉬 데졸레
실례합니다.	Excusez-moi	익스뀌제 므와
영수증 주세요.	Le reçu, s'il vous plait	르 흐쒸, 씰 부 쁠레
계산서 주세요.	L'addition, s'il vous plaît	라디씨옹, 씰 부 쁠레
이건 얼마예요?	Ça fait combien?	싸 페 꽁비앙?
입구	Entrée	앙트레
출구	Sortie	쏘흐띠에
화장실	Toilettes	뜨왈렛
경찰	Police	뽈리쓰
병원	Hôpital	오삐딸
기차역	Gare	갸흐
티켓	Billet	비예

영어 기본 회화

안녕하세요	Hello. 헬로우
감사합니다.	Thank you. 땡큐
괜찮습니다.	That's alright. 댓츠 올라잇
실례합니다.	Excuse me. 익스큐즈 미
죄송합니다.	I'm sorry. 아임 쏘리
천만에요.	You're welcome. 유아 웰컴
다시 한 번 말씀해 주세요.	Pardon me? 파든 미
잠시만 기다려 주세요.	Wait a minute, please. 웨이러미닛, 플리즈
좋은 하루 보내세요.	Have a nice day! 해브 어 나이스 데이
저는 한국에서 왔습니다.	I'm from Korea. 아임 프럼 코리아
못 알아 듣겠습니다.	I don't' understand 아이 돈 언더스탠드
영어 할 줄 아세요?	Can you speak English? 캔 유 스픽 잉글리쉬
나는 프랑스어를 하지 못합니다.	I can't speak French. 아이 캔트 스픽 프렌치

호텔에서

체크인/체크아웃 하고 싶습니다.	Check in please / Check out please. 체크인 플리즈 / 체크아웃 플리즈
예약을 확인하고 싶습니다.	I'd like to confirm my reservation. 아이드 라이크투 컨펌 마이 레저베이션
더블룸으로 부탁합니다.	Double bedroom please. 더블 베드룸 플리즈
객실 예약을 취소하고 싶어요.	I want to cancel my room reservation. 아이 원투 캔슬 마이 룸 레저베이션
좋은 식당 하나 추천해 주시겠어요?	Could you recommend a good restaurant? 쿠쥬 레코멘드 어 굿 레스토랑?
체크인 전에 짐을 이곳에 보관할 수 있을까요?	May I keep my luggage here before my check in? 메이 아이 킵 마이 러기지 히얼 비포 마이 체크인?
체크아웃 이후에 짐을 이곳에 보관할 수 있을까요?	May I keep my luggage here after my check out? 메이 아이 킵 마이 러기지 히얼 애프터 마이 체크아웃?

거리에서

이 버스/메트로가 ~로 갑니까?
Is this bus/metro going to ~?
이즈 디스 버스/메트로 고잉 투~?

메트로/기차역이 어디인가요?
Where is the metro/train station?
웨어 이즈 더 메트로/트레인 스테이션?

식당에서

내일 저녁 7시에 2명 저녁식사를 예약하고 싶어요
I would like to make a reservation for dinner for two person at 7 p.m. tomorrow.
(아이 우드 라익 투 메이크 어 레저베이션 포 디너 포 투 퍼슨 앳 세븐 피엠 투머로우.)

주문을 변경해도 될까요?
May I change my order?
메이 아이 체인지 마이 오더?

화장실이 어디에 있죠?
Where is the Toilet / Restroom?
웨얼 이즈 더 토일렛 / 레스트룸?

메뉴를 추천해 주시겠어요?
What dish would you recommend?
왓 디쉬 우쥬 레코멘드?

이 음식에 어울리는 와인을 추천해 주세요.
Please recommend a good wine for this meal.
플리즈 리커멘드 어 굿 와인 포 디스 밀

계산서 주세요.
Bill, please.
빌, 플리즈.

가게에서

가격이 얼마예요?
How much does it cost?
하우머치 더즈 잇 코스트?

이걸로 할께요.
I'll take this one.
아일 테이크 디스 원

부가세를 환급받을 수 있나요?
Can I get a tax refund?
캔 아이 게러 택스 리펀드?

위급한 상황

여권을 잃어버렸습니다.
I lost my passport.
아이 로스트 마이 패스포트.

휴대폰/지갑을 도난 당했어요.
My phone/wallet was stolen.
마이 폰/왈렛 워즈 스톨른

가장 가까운 병원이 어디죠?
Where is the nearest hospital?
웨얼 이즈 더 니어리스트 호스피탈?

배가 너무 아파요.
I have a bad stomachache.
아이 해브 어 배드 스토먹에이크

토할 것 같아요.
I feel like vomiting.
아이 필 라이크 보미팅

진단서를 받을 수 있을까요?
May I have a medical certificate?
메이 아이 해브 어 메디컬 써티피켓?

INDEX

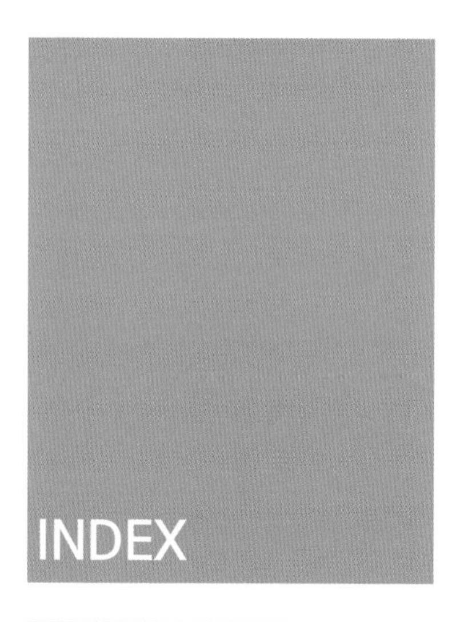

파리

파리 근교 & 기타

도서출판 착한책방

여행을 사랑하는 사람들이 모여
행복한 여행을 위한 책을 만드는 출판사입니다.
여행 가이드북 〈내일은 시리즈〉, 어린이 유럽컬러링북 〈안녕〉 시리즈,
여행회화 〈그뤠잇 여행영어〉, 여행 에세이 등을 출간하였습니다.
앞으로도 낯선 곳을 여행하는 여행자들을 위해
알찬 정보들을 담아 찾아뵙겠습니다.